For
Humanism

Explorations
in Theory and
Politics

保卫人文主义

理论与政治的探讨

David Alderson
Robert Spencer

〔英〕
戴维·奥尔德森
罗伯特·斯宾塞

....

编

王　进　谢潇雨

....

译

王　杰

....

审校

批判美学与
当代艺术批评丛书

东方出版中心

图书在版编目（CIP）数据

保卫人文主义：理论与政治的探讨 /（英）戴维·
奥尔德森，（英）罗伯特·斯宾塞编；王进，谢潇雨译.—
上海：东方出版中心，2022.9
　（批判美学与当代艺术批评丛书）
　ISBN 978-7-5473-1624-5

　Ⅰ.①保… Ⅱ.①戴… ②罗… ③王… ④谢… Ⅲ.
①人道主义－研究 Ⅳ.①B82-061

中国版本图书馆CIP数据核字（2020）第058862号

上海市版权局著作权合同登记：图字 09-2019-899
For Humanism: Explorations in Theory and Politics
Copyright © David Alderson, Robert Spencer, 2017.
First published by Pluto Press, London. www.plutobooks.com
Chinese simplified translation copyright © 2022
by Orient Publishing Center.
ALL RIGHTS RESERVED.

本书为教育部哲学社会科学研究重大课题攻关项目"马克思主义美学话语体系
的历史演变和范式转换研究"(22JZD005)成果，由武汉晴川学院当代马克思主义
美学研究基金资助。

保卫人文主义：理论与政治的探讨

编　　者　〔英〕戴维·奥尔德森　〔英〕罗伯特·斯宾塞
责任编辑　刘　军　刘　鑫
封面设计　陈绿竞

出版发行　东方出版中心有限公司
地　　址　上海市仙霞路345号
邮政编码　200336
电　　话　021-62417400
印 刷 者　上海万卷印刷股份有限公司

开　　本　710mm×1000mm　1/16
印　　张　17.5
字　　数　211千字
版　　次　2023年5月第1版
印　　次　2023年5月第1次印刷
定　　价　68.00元

批判美学与当代艺术批评丛书·总序

　　编辑出版本丛书的目的是适应美学的当代发展，我们将美学研究的新形态称为"批判美学"。它的基本理念来自马克思和恩格斯，方法论基础则根植于"法兰克福学派"和英国的"文化唯物主义"。我们希望在概念和方法的多样化，以及美学对当代艺术的理论阐释等方面推动和促进美学的当代发展。

　　传统美学产生于德国古典哲学的莱布尼茨－沃尔夫体系。"美学"由鲍姆加登命名，并且在康德和黑格尔的哲学体系中第一次被理论化，它的核心理念是关于形式的艺术哲学。然而在不同文化语境中，美学以不同的方式存在，例如在法国，美学主要是针对一系列文学批评的实践；而在英国，美学通常被看作是关于人生经验的理论。

　　在当代中国学术界，由于多方面的原因，美学是一个内涵模糊、外延混乱的理论概念。我们反对仍然按照康德的学术规范来定义和解释美学的当代发展；同时我们也认为阿多诺所坚持的反对把美学当成一门孤立的学科来理解的观点，在今天看来仍然是十分重要的。

　　除了历史不断发展变化的因素之外，有两个原因造成了目前美学概念的模糊和混乱。首先，19世纪以来，随着现代大学制度的发展，美学被置入大学教育的基本目标之内，它以通识教育或博雅教育的形式存在于大学教育系统之中。与此相适应，随着1913年国际美学学会成立，美学成为一个越来越全球化和跨国界的学科，美学的具体性与普遍性的矛盾成为难以克服的理论困境。

其次，美学的发展同时是一个文化地理学的概念。随着资本主义生产方式的拓展，美学从欧洲传遍整个世界。启蒙主义、浪漫主义、现实主义和现代主义各发展阶段与对艺术的康德式阐释逐渐"称霸"全球。

我们看到，伴随着世界历史的进程，到目前为止，以德国美学为核心，以法国美学和英国美学为两翼的三个哲学系统所构成的理论大厦大部分已经坍塌，或者逐渐在坍塌。

在20世纪五六十年代，凯瑟琳·吉尔伯特和赫尔穆特·库恩的《美学史》（1954）和吉多·莫波格·塔利亚布的《当代美学》（1960）在现代美学话语规范方面曾经发挥了重要作用。而随着社会的发展变化，一种新的美学，主要是马克思主义美学在悄悄地发展着，其早期代表有威廉·莫里斯、列宁、卢卡奇和法兰克福学派的第一代学者，随后在东欧和中国也得到了发展。

例如在南斯拉夫，随着20世纪60年代末至70年代西方马克思主义理论的发展，在滑稽剧的批评实践中，聚集起一群马克思主义的哲学家、社会学家和其他人物，他们的写作和演说主要涉及美学。在贝尔格莱德，米兰·达米亚诺维奇可能是最为重要的美学家。

在20世纪下半叶，随着马克思主义哲学以及存在主义和现象学的进一步发展，以往的美学学科开始出现解体。在一大批哲学家的努力下，一些新的理论传统开始出现。例如80年代在卢布尔雅那出现的拉康主义的精神分析学，在美国西北大学出现的梅洛-庞蒂的存在主义现象学和在中国出现的文艺美学等。

这种新的美学理论比现代主义美学更为复杂，它延伸至不同的人文社会学科领域。它在哲学传统和社会思潮中产生，在理论的层面上实现了方法论的融合或者说是跨学科的结合，并且与艺术实践结合在一起。一个例子是阿瑟·丹托对马塞尔·杜尚或安迪·沃霍尔的作品是不是"艺术品"的讨论；另一个例子是瓦尔特·本雅明关于机械复制时代的艺术、光晕、政治的审美化、电影和摄影的功能，以及人类感知模式的新变化等问题的讨论。

我们认为，正是这种"碎片式"的美学，成为当今艺术哲学和美学理论的主要形式。

大约从20世纪80年代末90年代初开始，美学研究才与当时的艺术事件相互结合起来。在此之前，美学是艺术的附庸，或者说阐释者。新的变化开启了美学与世界的更为复杂而多样的关系，我们因此期望批判美学可以在改变世界的过程中发挥更加重要的作用。

在当代理论中，美学研究的中心似乎不再是艺术而是文化。当代美学讨论的中心逐渐从艺术转向文化，或者更确切地说，我们在谈论艺术的时候，事实上是指向文化。但文化的相对性以及过于宽泛的内涵，使当代的文化研究式的美学缺乏美学应有的审美标准和核心价值。如何用更有说服力的理论去有效地解释和阐释当代艺术文化现象，从而跨越艺术和文化产业之间的鸿沟，这正是当代社会的重大理论问题，也是我们这套丛书要努力回答的问题。

这涉及对当代时尚艺术的评价和美学的复兴。尽管许多问题已经提出来了，并且得到了广泛的讨论，但是建设性的理论仍未创立。

我们应着重研究本雅明指出的正在改变着的人类感知模式。如果说黑格尔时代有艺术哲学，有浪漫主义诗歌在文化上占主导地位的美学；如果阿多诺的时代有无调性音乐和表现主义美学；如果莫里斯·梅洛-庞蒂是现代绘画分析和评价的典范；如果本雅明作为先锋艺术的后现代主义理论的美学阐释者；如果阿瑟·丹托的早期理论是抽象艺术的哲学化，那么，其中的哲学反思是什么？今天哪一种思想在主导美学的发展？作为当代艺术所产生的理论反思，一种美学理论(或艺术哲学)是否提出了理论抽象工作与艺术实践相比较而言存在的滞后性问题？这些问题显然要求引入对当代美学和美学理论的重新认识。当代美学和美学理论存在于现代主义思潮的土壤之中，我们应当在前人所发展的理论基础之上，构建以文化的哲学认知图式为基础的美学，并促进当代艺术的实践化。这套丛书将沿着这样的理论路径，并将遵循此种理念与精神。正是在这种情况下，"批判美学"才有可能达成它的预期目标。

　　我们期望，有更多的学者参与到我们的工作中来。

王　杰

阿列西·艾尔雅维奇

写在《保卫人文主义》中文版出版之际

很高兴迎来《保卫人文主义》中文版译本。我们早就在计划编这本书，但是收集整理和出版过程耗费的时间要比我们最初预计的更长。原因之一就是这个项目在多个方面遇到了一系列的回应：疑惑、怀疑，甚至是敌意。当然，我们已经预料到这种情况，因为我们很清楚，坚持人文主义倾向的价值观及其不可或缺性，有违当代某些理论的潮流。然而，自本书的英文版在2017年首次出版以来，我们很高兴看到（至少根据我们了解到的情况）这本书得到的评论和反馈在总体上是积极的。部分同事和朋友直言不讳，他们在此前一直没有发现自己是人文主义者。

我们认为这种无意识的人文主义并不令人满意，因此必须将人文主义的种种信念提升到有意识的层面。然而，得到默认的却是相反的情况：本性的范畴，特别是人性的范畴总是被视为批判的对象，似乎只有这么做才是某些世界观的决定性本质特征。我们希望在本书中有效地挑战了这样的观点，同样也看到有各种乐观的理由让人相信，那些不攻自破的反人文主义信念从历史性视角来看更具有右翼政治的特征，时至今日我们对多种危机困扰的解决已经让它们不见踪影。任何社会主义者应当坚信人们有能力创造出更加适合人类的社会，既能够全面保留他们自身的多样性，又能更好地与我们地球的生态系统相融合。

最后，我们在此对两位优秀学者兼好友表示感谢：王杰教授组织中文译本的翻译项目，王进教授则承担了翻译的繁重工作。我们对两位教授表示衷心感谢，希望这本书在中国有助于学界产生更加多样的跨学科议题，以及在此基础上更为广泛的探讨。

戴维·奥尔德森

罗伯特·斯宾塞

英国曼彻斯特大学

英文版序

　　这本书在多种意义上为人文主义做辩护，而不仅仅只是作为对一种思想传统的献礼或服务。自20世纪60年代以来，一波又一波的反人文主义的思想浪潮反复席卷着学术界，造成人文主义的思想传统被广泛地置换，其声誉被诋毁，其历史被粗暴地简化，以及其多元意义被同质化。反人文主义的道德－思想霸权及其哲学形式塑造了好几代知识分子的常识。结构主义、后结构主义、后现代主义、后殖民主义，以及反人文主义在当下最为显著的形式——后人文主义，均证实学术界已经轻率地痴迷于时代变革与有无限潜力的辞令。在这样的环境中，我们还需要什么老套的人文主义"前－后"意识形态，或者确切地说是社会主义，在某种程度上它是对人文主义的攻击的真正目标？后者通过我们的教育过程被"理解"成傲慢、抽象、个人主义的资本主义的一种资产阶级的、欧洲中心主义的意识形态。应该说，自由人文主义涵盖广泛，被自由主义的物质与思想的主导观念所包围的马克思主义，注定要受到影响，而这实际上是它必须尽力去克服的。在自由人文主义内部，保留积极因素、抛弃负面影响，努力构建一种社会主义的人文主义，注定是困难的。但是，这对于作为自由主义另一种版本的反人文主义也是如此，它受制于发达资本主义当中各种最有活力的发展趋势，呈现出关于主体、现实、语言、文化与品位的另一种模式。它看似激进，因为它推翻了一种资产阶级模式，唯一目的就是要尝试建立另一种模式。

对于那些受知识商品化驱使、不断追求"创新"与品牌效应的人们来说，人文主义或许并不令人振奋。但是，这本书通过重新恢复人文主义的历史与各种哲学立场，帮助我们发现相对于其对立面，人文主义曾经是而且现在也是一种更加稳定的政治–哲学承诺，在对待变革问题上更加精细、更具耐心、更加冷静，而且或许更加严谨。在这种哲学分析行动中，《保卫人文主义：理论与政治的探讨》告诉我们，人文主义不单纯是西方资本主义启蒙运动思想的产物，而且在空间与时间上具有更加广泛和深远的意义。就政治而言，它绝不会与真正意义上的马克思主义相对立。当代理论的反省行为，一方面痴迷于各种结构，另一方面着迷于对主体的去中心化与对现实的碎片化，很有可能会忽视这一点。

尽管阿尔都塞在其影响广泛的著作《保卫马克思》中，支持从左派立场对人文主义的各种批判，但是马克思的思想确实是一种人文主义。阿尔都塞的这本书不是保卫马克思，而是反对马克思。马克思的批判缘起于一种道德规范标准，这使得他推翻了一种以物为基础的体系，转向建构另一种：正如当代话语所描述的，将人置于利润之上是在道德上自省的资本主义政治经济学批判，其脱离了人文主义构想则毫无发声之可能。被剥离了人文主义的马克思主义，不再是对人类解放感兴趣的马克思主义。关于"人类"的谈论是不是人文主义者的一种谬误？人或者是人类，自然是被划入不同的阶级，相互区分并且有内部矛盾的。马克思主义人文主义致力于克服前者，组建一种真正认可后者的社会，然而这样做的目的，是要给予不同个体和社会能够富有成效地应对它们的方式，而不是要通过这种方式废除矛盾关系，或是将其锁定在不断加剧的自我毁灭的漩涡之中。自然以及社会化的自然的人性化过程，是为了满足人性的需求对环境的塑造，提供的是一种重要的道德标尺，以此对资本主义生产方式中盛行的反人性倾向作出严厉的裁判。

对人文主义不加区分的攻击，已经释放出贯穿当代理论的政治相对主义。针对自由人文主义不加批判地倒向资本主义的抽象概念，这是一种比较拙劣的解决办法。如果我们要批判现有的，希冀更好的，那么我们对于自己的需求，以及可以获取的资源必须有一种跨越历史的意识。显而易见，这种人类属性跨历史维度的自我显现，总是通过一系列广泛的历史与社会形式。人文主义的价值还在于：当社会主义难以被公正对待的时候，提供一种联结更广泛公众的桥梁。当这座桥梁同样是作为我们哲学的必要部分，为什么要焚毁它？为什么要退回到一种对其认知仅仅停留在起步阶段的话语？社会主义与马克思主义为重新建构自由人文主义的问题范畴提供各式资源，即将到来的大变革的根基及其重新运作必须立足于对过去历史的继承。人文主义一直是身份政治兴起的牺牲品，团结意识与变革政治被瓦解成具体的压迫形式和对认可的各种诉求，已经遮蔽了财富重新分配的政治，更不说对财富的归属、控制和生产。我们的确有必要保卫人文主义。

迈克·韦恩

埃丝特·莱斯利

目　录

导言：人文主义的另一种故事

◎ 蒂莫西·布伦南

　　人文主义曾经旗帜鲜明地站到叛逆立场，在当下却似乎变得令人困惑，其主角与反派在昼夜间颠倒。重要的是首先对其作出澄清，让人知道赞成或反对其意味着什么。毫无疑问，与人文主义有关联且不可协商的首先是世俗性。这样的价值观念指向的是人类实际上认识的唯一世界，但它并不是被自然或上帝统治的世界，而是人类自身通过技能与努力塑造的世界。这种观念被称为"唯物主义"是恰当的，但是此处构想的物质并不是惰性的物体或事件；如果我们谈论的物质从人文主义视角来看并非"唯物主义的"，那么它必然牵涉感官经验与社会交往，或者说是将经验与物质相互结合的基础。人文主义是世俗的，然而这并不意味着它就是反对宗教的。它只是指向被超越所佯装取代的物质，并且将超自然（在其经典意义上）视为自然的依附物，即其概念化的艺术处理。

　　提及人类创造能力的前提，自然要肯定他们具有这样的能力。这就意味着他们是自由的、具有能动作用的，能够做到在过去因为无视或者由于其本性而无法完成的事情。因此，从逻辑上来看，变革是可能的，未来是开放性的。人文主义者并不相信人类是发挥作用的唯一物种，只是因为任何物种的思维都不可能跳出其自身存在的局限，这样的观念并不事先排除对其他物种的伦理行为或对自然环境的尊重意识。正如路德维希·费尔巴哈（Ludwig Feuerbach）在《基督教的本质》(1841)一书中指出，"如果上帝对鸟类来说是一个实物，那么对鸟类来说他必定是长有翅膀的，因为在鸟类的意识中，没有什么比长有翅膀更高级和更幸福的"。[1]以此延伸，人文主义者争辩说每一个人（以人类的身份）都拥有普遍的特性，这是一个基本准则，即不能根据他/她的个性特征就将其降格为亚物种，或否定其所具有的人类成员资格。

被称为人文主义的观念体系，并不仅仅只是各种理想信念的集合体，而是采取相反态度（或立场）的思想实践整体。我们论述的不仅是思想的立场，而且是（思考的）方法和习惯。这方面内容在战后的人文主义思想中大部分已缺失，而这也正是本书着力说明的。它产生于当代被我们称为人文学科的研究体系，而当下对于人文学科的攻击和批判在这种程度上可以被视为我们文化中反人文主义思想主流的例证。

我们应该记得，在欧洲、中国和阿拉伯世界的人文主义早期先驱们，在表达他们的观念时，都是通过一种文科的训练形式（在西方被称为人文精神[humanitas]或教化[paideia]）来进行的。因此，我们讨论的学习革命，基于对书本，特别是对被遗忘的智慧的学习，就像《保卫人文主义：理论与政治的探讨》（以下称作《保卫人文主义》）这本书（我们可能注意到）也涉及这种相似的恢复过程。尽管我在此处只是引用了拉丁语和希腊语材料，其对于人文主义的贡献具有普遍性，但是这样的观点在当今时代却不断遭遇否定。它们对人文主义的影响具体表现为对超自然主义的不可知论和怀疑论的强调，以及在印度教、佛教、道教、儒学和琐罗亚斯德教的影响中发现的对人类选择与能动性的强调。

---

[1] Ludwig Feuerbach, *The Essence of Christianity*, trans. Marian Evans, London: John Chapman, 1854, p.15.

　　正如我刚才展开的，这些问题的思想基础在当下语境由于一些原因而混淆难解，然后它们又大大加深了这种混乱。首先，我们当下所处的就是一个独特的迷茫历史时刻。生物科技正在消解长期以来关于人性的各种论战，并且扬言有望根据管理计划创造出新的人类物种。风险资本投资者公开宣称，如果说在过去制定经济游戏的是以无数个0或1为代码构成的计算机信息技术，那么在当今则是AGTC的碱基互补配对原则，即以DNA为基础的生物基因技术。关于人类是什么的经典问题，现在受到各种影响已转向寻求将其扩展到不为之前历史时代所知晓的程度。在这方面需要重新看待20世纪遗留下来的各种发明和创造：商业化传媒以及在主要西方国家官方"新闻"的无情咒语对力比多冲动的操控，即是不少人所批评的短路化的心智能力。一方面是用过量的抗抑郁药物来控制情绪表达；另一方面是社交媒体（推特、脸书）的偏爱抹煞休闲时间与广告的界线，如此这般该如何防止压制被广泛误认为是自由而服从被认为是抵抗？何为右，何为左，已经不再清晰，而正是这一点界定了当今时代的人文主义探讨。

　　正因为如此，《保卫人文主义》这本书的问世是非常及时的，也是明显不合时宜的：尽管仍然以一片热心和毫不掩饰的希望坚持理想观念，去延缓社会主义国际主义终结的（但也热盼的）历史时刻的到来。需要再次提出的是，我们的历史时刻是独一无二的。仅仅在最近四十年中，直到此时，对于人文主义的各种攻击，比如当时的宗教绝对主义拥护者、宗教审查者与现代主义的反对派系的各种标准化观念，都被视为在政治上是进步的。实际上，反人文主义思想的脉络始终与贵族或神权政治联系在一起，或者它们采取的是启示录的非道德论形式，而（同样是贵族身份的）法国人萨德（Marquis de Sade）经常是作为其象征。事实上，正是萨德经由乔治·巴塔耶（Georges Bataille）帮助将反人文主义带入战后理论，并将其改造成失败的神灵、性欲及反讽进步的某种模型。[1]它使得人们将激进对抗行为联系到僭越与非规范,而不是社会变革。戴维·奥尔德森在本书中关于性别与性欲望政治的章节对这一领域作了颇有启发的修正式解读。

相比之下,《保卫人文主义》回到的是这些思想丰富但或许已经被当下遗忘的20世纪中期的持异议人文主义者们的各种叙事,具体包括卡莱尔·科希克(Karel Kosík)、萨特(Jean-Paul Sartre)、杜娜叶夫斯卡娅(Raya Dunayevaska),以及南斯拉夫实践学派。他们是更为广泛的历史基础的部分,而并不仅仅是促使我们思考的近期的讨论形式。本书的思想系谱提醒我们,近几十年的理论探讨呈现出的是一种奇特的弯路。诚如有关理论批判的,人文主义在19世纪的殖民主义形式之下列为资本的某种口号,在20世纪中叶又被阿多诺(Theodor W. Adorno)与霍克海默(Max Horkheimer)通过"辩证法"诊断为在管理层面追求进步的盲目技术崇拜,然而这些在总体上来看是一种收编行为。更具代表性的是,它是作为唯信仰论者、空想家以及反传统者们的理论基石。[2]凯文·安德森(Kevin Anderson)描述的是如何紧接而来宣扬存在主义的人文主义,萨特将其区别于"自由派和共和派人文主义",而这恰恰是理论批判的真正的与唯一的目标。安德森暗示,人文主义的影响广泛,即使是对其对立面:反抗各种宗教教条,从其他文化引入思想观念以阻止种族中心主义,以及精神生活直接面向政治而使现实可以被认为是创造而非观察之物。

战后时期对人文主义的反对,使我们用一种排除主义的修辞

---

[1] Georges Bataille, *The Accursed Share*, vols. 2 and 3, New York: Zone, 1993, pp.173-184.

[2] 在这一领域的一项重要研究成果就是桑卡尔·穆图(Sankar Muthu)的《启蒙反对帝国》,通过对蒙田、狄德罗、康德、赫尔德的细读,深入追溯这些重要思想家的反殖民主义思想,探讨他们关于"作为道德理想的人性"的思想原则。详见Sankar Muthu, *Enlightenment Against Empire*, Princeton, NJ: Princeton University Press, 2003。

话语来思考人文主义，其内在属性与特征可以追溯到大卫·休谟（David Hume）、杰里米·边沁（Jeremy Bentham）和拿破仑三世（Napoleon Ⅲ）。从历史视角来看，人文主义更多的是回溯到泰勒斯（Thales）和阿那克萨戈拉（Anaxagoras）的标新立异的世俗性、瓦罗（Varro）对罗马法的语文学研究、伊斯兰黄金时代（阿威罗伊[Averroes]、阿维森纳[Avicenna]）对东方知识的保护、新柏拉图主义对古埃及文明的伟大重现、第一批欧洲大学对经院主义的创造、在马格里布与黎凡特的伊斯兰学校、波焦·布拉乔利尼（Poggio Bracciolini）与伊拉斯谟（Erasmus）对意大利文艺复兴的成功解读、伊本·赫勒敦（Ibn Khaldum）及其后继阿拉伯学者的伟大文学社会学，以及同样具有这种精神的乔万尼·巴蒂斯塔·维柯（Giambattista Vico）。法国革命的人文主义唤醒的是青年黑格尔派学者，特别是路德维希·费尔巴哈和马克思，因此它通常呈现出历史的根本分歧。但是，左翼黑格尔主义延续的只是东西方古代的一种知识传统、乡土包容性，以及政治革新性。

更有挑战意义的是近几十年奇特的主流叙事，从中可以发现二战后的反殖民主义思想领导者们是如何有计划和有意识地使用人文主义的各种思想主题。爱德华·萨义德（Edward Said）颇具声势地主张恢复人文主义信念（反对理论的影响），其思想渊源来自对乔治·马克迪西（George Makdisi）学术研究在广泛意义上的理解，特别是他对阿拉伯文明对人文主义的贡献，以及他与埃格巴尔·艾哈迈德（Eqbal Ahmad）、马哈茂德·达尔维什（Mahmoud Darwish）等亲密朋友的革命友谊。实际上，他本人经常引用艾梅·塞泽尔（Aimé Césaire）的《回乡日记》（*Notebook on a Return to my Native Land*）并以此明志。诗人在此呼唤的是作为"胜利集合地"的殖民双方，黑人与白人的基本人性，同时激烈批判的是作为殖民事业思想指引的反人文主义教义，正如他在《殖民主义话语》中描述的，正是那些"抱尼采大腿的臭名昭著且喋喋不休的知识分子”。[1]

约翰·杜威（John Dewey）实用主义哲学的成型，是作为扭转20世纪初期反移民风潮的本地居民保护主义与由种族引起的恐慌的某种努力，正如泰戈尔与在西孟加拉的其他学者的梵天文明论意在使印度独立运动初期的印度教徒失去宗教特点一样。作为墨西哥共产党的创始人之一、一位孟加拉革命者，M. N.罗伊（M. N. Roy）曾经与列宁合作撰写《论民族问题》，他晚年致力于以德拉敦的一家机构为依托，代表他所谓的文化教育组织发起一场“以激进（或不可或缺的）人文主义观念和精神重新教育印度教育工作者与年轻知识分子的运动”。[2]截至20世纪50年代，人文主义对于罗伊来说，是战时马克思主义的逻辑的、世俗的、超越党派的版本。

因此，反人文主义的真正起点在政治上来说是充满争议的。融入其观念体系则更多意味着抛弃关于“进步”的虚伪的西方中心主义哲学，或是以西方男性形象塑造的专横的共同价值观念，转而攻击和批判一个世纪以来关于抵抗和振兴的思想遗产。作为某种象征，在战后反人文主义思想中，海德格尔（Heidegger）的《关于人文主义的书信》（Letter on Humanism）（1947）成为常被引用的文献，尤为显著。它几乎准确地与《世界人权宣言》（1948）的精神相符，而后者系20世纪发表的意义最为深远的人文主义宣言，而不是由埃及、智利、印度和其他前殖民地国家的驻联合国代表们碰巧拟定的。这两个文本在20世纪中期成为两个对应物：前者认为“人”在人文主义的框架下不能获得其应有的“尊严”，因为人文主义依靠的逻辑和价值体

---

[1] Aimé Césaire, *Discourse on Colonialism*, trans. Joan Pinkham, New York: Monthly Review Press, 1972, p.33.

[2] Dr. Ramendra and Dr. Kawaljeet, *Rationalism, Humanism and Atheism in Twentieth-Century Indian Thought*, Patna: Buddhiwadi Foundation, 2007. 参见 http://bihar. humanists.net/Roy.htm。

系不足以容纳存在的宏阔范围；后者将普遍化的保护措施变为法律规定，捍卫那些人类主体且避免其因为与欧美规范相异的个性特征而被剥夺生命、自由和独立自主的权利。

反人文主义批判的本质，并不足以通过这些例子给予充分说明，在评论人文主义将自身界定为包含与语文学相联系的对知识、文学和书本的一种结合时，变得更加明显。[1]因为引发的"理论"（在该书的小标题当中）源自将语言视为在语法上固定不变的极端立场（书面语相对于口头语），我们可以开始欣赏在这种独特哲学行动方案中的动机。海德格尔在其最具代表性的《关于人文主义的书信》中，再次重复这样的话语，却显得他是在反对这样的暴行，特别是当他强调"将语言从语法中解放出来，转向一种更加原创的重要框架……留给思想和诗意去创造"。在他头脑中的自由不是口头语言制定新规则的创造性，而是从"公共领域的统治"获取自由，使语言回归到"存在的空间"，即是说使所有议题、讨论以及交际活动承载的交流与表达手段不再指向意义或意图，而只是艺术家–思想家栖居的一种方式。[2]

海德格尔关于"话在说人，而非人在说话"的著名宣言，是来源于尼采而在战争期间产生的现象学的诸多观点之一。正如芭芭拉·爱泼斯坦（Barbara Epstein）在本书中发现，像莫里斯·梅洛–庞蒂（萨义德的早期重要影响者之一）和萨特这样的人物重新援引现象学的不同方面于人文主义思想。然而，所有现代的反人文主义归根到底是尼采式的，拓展或改编尼采哲学的核心原则：自由选择是一种幻象；知识，即使有其可能也毫无"用处"；道德限制了人完善

---

[1] 这里讨论的是语文学在马克思主义、反殖民主义和左派中的意义，以及尼采与反人文主义的关系，更加全面的研究请参阅Timothy Brennan, *Borrowed Light: Vico, Hegel and the Colonies*, Stanford, CA: Stanford University Press, 2014。

[2] Martin Heidegger, *Basic Writings,* David Farrell Krell(ed.), San Francisco: HarperSanFrancisco, 1993, p.218, p.237.

自身的各种本能；"真理"是修辞性的，语言只是艺术欺骗的一种手段。谎言，正如尼采明确表示，给予人类的是优于其他动物的进化优势。作为一位专业的语文学家，尼采将叛逆的矛头准确地指向他自己早期接受的人文主义传统的文学训练，对此他越来越反感。不是知识，而是艺术这种创造性的幻象，是人之所以为人的尊严所在；不是重新创造生活，而是承认我们的本质是：不平等的、内在的。

可以毫不夸张地说，不熟悉尼采思想就无法理解人文主义在当代的反冲力。比起其他思想来源，反人文主义的来源更多的是尼采，从观念到观念，从词语到词语。巴塔耶在20世纪40年代末期将尼采推上神坛，宣称"尼采身处共产主义之外的重要地位"，[1]而且巴塔耶巧妙地认为自己"和他一样"。尽管没有直接标明引用，福柯（Foucault）和德勒兹（Deleuze）后来将尼采视为激进左派，是直接源自巴塔耶早期对黑格尔左派从语言内部实现颠覆的语言挪用实验。巴塔耶重新运用黑格尔关于"总体性""主权"和"否定"的概念术语，用以表明人类主体被迫呈现的残酷本能、非道德主义和虚幻主体性。福柯的"主体的死亡"与德勒兹的"纯粹内在性"都是巴塔耶早已熟练的动作的不同重复。

尽管如此，反人文主义经历过不同阶段。[2]举一个有趣但鲜为人知的例子，人类学的反人文主义在19世纪末20世纪初是作为文化的主导方面，与尼采批判的不同方面进行调和。高声批判神化"实证和推理的西方"与将非洲人和亚洲人排除在人类之外的学术人文主义，一种伴随反方法论而兴起的反叛人类学不仅在知识上是引人注目的，而且在商业上也是利益可观的。它对很多人来说刚开始显得激进，产生出大量的大众博物馆展览与宣传资料："为避免排除被

---

[1] Bataille, *The Accursed Share*, vols. 2 and 3, p.318.
[2] Brennan, *Borrowed Light*, p.162.

殖民的他者，人类学的共识是要明确关注以种族为标准从西方文明叙事中隔离出来的各种社会形态。人类学家不再研究欧洲'文明人种'（Kulturvölker），以及其以历史与文明为界定方式的社会形态，而是转向关注被殖民的'自然人种'（Naturvölker）。"[1]

　　正如民粹主义话语的目的在于置换学术主流话语，人类学给德国人承诺的是他们能够沿着帝国野心重新创造自我。对外国领土的占领提供给反人文主义的是"能够提供实证数据的各种民族志主体、物件、身体部位，以及田野场地"，并且由此将帝国的、自然的以及德国人的一切联系到一种直接导向"种族卫生学"理论的思想潮流。[2]有一位特别知名的人类学家莱奥·弗罗贝纽斯（Leo Frobenius），他认为"德国人与非洲人相似，都是具有情感、直觉理性、艺术、诗歌、意象与神话的人种"，因此与处于边缘的庶民建构一种反人文主义的亲缘关系，并就此使得德国人的日耳曼属性在欧洲族群当中独树一帜。[3]绝对的文化与心理他者的这种新东方主义理论，能够将自身呈现为一种反抗的意识形态，弱者倾向于重新强调其"差异性"以图反抗现有秩序。

　　在这种关系的翻转过程中，正如斯特凡诺·格拉诺斯（Stefanos Geroulanos）指出，现象学对旧有理论术语重获主导优势，自我宣传其自身的"无神论"，并且与人文主义的"宗教"形成对立之势。[4]亚历山大·柯瓦雷（Alexandre Koyré）、亚历山大·科耶夫（Alexandre Kojève）、巴塔耶和海德格尔在20世纪30年代均带有挑衅地宣称：世俗主义是宗教信仰的一种形式，这种观点被雷蒙·阿隆（Raymond

［1］Andrew Zimmerman, *Anthropology and Antihumanism in Imperial Germany*, Chicago: University of Chicago Press, 2001, p.3.

［2］Ibid., p.241.

［3］Ibid., p.7, p.246.

［4］Stefanos Geroulanos, *An Atheism that is Not Humanist Emerges in French Thought*, Stanford, CA: Stanford University Press, 2010, pp.2-15.

Aron）在1944年再次使用，不久之后他将作为新哲学家登场，契合20世纪60年代后法国思想生活向右转。他们坚信，不是人文主义过多地估算了困扰他们的人类能力，而是"人类"的堕落，同时也伴随着社会乌托邦诸神的陨落。他们不仅仅是反共产主义者，他们坚持（尽管他们的行动也是如此）自己只是希望能够将我们从"各种世俗的、主张人人平等的、寻求变革的责任义务"中解放出来。[1]根据我们现在的回忆来看，这些观点获得提炼与提倡发生在主流共产主义被接受的高峰期，就像反殖民主义情绪在第三国际的影响之下在欧洲获得发展动力那样。

　　这种战时"反动现代主义"，在多梅尼科·洛苏尔多（Domenico Losurdo）看来，非常清楚地选定了传统左派的词汇。[2]其结果是一种体裁的翻转突变，一系列的佯装攻击的实际效果是打破了以往的对立关系，使得它们失去效用。现象学使用"存在"（being）与"存在"（exist）的概念术语，试图以新的方式探讨物质生活，将马克思主义者纳入仅仅是思辨或是半宗教色彩的形而上学阵营。阿多诺在其最早期的文章之一《自然历史观念》（The Idea of Natural History）中识别出这种难题，并对海德格尔发起挑战，就此开启他长达一生的哲学征程，这一项目在其晚期著作之一《否定的辩证法》中达到顶峰。该书有篇幅较长的一章"本体性需要"，阿多诺于此表示"德国的本体论，特别是海德格尔的哲学，直至今日仍然有效（即1966年）"。[3]争论的焦点是大家熟悉的人性问题。对于阿多诺来说，围绕自然/历史之间二元关系的唯一方法是"在最为极端的历史决定论条件下，

---

[1] Stefanos Geroulanos, *An Atheism that is Not Humanist Emerges in French Thought*, p.6.

[2] Domenico Losurdo, *Heidegger and the Ideology of War: Community, Death and the West*, Amherst, NY: Humanity Books, 2001[1991], p.101.

[3] Theodor W. Adorno, *Negative Dialectics*, trans. E. B. Ashton, London: Routledge, 1990[1966], p.61.

作为自然本体最为历史性的场域来理解历史性的本体，或者历史存在深深栖息于作为自然的自身而又有可能把自然理解成历史本体"。[1]换句话说，正是人类的本性在实现变革，从继承的传统条件当中创新。面对既有的限定条件，人类能够寻求出路，并找到解决办法。恩斯特·布洛赫（Ernst Bloch）将整个现象学运动总结为"在自身内部"（In Itself）的名言警句，即"单一式存在。但是这还不足够；实际上，这仅仅是最低的限度"。[2]

我们需要辨别的是对人文主义滥用或误用的不同批判话语（阿多诺、弗朗茨·法农［Frantz Fanon］）、反人文主义（叔本华、尼采、海德格尔，以及他们的继承者，比如说吉奥乔·阿甘本［Giorgio Agamben］）和后人文主义（德勒兹、福柯、唐娜·哈拉维［Donna Haraway］、布鲁诺·拉图尔［Bruno Latour］、列维·布赖恩特［Levi Bryant］等人）。反人文主义在政治上厌恶毫无根据地对主体性与历史进步的特殊化，后人文主义与此不同，转向使人类从属受制于冷漠的自然（正如我们所见，例如，当下的"人类世"［anthropocene］的正式定义）。它的言说方式是人类学意义上的转变。我们可以说，科学主义是当今时代后人文主义的最显著形式。其思想系谱首先区别于尼采，尽管其社会达尔文主义与生物主义还带有尼采式的修辞与艺术风格。

但是，此处我们找到一个原因，用于理解近年来普遍发生的斯宾诺莎（Spinoza）转向，以及对17世纪科学启蒙时期的其他机械理性主义者，包括笛卡儿（Descartes）、莱布尼兹（Leibniz）、比埃尔·培尔（Pierre Bayle）和尼古拉·马勒伯朗士（Nicolas Malebranche）的

---

[1] Theodor W. Adorno, "The Idea of Natural History", trans. Robert Hullot-Kentor, *Telos*, 60(1984), pp.111-124.

[2] Ernst Bloch, *Literary Essays*, trans. Andrew Joron and others, Stanford, CA: Stanford University Press, 1998, p.1.

转向。现在的理论从另外一个角度支持他们，将其早期的文化主义置换为有现实基础的唯物主义，而并不放弃20世纪80年代与90年代的词汇术语：多样的、偶然的、个性的与生物性的（这种单向度批判的理论基础被罗伯特·斯宾塞［Rorert Spencer］巧妙地称为"触犯杂糅性"）。因此，我们能够，比如说从康坦·美亚索（Quentin Meillasoux）与格雷厄姆·哈曼（Graham Harman）的思辨实在论，以及简·班尼特（Jane Bennett）的新本体论清楚地看到这一点。

　　人文主义与人文学科之间的相互依赖，在这种交汇之处显得特别清晰。将人文主义者与其反对者（"反-"和"后-"形态）隔离开来的既是方法论层面的，也是政治方面的。科学将物质的可控部分分割出来以求控制观察过程；人文学科则考察社会整体。科学寻求确定参数范围内的定理；人文学科并无此类限制，探讨的是关系的集合体，特别是人类在其环境当中作为一个复杂、交互的总体。科学视现实为物质；人文学科视其为反思的物质（对物质的认识与评价）。科学量化，人文学科定性。对于科学来说，在物质存在之外无它；对人文学科来说，无独立存在的物质。在科学当中，相互竞争且彼此不容的理论（比如在当代物理学领域）并不被视为对科学追求的弱化，也并不质疑它们能否提供关于现实的可靠描述的能力；在人文学科当中，彼此互不相容的理论之间的矛盾（被大众视为人文学科非科学属性的标志）被视为最终沦为政治性的不同动机、对立的利益和哲学立场的矛盾。在科学领域，当早期的某种共识因被证伪而导致崩溃，则象征着一种最终突破的临界点，正在接近一种关于现实的整体理论，并且始终处于已经接近的状态（实际上，因为它似乎从未能够达到）；在人文领域，它则意味着新的哲学选择在已有社会需求基础上的胜利。科学证明其自身的方法是通过物质结果，其社会效益、更优选择或将来的负面效果都在严格的考虑范围之内；相比之下，人文学科质问其自身的方法，将其自身导向一种经常性的自我批评。科学解答是什么的问题；人文学科则关注为何以及如何。

　　这些在某些方面（不是全部）互不相容的配套对比，并不是大众科学话语中的普遍知识形态，特别是至少从20世纪80年代末以来在为人们所熟悉的报纸文章题材中，人文学科的无用属性被嗤之以鼻。更为引人注目的现实则是，即使是那些心存善意而捍卫人文学科的诸多努力，也倾向于忽视科学缘起于人文的发展史，其在古典时期的相对模糊性，以及其在17世纪的致命分离：这种变革类似于经济学从政治经济学转向19世纪中期的新古典改良，即是说从人类行动与价值转向数学模型，从利益需求转向"均衡（经济）"与"边际效用"的各种问题。

　　有人会质疑，既然有丰富的历史渊源，为什么人们还是会忽视那些过去的思想家，忘记他们曾证明我们当今时代理解的科学概念在某些重要方面并不比人文学科具有更多的科学性？在此，我指的并不是那些超越理论边界、为求获取权威地位而运用既定科学方法、模仿其研究程序或利用其某些姿态的各种举措。当然，在推动这些发展趋势的不是简单的机会主义，而是严肃的信念；同时，也可以明显发现对科学范式的反复引用，比如说索绪尔语言学、结构主义、符号学、逻辑实证主义、分析哲学、阿尔都塞式马克思主义，德勒兹对莱布尼兹与斯宾诺莎的痴迷，以及他对分形（Fractals）、力线（lines of force）和模态空间（modal spatialities）语言的模仿，以上种种概念术语都来自理论数学的虚拟空间。在当今时代的人文学科领域，这种采取科学框架的隐喻思维继续呈现出一种前所未有的发展势头，特别是在动物研究、政治生态、数字人文和遥测读数方面。尽管形式多样，但是它们的共同点在于，都反对或者说没有能力看到或理解到，我曾追溯至赫勒敦、维柯的政治语文学（political philology）的各种传统，其中的一个思想分支有意识地被卢卡奇、葛兰西,以及像萨义德之类当代左翼语文学家的批判理论所选择并借题发挥。

人文主义的方法论输入问题再次引人注意。这些新的思潮并不是简单地挑战人类的前景,或是质疑他/她的本性,而是希望能够消除批判思想的这种观念,并且通过这些途径对人类的消解提供一种革命性的解决办法。与此相对,维柯与黑格尔的预期力量,曾提供出的是关于人类的一种人类学-政治经济学,他们具有说服力地展现,人类是我们思考所无法超越的存在——在当下语境,我们可以认为这种动物是完全自由的,甚至可以出于伦理学依据创造出"后人类",并就此有意识地假设已经论证其缺乏意志力。

维柯要比其他任何人更多地将自然科学与诗学阐释的整体理论、语言与文学修辞的理论进行对照,因此后者的复杂性、关联性与彻底性,对于他和其他后续学者们而言,其自身构成一种科学理论。他对笛卡儿与斯宾诺莎的巧妙反驳,既直接明了,又愤怒不已。因此,他创造的是一种文学世俗性与社会学意识的传统,它在20世纪之初揭示着政治斗争,而在20世纪后半期则相当程度上处于缺席的状态。

马克斯·霍克海默在《传统理论与批判理论》(1937)中有效论述的是自然科学方法论对辩证法思想之优势的不公正假设,[1]他公开引用的是维柯的观点。这些假设在本质上都是非主流的对抗理论,比如说阿尔都塞式马克思主义、新生态批评与数字人文。作为其中一位主要的贡献者,佛朗哥·莫雷蒂(Franco Moretti)有意识采用加尔瓦诺·德拉·沃尔佩(Galvano Della Volpe)的表面上是科学主义的反葛兰西式马克思主义。这些各不相同的理论家被联系到一

---

[1] Max Horkheimer, "Traditional and Critical Theory", in *Critical Theory: Selected Essays*, trans. Matthew J. O'Connell and others, New York: Continuum, 1982.

起，是出自对语文学的重视意愿、精神与信仰的焦虑。在这样的情况下，"精神"指的只能是相对于真理与文本事实可阐释性的各种理论框架的关系。

在人文主义问题上的论战，换句话说，就是对从历史经验获取知识、从研究文本恢复过去经验的认知可能性的论战。这种立场遭到的嘲弄特别来自尼采，以及继承斯宾诺莎传统的阿尔都塞与德勒兹（值得重点指出的是，斯宾诺莎并不如此）。对于佛朗哥·莫雷蒂与数字人文来说，阅读的过程并不排斥真理，亦如其他。但是，有一种真理必须要追踪或传播，通过将阐释过程从人类头脑的混沌状态脱离出来，转向机器以求挖掘数据、整合任何方案或人工智能。

近几个世纪以来，维柯一脉的思想始终活跃并且影响至今，即使其并未直接介入人文主义的论战过程，它们也是始终如影随形。个别人文主义者时常被援引，但是在人文学科内部的反科学主义思想的真正格局已经差不多被忽视了。维柯思想的直接传承人包括约翰·戈特弗里德·赫尔德（J. -G. Herder）、黑格尔、儒勒·米什莱（Jules Michelet）、弗朗西斯科·德·桑克蒂斯（Francesco de Sanctis）、葛兰西、乔治·索雷尔（Georges Sorel）、V. N.沃洛希诺夫（V. N. Voloshinov）、尼古拉·马尔（Nikolai Marr）、卢卡奇、西蒙娜·德·波伏娃（Simone de Beauvoir）、何塞·卡洛斯·马里亚特吉（Jose Carlos Mariátegui）、科尼利厄斯·卡斯托里亚迪（Cornelius Castoriadis）、霍克海默、萨义德，以及许许多多的其他理论家。作为一种倾向，他们在19世纪的实证主义转换中，将人文研究搬离以"语文学"著称的狭义上的文学文本科学（萨义德在《东方主义》的目标），转向到赫勒敦与维柯最初构想的更加广泛的社会学意义上的语文学范式。埃里克·奥尔巴赫（Erich Auerbach）在其1924年关于维柯研究的德文译本中获取这种构想，"我们现在认识到的被称为人文学科的事物：严格意义上是整个描述、社会学、国民经济、宗教史、语言、法律与艺术"。[1]

　　除了对被称为"机器人"（Machine Man）的维柯同代人、笛卡儿式的哲学家朱利安·德·拉美特里（Julien de la Mettrie）思想的热情之外，当今的后人文主义将自身的立场设定为对这种知识总体主义整合方式的反对者。因此，布鲁诺·拉图尔（从艾伦·图灵[Alan Turing]的勇敢新世界出发）设想：既然计算机已经能够完成人类个体无法解决的任务，那么它们自身就已脱离与人类对话的主客体关系，拥有自身独立的文化，不再依存于人类，而正是人类制造、编程或阐释他们的发明。其拥护者们并没有意识到这种述行性的（performative）矛盾：除非计算机可以对人类进行编程，发展它们自身的硬件，挑战程序员们的各种指令编码，否则对于它们所声称则毫无独立可言。

　　对于人文主义者来说，后人文主义无论其动机如何，至少以哲学与科学的学科视角对待异化问题：比如，脱离人类技能与智能、使人类意志与努力变得不现实，以及不考虑人类的思维能力。重要的是，这不是作为一种有理智的冷静的观察，而是一种欲求。人类主体，从自身的认知能力被异化出来，脱离其身体内容，从物种层面被降级，以及被剥夺其意志力，这是人类的极端形态。这是一种伴随着意志与历史而做的有广泛意愿并由历史决定的努力。人文学科中的科学主义，在这种程度上，与市场化的极致（a market sublime）不加选择地调和。它在忽视语文学社会学（philological sociology）的同时，将平台让给了《纽约时报》或《自然》所提供的各种报道中的最新的空话与废话，其报道带有缺乏独立精神的热忱，关于物理学家探讨宇宙大爆炸，其语言差不多没有改变，均引用卢克莱修《物性论》与柏拉图《蒂迈欧篇》。

---

[1] Vorrede des Übersetzers and Giambattista Vico, *Die Neue Wissenschaft: Über die gemeinshaftliche Natur der Völker*, Nach der Ausgabe von 1744, trans. and intro. Erich Auerbach, Munich: Allgemeine Verlagsanstalt, 1924, p.23（笔者翻译）.

　　例如，简·班尼特的《系统与事物》将斯宾诺莎、拉图尔为代表的"唯物主义"联系到神经系统科学，以求证明"存在于不同范围或层次身体与力量的活力或创造性"，以"反对人类例外论的傲慢自恃"。[1]正如事物本身蕴含着创造力，在这种构想中，人类现在作为毫无差别的事物（例外的情况或许在于，在班尼特忽视的明显意义上，人们并没有像她那样介入使其自身也不例外的物质性理论化的过程）。同斯宾诺莎的逻辑不同，班尼特消除的是在人类与事物之间的隔阂，旨在创造出对各种异构性（heterogeneities）不加区别的氛围或环境。多样性以这种方式实现自我表达，实际上却已巧妙地形成一致性，就像纯粹主体性意识通过一种非人格化的哲学思维实现自我表达。

　　很大程度正是在这种意义上，德勒兹（班尼特的灵感来源之一）很早就写道，他不是作为谁塑造的意志，而是为有输送更大能量的管道，提出"何人书写有何不同"问题的预期只是作为一种自夸而并非其表面看上去什么样——那就是，以设计一种集体意识的谦虚来弱化声誉的重要性。因为他告诉我们，挑战他的话语并不是简单地不认可他的习性、他创造的概念和新术语，或含糊的阐释，而是对抗本性本身。毕竟，他只是本性的代言人，仅仅作为通过其身体的各种感知形式的一种渠道。这种根本不谦虚的个人主义，以这种方式将其自身呈现为去中心化的形式。

　　但是，这种观点对于宽容被两位思想家鄙视的辩证理性的人们来说，是显而易见的。班尼特与德勒兹，就像后人文主义思潮广大范围内的其他学者一样，是充满着反叛精神的人物，他们将会为想到曾经同情过集体生活而感到极度尴尬。但是，就像我在文章开头提到

[1] Jane Bennett, "Systems and Things: A Response to Graham Harman and Timothy Morton", *New Literary History*, No. 43(2012), pp.230-232.

的，这也恰恰说明了人文主义的主题为什么如此令人困惑，为什么其对立方面又如此忽视彼此。左派和右派已经变换了各自的角色，双方均视对方为共谋。从人文主义的观点来看，后人类的立场，当然毫无打算地、令人不安地趋同于资产阶级的思想。[1]在这样的语境中，客观事实作为唯一的主观性概念，依靠的是不偏不倚进行调解的作者。这种策略，现在是作为非此非彼性的精神原则，被要求建构一种不承担责任的权力。这种方便的关系，你见到或见不到——横跨在资本主义的象征领域自我复制。除与2008年发生的信贷危机和华尔街投机诈骗所联系到的一些诉讼案例，大部分的金融市场被普遍认为是运作，（用布鲁诺·拉图尔的击中要害的话语来说）被视为"至今尚没人做出的人为的欺骗和造假"。[2]

在正式将集体视为个体的当代资本主义中，这个（可以被我们称为）"非人"的概念远不止是作为合法借口。在两种互不相容的公共形式之间，与变色龙相似的转变在资产阶级那里找到自己的模式，一方面是作为资本机器当中一种毫无情感且行之有效的齿轮；另一方面则是将资产阶级作为诗人、反叛者、先锋哲学家（正如被广泛引用的史蒂夫·乔布斯的名句："那些疯狂之人、那些不幸之人、那些叛逆之人、那些麻烦之人，他们是方孔当中的圆钉……他们推动人类向前进。"）。[3]因此，谈到今天的垄断商们、血汗工厂主们、逃税者们，难道这不是一种形式拙劣的模仿吗？就像昨天曾作为高顶大礼帽与钱袋的形象真实可触，这些难道不是今天资产阶级的界定特征吗？作为一种更为随意或许仅仅是轻浮的象征物，军用无人机非常

---

[1] 下面的两段话取自（略有修改）Timothy Brennan, "The Free Impersonality of Bourgeois Spirit", *Biography*, Vol. 37, No. 1(2014), p.11。

[2] Bruno Latour, *We Have Never Been Modern*, trans. Catherine Porter, London: Harvester Wheatsheaf, 1993[1991], p.70.

[3] 这段话开启了苹果电脑公司1997年"非同凡想"（Think Different）的商业广告活动（乔布斯语）。

适合用来捕捉这种变动，这是资本主义在当代无政府主义阶段的意识形态核心。极度的唯利是图，以及主观主义者的欲望要求主体的象征性牺牲。作为个体的人必须被消灭，这样资本主义者才有可能存活；历史的参与者必须无能为力，这样他或她做出的肆意妄为的行动才不会遭到报复；将非法的资金放入无人岛的离岸账户，或提倡虚拟现实，意味着掩盖计算机银行关注内华达州装有空调的地下仓库的底价。为什么那些甚至于在主观上无论如何都不愿意与资本主义扯上任何关系的人们都如此迷惑，他们表露出对资本主义的愤恨，以及将对精神之伦理意志的撤离大唱反调作为对资本的某种抗议？[1]

后人文主义赞同这种无政府主义思想，它在资本主义的仅一方面发现其敌对面：启蒙运动带来的傲慢开拓性地出征去掌控自然。但是，它就此忽视的则是辩证性地伴随着这些举动的事物：对自然的否定（以集体生态毁灭的形式），以及对个体的消除，特别是那些无名的收入微薄的制造产品的人们、被迫购买的消费者们、精神贫乏的拥有者、与其形成共谋关系的国家监管，以及借助产品将个体等同于被剽窃的销售数据。它完全忽视的是左派语文学开启的空间：资本主义的种种反启蒙指令，将所有的责任义务模糊化，对证言证词进行选择性的遗忘，对信息进行私人化，将知识技能神化为市场天才（也就是说，使其物化和客体化）。

《保卫人文主义》给我们提供的是一种对当代语境而言至关重要的绪论，呈现的是能预先制止后人文主义号召力的思想与行动领域，这是通过为我们提供另一个早期的关于语言与情感的故事而实现

---

[1] 在消费文化对"新主体性"的生产过程中，我们可以发现一种对具有资本主义属性的后人文主义的本体论的抵制，相关代表性的论著详见 Chris Kraus and Sylvère Lotringer, *Hatred of Capitalism: A Semiotext(e) Reader*, Cambridge, MA: MIT Press, 2002。

的。关于为数庞大的被不公正地遗留在过去、等待被重新发现的历史文献，还有很多值得我们去研习。它们就像卢克莱修（Lucretius）在公元前1世纪关于伊壁鸠鲁的自然哲学的鸿篇巨作被冷落在一座德国修道院，直到布罗科利尼（Bracciolini）在15个世纪以后才碰巧发现。仅仅是六十年左右，或许甚至都不到，就让我们与这些有待研究的经典文献隔离开来。对于我们来说，熟读它们并不仅仅是一种好学行为，而是一种政治行为——重新主张由那些可能另有作为的人类创造且为人类服务的现代性，而人类本可以做其他的事情。我们现在仍然能做到。另外一种选择，就在彼处，正在等待进行阅读与行动。

1. 社会主义人文主义的兴起、回落与复兴的可能

◎ 芭芭拉·爱泼斯坦

作为一种国际思潮，社会主义人文主义在某些情况下既表现为政治行动主义（political activism），又表现为思想工作，在20世纪40年代和50年代开始出现，并且在20世纪50年代末60年代初达到影响力的巅峰。在社会主义与人文主义两个术语之间，社会主义概念的含义比较清晰：社会主义者主张建立以合作和谋求共同福祉为基础的社会，而不是为了少数人去竞争和谋利的社会。人文主义概念的含义则相对模糊。有人用它来描述非宗教性的世俗人生观。对此术语的这种稍显老套的用法本身就意味着在学术世界的一种基本区分方式，用于划定在上帝的信仰者与无神论者之间的边界。也有人对这一概念抱有更加当代化的视角，认为它指的是将人类作为世界中心的做法。而反人文主义则通常意味着某种怀疑态度，它质疑的是启蒙运动以来相对于上帝中心论而采取的以人类为中心的视角。还有人使用人文主义来描述从意识形态立场对待人性的乐观看法，据此认定人类本身只有良好的动机而毫无邪恶念想，以及社会进步不可避免等等。在这种观念之中，人文主义者等同于幼稚的乐观主义者。

在上述的诸种定义当中，没有一种能够准确描述在20世纪40年代、50年代和60年代将自己认同为社会主义人文主义者的左派知识分子和行动主义者的世界观。社会主义的人文主义不同于无神论、

不可知论或世俗主义：他们有些人是有宗教信仰的，还有不少人的思想受到宗教传统的深厚影响。社会主义人文主义致力于考察人性的构成，以及推动人类繁荣的社会形态。尽管这是对人类及其能力的讨论，但是并不能就此断定自然的存在是为了满足人类的欲求，或是人类应该统治其他物种和自然环境。有些社会主义人文主义者将上帝或某种圣灵视为中心，也有些人批判人类统治自然的各种追求。在20世纪中期，几乎没有任何主流的社会主义人文主义作家认为进步不可避免，他们既不相信人类毫无毁灭社会的各种冲动，也不相信人类本身是完美无缺的。社会主义人文主义者（仍然）相信的是人类本性的存在，即人类和其他动物物种一样具有特定的需求、能力和限制这些能力的因素的各种特征。社会主义人文主义建立于人类需要社会合作与支持这种观念之上，既能够集体努力，也能够个体创造，很有可能在主张人人平等的社会中兴旺起来，这个社会致力于共同富裕而不是追求个体利益。他们同样相信，人类具有共情、理性思维和有效规划的能力，因此一个更加美好的社会和世界是可能实现的。在20世纪50年代末60年代初发展起来的社会主义人文主义视角，并没有集中关注到非人类动物或自然环境的福祉，但是在随后的发展过程中，它越来越清晰地意识到人类的命运与环境的状况密切相关。人类问题延伸覆盖到其他生物与地球的命运，这种观点与社会主义人文主义明显是兼容的。

＊　＊　＊

社会主义人文主义的兴起既是作为一种知识分子的国际群体，也是作为从1956年到20世纪60年代末期受反战运动与其他社会运动影响而产生的一种人生观。社会主义人文主义吸取的是马克思关于异化的概念，这一概念在其《1844年经济学哲学手稿》（以下简称《经济学哲学手稿》）中得到发展，该手稿直到1932年才在莫斯科首次以德文公开出版。在随后的几十年间，陆续出版了法文版、英文版的选本。[1]马克思对异化的分析是将其作为在私有利润基础上的生产形式的结果，围绕资本主义对人类精神的影响创造出对资本主义批判的基点。对此，马克思坚持认为将工人与他/她的产品的异化导致的是工人从其他人类的异化，甚至是趋向自我异化。马克思的异化概念是人文主义式的，在这个意义上来讲，既因为它指出资本主义关系的非人化特征，也因为它暗示人类必须成为自我解放的主宰者。马克思在后续的著作中继续使用异化概念，但是阅读他本人后续对资本主义政治经济学的分析能够发现，资本主义内部的结构性矛盾是这一体系的最大缺陷，也最有可能是资本主义灭亡的根源，而人类经验和行为则是次要的因素。

*　*　*

20世纪上半叶的"科学社会主义"强调的是马克思分析的结构方面；苏联当时运用这种视角弱化集体运动对社会变革的作用。《经济学哲学手稿》在马克思主义的语境中提供的是挑战这种视角的基础，赋予马克思主义者与社会主义人文主义者以共同的理论参考点。即使是像马丁·布伯（Martin Buber）这样并不将自己视为马克思主义者的社会主义人文主义者，仍然欣赏马克思关于异化的著述。许多马克思主义者（哲学家或是其他）被这种视角所吸引，自称是马克思主义人文主义者，但是艾里希·弗洛姆（Erich Fromn）与其他学者

---

[1]《经济学哲学手稿》最初由莫斯科的"马克思恩格斯研究所"出版，后来由"马克思主义列宁主义研究所"出版，由梁赞诺夫（D. Riazanov）提供，参见Karl Marx and Friedrich Engels, *Historisch-kritische Gesamtausgabe*, Berlin: Marx-Engels Verlag, 1932, Abt. 1, Band 111。艾里希·弗洛姆1961年出版的《马克思关于人的概念》（*Marx's Concept of Man*, New York: Frederick Uugar, 1961）当中，收录了由汤姆·博特莫尔（T. B. Bottomore）翻译的《经济学哲学手稿》的大部分内容。

使用的是社会主义人文主义，以此纳入那些不视自己为马克思主义者的社会主义者。在这一章，我所用到的"社会主义人文主义"概念指的不仅是这样描述自身的理论家，而且是那些更倾向于"马克思主义人文主义"概念的学者们。从某些方面来看，我此处追溯的人文主义传统，通过跟反人文主义的各种教条主义的区分，变得更加明显。

这一章的目的在于表明20世纪50年代与60年代之间社会主义人文主义思想的各种主题，解释为什么在20世纪60年代末70年代初社会主义人文主义从美国和西欧左派思想与政治蓝图当中消失，以及论述其核心思想观念对于当下的左派来说仍然有效，并将发挥作用。这并不意味着社会主义人文主义就能解决当代左派的所有或大多数问题。社会主义人文主义与马克思主义人文主义是特殊时期的产物。它们并没有过多论述到在社会变革运动中成为当务之急的各种问题：环境危机、种族、性别、性存在（sexuality）、科技及其社会影响。它们对左派的斗争策略或是组织问题也论述不多。

20世纪50年代末60年代初的社会主义人文主义反对冷战，希望在结束冷战的基础上开拓社会主义的民主形式在东方和西方的运动空间，认为其基础在于去中心化的社会与普遍的大众参与，而不是通过官僚手段的控制，且应涉及的是工人对自己劳动的掌控。他们维护乌托邦思想作为带来变革的必要思想框架，强调即使我们设想的未来社会无法达到，但是制定目标是朝着既定方向取得任何进步的先决条件。从这些方面来看，社会主义人文主义与无政府主义之间具有很多共同之处；就社会变革的非暴力手段导向而言，其接近于反战主义。社会主义人文主义提出的中心问题是：我们希望生活在何种社会中？它批判任何借社会团结的名义压制言论自由和排除异己之见，在更广泛意义上强调制造个体创造力得以繁荣发展的各种条件。社会主义人文主义挑战教条主义，坚持开放性的未来,并认为没有什么理论能够确切地预知未来。

　　在这一章的开头,我将简要地对社会主义人文主义思想的主要贡献进行历史性的概述,同时强调它们共同的主题。部分社会主义人文主义作家们,例如E. P.汤普森(E. P. Thompson),一直以来之所以出名,不是因为其对社会主义人文主义的直接书写,而是主要因为其他作品。其他在当时比较著名的左派理论家,现在已不再被广泛阅读。我将自己的考察分为两个部分:将社会主义人文主义视为政治与思想课题,以及主要将其视为思想资源。理论家的作品如何归类在很大程度上取决于其生活的地区:在西方世界,很容易就将社会主义人文主义的各种主题联系到20世纪50年代末60年代初的反战运动的各种关注点,而在东欧的这些异议运动要超越书写与言说层面的活动,通常比较困难。实践学派作为南斯拉夫持异议的哲学家群体,能够利用当时南斯拉夫社会的相对开放性,挑战苏联版本的马克思主义,批判南斯拉夫自身的苏联式官僚思维模式,但是他们的工作大部分都是在哲学讨论层面。在西欧大陆,特别是在法国和德国的某些左派理论家,将自己联系到社会主义人文主义并作出贡献,但却是在各种反战运动缺席的情况之下通过他们的书写作品,而并不是通过行动主义表达他们的各种观点。

　　在英国和美国,社会主义人文主义者们同时作为行动主义者与知识分子,他们将各自的视角带入他们的政治活动与思想工作。在英国,社会主义人文主义在反战运动中具有影响力。在美国,反战运动和民权运动参加者的思想潮流与社会主义人文主义具有重合之处。在英国和美国,成千上万的人在赫鲁晓夫的秘密报告事件之后退出了各种形式的共产主义政党,他们继续参与政治活动,在排斥苏联模式社会主义的同时仍然是作为社会主义者。在英国,先前的共产主义者有许多明确表态认同社会主义人文主义,其余人则认为自己是早期的新左派。[1]在美国，麦卡锡主义使得人们很难公开批判苏联而不显得自己与压制左派人士有关。而在麦卡锡主义衰弱之后，许多左派计划（project）的出现，是受到早期共产主义者的影响，但是他们却视苏联为一种尴尬，其政治立场的主要基点是20世纪30年代在国内的人民阵线与国外的反法西斯斗争。20世纪60年代初期在美国出现的新左派赞同的是社会主义人文主义的思想导向，趋向乌托邦思想，憧憬一种不必赞成社会主义而在去中心化社会的参与型政治。

20世纪60年代末70年代初，美国左派与许多欧洲左派对社会主义人文主义失去了兴趣。冷战减退，核战争的危险已经不再是抗议运动的主要焦点。到了1968年，越南战争，特别是在美国，已经成为左派的中心问题。在战争的语境之中，新左派得到成长，愤怒与军事行动升级。第三世界革命运动的兴起，为身处美国与其他西方国家的年轻激进分子们提供了一种左派政治的新型构想。根据更广泛意义上的第三世界主义者的视角，世界范围内的斗争中心是在西方的帝国主义与东方的反帝运动之间，现在其更多的是被西方称为激进主义者的左派们的任务，即支持第三世界革命运动，以期待将来可以效仿。对苏联的批判已经不再集中在其非民主特征，或是对异议者的施压，而是转向其对美国的妥协立场的指责。从这种视角来看，苏联实行的和平共处政策，对反帝国主义斗争是一种障碍，自由改革对资本主义西方的革命也是一种障碍。第三世界主义席卷美国左派，以及欧洲，特别是欧洲大陆的左派运动。在20世纪60年代末70年代初左派极度好战与期望革命的背景之下，社会主义人文主义似乎显得有些不冷不热。

* * *

越战时期的许多问题仍然存在，伴随着之后出现的其他问题，或

---

[1] 与希拉·罗博瑟姆（Sheila Rowbotham）的访谈，伦敦，2011年7月。

许已经变得更为紧迫。美国继续介入海外战争，尽管一次又一次地看到它的干预对于受影响的国家人民来说只会使得事情更为糟糕。一方面是美国与西方其他发达资本主义国家，另一方面是世界其他地区，两者之间的财富和权力的差距都在扩大。在美国国内，人们面对的是财富和权力日益扩大的鸿沟，以及日渐对大众无动于衷的政治领域。在这个地球的其他地区，人们面临着赫然逼近的各种环境灾害。但是，在越战期间吸引过无数年轻人的生机勃勃的极左翼政治，现在似乎已经是属于另外一个完全不同时期的旧有记忆。或许，回到社会主义人文主义的遗产，可以给面对更加冷静时代的左派政治提供诸多建议。

作为政治计划的社会主义人文主义

1956年，同为劳工史学者与英国共产党员的E. P.汤普森和约翰·萨维尔（John Soville）创办了《理论家》（*The Reasoner*），《理论家》后更名为《新理论家》（*The New Reasoner*），成为反对冷战与两个超级大国的政治媒体，并提倡作为民主社会主义社会基础的参与式民主。它表达出了很多在赫鲁晓夫秘密报告之后脱离英国共产党的人的立场，并帮助他们塑造了政治观念，与此同时，它也对那些刚刚踏入政治领域、被社会主义左派所吸引却没有兴趣公开支持苏联的年轻人的思想产生了影响。

1957年，《新理论家》发表了E. P.汤普森题为《社会主义人文主义：对虚无主义的挽歌》的文章，[1]汤普森论辩道，社会主义人文主义取代了苏联正统马克思主义理论关于现实男女的需求、斗争以及

---

[1] E. P. Thompson, "Socialist Humanism: An Epistle to the Philistines", *The New Reasoner*, No.1 (Summer 1957), pp.105-143.

前景的种种抽象话语。汤普森认为：整个共产主义运动已经被这种马克思主义理论，甚至在西方马克思主义的内部都含有的教条主义所影响，即使已经回避那种聚焦文化与意识形态的结构分析，仍然没有对流行的教条主义形成任何挑战；马克思主义理论的起点必须是现实人类的需求、思想与行动；社会主义必须具有其道德基础，而苏联社会主义在任何意义上都不能被视为一个典范。汤普森强调冷战和军备竞赛牵制着苏联和美国两个统治集团，延续着在东西方两个世界的政治压迫。他指出，对冷战以及延续其存在的压迫机制的反抗，不仅在西方国家作为大规模的和平运动正在出现，而且也在东欧国家的年轻人中不断浮现；他希望这种抵抗可以扩散到苏联自身内部。这样的反抗，在汤普森看来，可以发展成为建立于人文主义诸多原则之上倡导民主社会主义的一种国际化运动。

《新理论家》，连同《大学与左派评论》(*Universities and Left Review*)(由年轻学院左派创办并经营的学术刊物)，成为早期英国新左派(包括学生、知识分子与其他年轻人的不同社交圈)的中心。新左派将他们共同引入对于政治与文化新发展方向的讨论之中，同时向他们介绍并传播方兴未艾的英国和平运动。事实上，整个新左派已积极地介入正在迅速发展起来、主张英国在冷战中实行不结盟政策的大规模运动，要求废除北大西洋公约组织在英国部署的数个导弹基地。在英国和平运动中，新左派在知识上获得了相当大的信誉与影响力。对于英国左派来说，社会主义人文主义对思想潮流产生了深远的影响。

尽管《新理论家》与《大学与左派评论》都自称是社会主义人文主义的学术刊物，但是它们的导向却不尽相同：《新理论家》编辑们立足于英国劳工运动以及英国阶级斗争的历史；《大学与左派评论》的同行们更感兴趣的则是潜在的文化变革，更加关注种族与民族的诸多问题。虽然如此，两者在广泛意义上的政治相似性推动它们在

1959年实现了合并,创办了《新左派评论》(*New Left Review*)。1962年,包括E. P.汤普森在内的《新理论家》的创始编辑,退出了《新左派评论》编辑委员会,改由佩里·安德森(Perry Anderson)任主编,该杂志随即也就不再认同社会主义人文主义。[1]1964年,另一本新的杂志《社会主义纪事》(*Socialist Register*)创办,延续社会主义人文主义思想研究的光荣传统。

随着时间的流逝,对于国际运动、理论思潮,以及对立场分裂的持续痛楚的不同反应,将在形成早期新左派的两种思想潮流之间的诸多差异扩大化并固化。E. P.汤普森的声望日隆的基础主要在于其历史经典著作《英国工人阶级的形成》。这本书影响了整整一代开始从事"底层历史"研究的年轻历史学家。除直接从事历史书写之外,汤普森继续参加理论探讨以及政治活动:20世纪80年代,他在反对第二次冷战的运动中起到核心作用。在对阿尔都塞的批判之作《理论的贫困:或太阳系仪的谬误》中,他极力捍卫了一种马克思主义,这种马克思主义将人们的经验与努力而非理论范畴视为中心并由历史与道德理性决定。[2]汤普森的论著受到批判,源自他将经验和道德视为可从表面上理解的自在范畴。评论家们还指出,汤普森的判断有时被他对阿尔都塞立场的怒火所误导,这使得他错误地判断阿尔都塞的意图,以致认为阿尔都塞对人文主义的批判就是斯大林主义的一种表现,而实际上,阿尔都塞同情的并不是斯大林主义。[3]但是,即使汤普森的批判

[1] Perry Anderson, *Arguments Within English Marxism*, London: Verso, 1980.该书对这种分歧的客观性描述特别突出。

[2] E. P. Thompson, *The Poverty of Theory: or an Orrery of Errors*, London: Merlin Press, 1995[1978].

[3] 关于以读者的同情视角对E. P.汤普森的《理论的贫困》的批判性评价,参见Kate Soper's "Socialist Humanism" and William H. Sewell, Jr's "How Classes are Made: Critical Reflections on E. P. Thompson's Theory of Working-Class Formation", in Harvey J. Kaye and Keith Mclelland(eds.), *E. P. Thompson, Critical Perspectives*, Philadelphia: Temple University Press, 1990, pp.204-232 and pp.50-77。

有时言过其实，他本人与阿尔都塞之间的理论差异是实际存在且重要的。阿尔都塞坚信，人类主体仅仅是作为阶级关系的载体。在阿尔都塞的观念里，理论超越历史，结构超越人类经验、决定与行动。阿尔都塞的人类主体实际上是一种傀儡，无法反抗驱使其行动的各种力量。在他的观念里，资本主义社会（实际上是任何一种社会）散发出一种意识形态的迷雾，将全体社会成员吞没，只有理论家才能够置身于迷雾之外批判在其面前呈现的各种社会关系。而对于汤普森来说，人类主体是被历史以及驱动历史的阶级与阶级斗争的经验所塑造的，因此只有人类主体的集体，特别是劳工阶级成员才具有领导进入社会主义社会的能力。阿尔都塞将历史视为近乎无用之物：对他来说，要理解资本主义，就是要正确理解马克思主义关于阶级结构的理论。在阿尔都塞的观念里，马克思早期的人文主义被其后期的资本主义结构分析所取代和取消。而在汤普森的观念里，阶级、阶级关系与阶级矛盾是历史性的建构物，因此对其的理解不能脱离历史。

汤普森对忽视人的能动性及其历史语境的那种马克思主义表示愤怒，同时也对阿尔都塞的反人文主义、结构主义与反历史的马克思主义版本表示失望。汤普森的书写发生在20世纪70年代末，仍然处于后结构主义初期，他或许已经感觉到自己正在与未来的潮流抗争。阿尔都塞的反人文主义吸引的大多数是马克思主义知识分子，特别是年轻的政治经济学家；他们在左派知识分子圈内的影响空前，但是这些社交圈有其局限之处。阿尔都塞的影响迅速被福柯所超越，而福柯在其早期著作中并没有显出对阶级或政治经济学的兴趣，反而轻蔑地对待马克思主义，并且将反人文主义转换成为一种常识、一种对社会批判的共识。在福柯的影响下，新一代的知识分子开始将反人文主义不再仅仅视为马克思主义的基础，而更多视为整体的思想生活的基础。

在美国，社会主义人文主义的主要思潮起源于法兰克福学派语境，在希特勒上台掌权之后，该学派先是转移到纽约市，而后是加利福尼亚。该学派的大多数成员将异化概念视为社会批评的中心，抛弃了苏联版本的马克思主义，继续坚持民主社会主义政治，因此在广泛意义上可以被划为社会主义人文主义者。但是，法兰克福学派的大多数理论家的著作，集中于对独裁倾向的分析，以及对文化而非政治问题的批判，因此他们认为人类文明的前景暗淡，这与社会主义人文主义更加充满希望的立场有所区别。艾里希·弗洛姆与赫伯特·马尔库塞（Herbert Marcuse）这两位法兰克福学派成员，在其思想著作中直接关注的是对当代资本主义社会的批判，以及超越它的各种前景。两者均参与到社会变革运动之中，弗洛姆参与的是和平运动，马尔库塞参与的则是新左派运动。两者与社会主义人文主义之间存有一种公开关系。

弗洛姆不仅在美国，而且在国际上（颇具争议的），成为社会主义人文主义的最有影响力的支持者。凯文·安德森在第二章详细论述，由弗洛姆主编并在1965年出版的论文集《社会主义人文主义：一个国际论坛》，[1]是为了巩固社会主义人文主义者和马克思主义人文主义者的国际网络，赋予社会主义人文主义一种新高度的公共显示度及影响力的尝试。马尔库塞后期被广泛视为社会主义人文主义者，是因为革命、个体与集体在其左派政治的构想中占据中心地位；也是因为其著作，特别是《单向度的人》对新左派的重要影响。[2]但是，他本人实际上对社会主义人文主义抱有模棱两可的复杂态度。在被弗洛姆收入论文集的文章《社会主义人文主义？》中，马尔库塞

---

[1] Erich Fromm(ed.), *Socialist Humanism: An International Symposium*, New York: Doubleday, 1965.

[2] 马尔库塞和弗洛姆对弗洛伊德冲动理论持完全不同的意见：马尔库塞支持弗洛伊德的冲动理论，并将其用作他对边缘化的人口群体的革命潜力观点的基础；弗洛姆则排斥这样的观念，既是在理论层面，也是作为革命行动的一种诠释。这场辩论的苦痛，导致双方的不愉快感受，可能扩大了两者在社会主义人文主义这个更大问题上的分歧。

对在先进科技时代人文主义形式的社会主义的可能性表示怀疑。在马尔库塞的论述中，他认为人文主义社会可能存在的时代是"思想与灵魂还没有被科学管理所控制……仍然存在一个与必然无关的自由领域"，但是考虑到生活被有组织的工作与有组织的休闲所殖民，他无法预期这样一种结果。"马克思主义理论，"马尔库塞写道，"坚持人的观念在现在看来显得过于乐观和理想化。"[1]

弗洛姆的声望是作为一名自由或社会民主人士，或许是因为他在其书论述中回避左翼和马克思主义的术语，或许是因为他本人在和平运动中的政治活动并没有明显地显示出革命性。但是，实际上，弗洛姆不但是社会主义者，而且是马克思主义者。在弗洛姆的著作中，异化问题始终是焦点；他的分析也是置于资本主义的批判框架之中。在1955年出版的著作《健全的社会》中，弗洛姆论证与自然的隔离是人类的基本创伤，由此产生出的空虚感可以通过追求权力、财富、声望，或者通过统治与被统治的关系进行消极的解决，但也可以通过追求人类团结、通过对他人的友爱与关心得到积极的解决。[2]弗洛姆认为友爱和团结作为人类基本需要为资本主义所阻，因此他号召通过相互合作和工人参与管理去营造一种去中心化的社会主义社会。弗洛姆指出，这点与马克思关于去中心化、无国家的与主张人人平等的未来共产主义社会的观念是符合的。在1961年的著作《马克思关于人的概念》中，弗洛姆认为，无论是对于早期还是成熟的马克思来说，异化概念都处于中心地位。[3]弗洛姆还指出，马克思对社会结构去中心化的共产主义设想与苏联模式社会主义现实之间的差

---

[1] Herbert Marcuse, "Socialist Humanism?", in Erich Fromm (ed.), *Socialist Humanism: An International Symposium*, New York: Doubleday, 1965, pp.100−101.

[2] Erich Fromm, *The Sane Society*, New York: Holt, Rinehart and Winston, 1955, pp.22−27.

[3] Fromm, *Marx's Concept of Man*, p.7.

异。尽管他同意马克思的观念不应该为斯大林的行为负责，但是弗洛姆认为，马克思关于去中心化的社会只能在遥远的未来被实现的观点，在客观上不无消极影响。[1]

汤普森、弗洛姆和其他理论家构想在民主化、人道的社会内部克服资本主义体制异化的同一时期，杜娜叶夫斯卡娅（社会活动家、知识分子、托洛茨基派前领导人）也在作同样的思考。她的著作由安德森在第二章中作详细的考察。杜娜叶夫斯卡娅指出，马克思起先是将这种超越资本主义异化的哲学称为"人文主义"，后来又以"共产主义"取而代之。[2]汤普森、弗洛姆、杜娜叶夫斯卡娅在各自的国家开展工作，同时也影响到世界范围，他们各自努力将左派导向马克思主义理论与社会主义政治的人文主义话语，并与圈内其他理论家们形成合力，推动他们的政治实践工作在更广泛范围内成为建设社会主义/马克思主义人文主义左派的重要部分。弗洛姆的舞台是美国和平运动，特别是"健全核政策委员会"，他既是缔造者之一，也是积极参与者。杜娜叶夫斯卡娅的舞台是劳工组织；汤普森的先是早期英国新左派与英国和平运动，特别是"核裁军委员会"，后来则是20世纪80年代反对第二次冷战的运动。在20世纪50年代末到60年代前期，英国和美国的和平运动，或者是美国民权运动中的积极分子，批判资本主义，对社会主义持理解或支持态度，但是却排斥苏联模式社会主义。这在很大程度上是弗洛姆、汤普森、杜娜叶夫斯卡娅与其他持相似观念的理论影响的结果，但是在更大程度上应是受到20世纪30年代共产主义与其他形式社会主义的长期影响。对于这些运动中的很多人来说，即使苏联不再是一个样板，社会主义的目标仍然有效。

---

[1] Fromm, *The Sane Society*, p.258.

[2] Raya Dunayevskaya, *Marxism and Freedom: From 1776 until Today*, New York: Twayne Publishers, 1958, p.58.

C. L. R.詹姆斯

非洲裔特立尼达和多巴哥籍思想家与活动家西里尔·莱昂内尔·罗伯特·詹姆斯（Cyril Lionel Robert James），作为杜娜叶夫斯卡娅的同志，像她一样致力于寻找一条苏联模式社会主义之外的道路。他与格瑞斯·C.李（Grace C. Lee）的合著《面对现实：新社会，何处寻找、如何实现》（*Facing Reality: The New Society, Where to Look For It and How to Bring It Closer*）应对的是社会主义运动的当前问题，以及马克思主义的长期存在的问题。詹姆斯自学成才，写出了不少关于历史、文学与马克思主义理论的广受重视的著作，在国际社会主义舞台上成为颇有影响力的领导者之一。詹姆斯1901年生于特立尼达，在那里成长为一名教师并参与反殖民主义斗争，1932年移居到英国，参加了托洛茨基主义运动，倡导泛非洲主义，在国际反殖民/反法西斯主义运动中发挥了积极作用。1938年，他移居美国。在英国，詹姆斯曾是社会主义工人党（The Socialist Worker's Party）的积极成员，这个组织是重要的国际托洛茨基主义组织，而它自身认同列宁主义并激烈反对斯大林主义，由此建构出一个先锋党派的概念。在美国，詹姆斯起初对先锋主义持批判态度。随后，他退出社会主义工人党，加入了立场更左的工人党组织，一同加入的还有拉娅·杜娜叶夫斯卡娅与格瑞斯·李（后期更名为格瑞斯·李·伯格［Grace Lee Boggs］），后两者赞同詹姆斯对苏联的托洛茨基主义的批判，以及他对先锋主义的排斥。他们随后组成了"约翰森–福斯特思潮"（Johnson-Forest Tendency），这个组织的名字引用的是詹姆斯的党内化名"约翰森"，以及杜娜叶夫斯卡娅的化名"福斯特"。

詹姆斯和杜娜叶夫斯卡娅两人在后期均反对托洛茨基对苏联

是堕落工人国家的理解，转而将其视为国家资本主义体系（"堕落工人国家"一词表明的观点是，苏联尽管内部有缺陷，但仍然是值得批判性支持的社会主义；"国家资本主义"则转向认为苏联不是社会主义，因此没有理由提供批判性支持）。詹姆斯与杜娜叶夫斯卡娅退出托洛茨基主义运动，组建了"通讯出版委员会"（The Correspondence Publishing Committee）。李，作为一位华裔美国活动家与知识分子，旨在关注非洲裔美国人的斗争，以及第三世界的斗争，就像杜娜叶夫斯卡娅一样，在阅读黑格尔和马克思，特别是马克思的《经济学哲学手稿》之后深受影响。马克思主义人文主义成为"约翰森－福斯特思潮"内部的主要潮流，对詹姆斯、李和杜娜叶夫斯卡娅的不同视角都产生了影响。然而，1955年，当詹姆斯离开英国的时候，詹姆斯与杜娜叶夫斯卡娅产生了分歧。杜娜叶夫斯卡娅和她的支持者们退出了"通讯出版委员会"，而詹姆斯则继续在海外领导这一组织，并建立了"马克思主义人文主义新闻函件编辑委员会"（The Marxist Humanist News and Letters Committee）。詹姆斯与李的合著《面对现实：新社会，何处寻找、如何实现》，就像杜娜叶夫斯卡娅的著作一样，反映出在托洛茨基主义与马克思主义人文主义舞台的思想与政治探讨，以及政治激情。在这种意义上，它放弃了沉醉于未来构想、无视当下现实的乌托邦主义。但是，他们却坚信，缺少对更美好社会的构想，也就无法前行，因此他们努力描绘出这样一种前景，将各自拥有不同乌托邦愿景的人们团结起来。

《面对现实：新社会，何处寻找、如何实现》1958年首次出版，詹姆斯和李的著作得益于他们两人作为左派活动家与组织者的广泛经验，他们贡献出的这些社会知识不同于那些每天围绕知识分子圈子与机构转的思想家写出的著作。

詹姆斯和李用委婉的话语问道："工人委员会的专政仅仅只是

一个特殊的历史事件，还是作为所有社会的未来道路？"他们从美国工人身上看到这种方向转换的证据，但他们认为这些美国工人更感兴趣的是与管理层和工会官僚的斗争，而不涉及政治党派的各项活动。他们不无轻蔑地写道，左派分子们四处张望以寻找工人阶级支持社会主义党派或左翼工会运动的各种信号。"他们什么也没有找到，"詹姆斯和李这样写道，"因为美国工人们并没有在寻找什么。在美国的斗争，一方面是管理层、监理者与工会官僚，另一方面则是工人的各种组织。如果存在一种国家层面的斗争，可以决定世界的未来命运，那么就是这样一种斗争，而且美国工人们拥有最终决定权。"[1]

　　詹姆斯和李对工人阶级斗争导致社会主义运动的信心，反映出的是一种美国工人随时做好准备推翻资本主义的夸大视角，这是当时很多希望社会主义革命发生的活动家和思想家们普遍传播的一种短浅见识。他们的长期影响则是指出了种族话题的中心地位、自动化生产的重要性（或者更广泛意义上的技术变革），后两者对就业、对工人与管理层之间的力量平衡形成一种威胁。关于种族，他们写道："害怕得罪这个或那个种族……屈从于（美国）马克思主义组织始终抱有的对体制内的各种歧视、特定劳工或工人群体的各种偏见、错误、愚蠢与混乱的负罪感，在这个问题上他们自身就已足够在其他所有问题上引以为戒。在美国，谁在黑人问题上犯错，则满盘皆输。"[2]尽管缺乏社会主义政治，他们号召对正在浮现的民权运动给予强力支持，在种族问题上乐于欢迎那种被他们称为"黑人敢作敢为"（Negro aggressiveness）的东西。"马克思主义组织必须显示出坚定态度，不是为了保护其自身抽象的各种原则，而是决意维护黑人工

---

[1] C. L. R. James and Grace C. Boggs, *Facing Reality: The New Society, Where to Look For It and How to Bring It Closer,* Chicago: Charles H. Kerr, 2005[1958], p.24.

[2] Ibid., p.155.

人的发声权利与言语方式。"[1]

詹姆斯与李坚持种族的中心地位,强调需要支持黑人抗议,无论是以争取选举权,还是消除各种歧视,抑或是黑人民族主义的形式,显示出一种罕见的洞察力。他们对当时左派的各种批判,集中在共产主义左派,同样有深刻的见解。[2]

詹姆斯与李是卓有见解的,批判的不仅是当时苏联的共产党,而且是既有左派组织在整体上的偏狭,固守过时的各种理论,拒绝承认社会新发展,以及拒绝与那些不能言说马克思主义左派熟悉辞令的人们沟通。他们对以工人委员会为基础的左派运动的各种希望,最终呈现出的是错位的,他们对政治舞台的整体放弃是毫无根据的。但是,他们对社会主义运动避免理论教条以及精英组织的号召,与那些刚刚出道并组成新左派的年轻人在思想潮流上是一致的。

实 践 学 派

当政治上活跃的思想家在美国和英国倡导社会主义人文主义的岁月里,东欧国家中持有异议的左派知识分子们也在推动它。这种潮流在南斯拉夫持异议的马克思主义哲学家群体中呈现出最有组织的政治形式。实践学派的成员们以马克思的《经济学哲学手稿》以及他本人后续关于异化的论述为方法指引,反对斯大林主义与冷战,坚信苏联马克思主义为苏联模式社会主义提供了基础。实践学派以外的不同圈子,起初大多由学生与年轻教授组成,对苏联社会主义持批判态度,以早期马克思著作为指引。随后,很多学生在贝尔格莱德大学、萨格勒布大学与其他大学的哲学系获得职位。

---

[1] James and Boggs, *Facing Reality: The New Society, Where to Look For It and How to Bring It Closer,* p.156.
[2] Ibid., pp.95－96.

20世纪60年代初期，马克思主义人文主义已成为南斯拉夫哲学的主导思潮。

1964年，学派成员们创办了《实践》(*Praxis*)学刊，出版两个版本。其中一种是用塞尔维亚-克罗地亚语，主要面向国内读者；另外一种的目标是国际读者，收录英语、法语、德语，以及塞尔维亚-克罗地亚语的论文。实践学派强调对官僚体制的批判，其成员认为这是导致异化的主要来源，同时也是对真正民主形式的社会主义的阻碍。从1963年到1974年，实践学派几乎每年都在克罗地亚海岸的柯楚拉岛上开设暑期学校，具有相似政治与理论立场的国际学者以及南斯拉夫的学生和其他人士参加。柯楚拉岛暑期学校在志趣相投的社会主义思想家们之间营造各种联系，将他们的思想观念传播给持异议的南斯拉夫学生们。[1]

实践学派的兴起之所以可能，是因为铁托与苏联在1948年的决裂，以及南斯拉夫共产党后续对斯大林主义的抨击，倡导一种基于"自我管理"(一种工人管理工厂的构想)的南斯拉夫独立道路。实践学派的许多成员支持这种努力，以及南斯拉夫共产党对苏联模式社会主义的批判。但是，20世纪60年代，实践学派的成员们开始认识到南斯拉夫社会同样存在官僚主义的各种问题，因此他们将批判转向了南斯拉夫政府。于是，南斯拉夫共产党与实践学派之间的关系变得越来越紧张，以至于南斯拉夫政府在1974年禁止两个版本《实践》学刊的公开发行。实践学派的八名成员被各自的大学院系解雇。他们所有人最终在其他地方的大学找到了学术职位，但是《实践》学刊与柯楚拉岛暑期学校未被恢复。[2]即使有了这些计划，

---

[1] 参见 Gerson S. Sher, *Praxis: Marxist Criticism and Dissent in Socialist Yugoslavia*, Bloomington: Indiana University Press, 1977, especially chapter 1, "The Genealogy of Praxis", pp.3-56。

[2] 参见 Sher, *Praxis*, chapter 5, "The Praxis of *Praxis*", pp.104-241。

实践学派在西方的社会主义人文主义发展史上影响甚微。实践学派的成员们的大多数论著都是以塞尔维亚-克罗地亚语发表，因此无法被西方读者阅读。而且，西方版本的社会主义人文主义关心的议题，与南斯拉夫同行们的不尽相同。实践学派直接关注的紧迫话题是苏联模式社会主义，以及南斯拉夫稍微缓和的版本。他们的西方同行们则更加聚焦于如何超越冷战、制衡对资本主义的反抗，以及通向一种能够避免重蹈苏联覆辙的社会主义社会等问题。这些讨论的形式各异。

作为理论计划的社会主义人文主义

对于弗洛姆、汤普森、杜娜叶夫斯卡娅来说，社会主义人文主义或马克思主义人文主义是一种政治计划，基于一种哲学、社会和历史的观念视角。这三位理论家，终其一生都在积极参加建构左派运动、应对他们看到的种种时代要求；在他们的思想工作与政治诉求及活动之间并没有分界。还有其他许多理论家，大多数是哲学家，同样具有民主、人道社会主义社会的视野，但是他们对于发展社会主义人文主义或马克思主义人文主义的贡献更多的是在理论领域而非实际行动。匈牙利共产党员、马克思主义哲学家格奥尔格·卢卡奇（György Lukács），1923 年出版著作《历史与阶级意识》。尽管马克思的《经济学哲学手稿》当时尚未被发现和出版，卢卡奇对马克思在《资本论》中对异化和商品拜物主义的讨论进行细读，这使得他能够就马克思对这些概念的理解进行深入探讨，以至于与马克思本人在 1844 年手稿中的讨论惊人相似。卢卡奇的著作对社会主义人文主义的发展起到了奠基作用，尽管这一切发生在其著作出版的数十年之后。

格奥尔格·卢卡奇

卢卡奇并不将自己视为社会主义人文主义或马克思主义人文主义的创始人，而是像马克思本人所理解的那样阐释马克思观念的追随者和阐释者。卢卡奇对黑格尔术语及其阐释框架的信赖，是他本人接触马克思主义并接受其视角之前的智力训练与信奉的产物。但是，卢卡奇对黑格尔的使用，同样反映出马克思的基础在于黑格尔。而且，马克思广泛运用黑格尔辩证法及其对于总体性、事物相互联系的终极现实观念，尽管在表象上看世界是由各种具体、互不相干的现象组成的集合体。带着总体性概念，卢卡奇吸收了黑格尔的历史观念，并将其当作解决主客体分离的阐释框架。卢卡奇对这些概念的运用，是通过他本人对马克思的阅读，他认为主体与客体的分裂问题可以在历史领域得到克服，前提是无产阶级承认自身不仅是受压迫的对象（奴隶本身也是受压迫的），并且认识到在生产过程中，异化不仅表现在劳动者与其生产的劳动产品的关系；而且也表现在劳动者与其他人的关系，对于那些人而言，劳动者的劳动是一种商品；以及劳动者与他们自身的关系，其自身创造能力及其与其他人的关系被与人类本性不一致的逻辑所驱使。工人阶级，不像以往被压迫的阶级，既是目标客体，同时也是潜在的主体对象：拒绝自身作为商品的地位将会颠覆人与人之间商品关系的社会秩序，而且导向构建一个社会——人们之间首次实现相互认同、投身建构能全面繁荣的社会的共同计划。无产阶级对同为主客体的自我的界定过程，同时也是一种革命计划，只能发生在不断展现的历史语境之中。

因此，卢卡奇对马克思论著的阐释是非常卓越的，特别是考虑到他本人没有机会阅读到《经济学哲学手稿》，却没有任何显著的偏离。卢卡奇的原创性就在于他在文章《物化与无产阶级意识》中发展出的物化概念,这个概念可以被视为他的著作《历史与阶级意识》的核心所在。[1]布尔什维克革命的发生,期望的是在一个国家发生的社会主义革命将会带动在资本主义世界其他地方的数场革命。在德国,这种革命的发生带来了各种未能预料的后果。卢卡奇1918年参与创建匈牙利共产党,1919年参与建立匈牙利苏维埃共和国政府,但是就在同年匈牙利革命失败。随后,他逃到维也纳,并在那里流亡十年。

意大利共产党的领导人安东尼奥·葛兰西(Antonio Gramsci)1926年因革命活动被捕入狱,在狱中坚持写作,揭示匈牙利革命失败作为一个案例提出的更大问题:预期的社会主义革命并没发生。马克思曾提出资本主义政治经济的矛盾本质和在这个体制内的工人阶级的地位将会导致革命,但是除了俄国之外,几乎没有一个典型的资本主义国家发生革命。葛兰西指出的问题是,当资本主义比预计的更有活力、革命被延期、右派势力在增强的时候,左派该如何作为。在这样的语境中,葛兰西引入了他本人对于机动战与阵地战的区分。在葛兰西的词汇里面,机动战指的是左派方面努力取代执政者以建立社会主义社会。阵地战则是他建议左派在尚未接近革命的社会中增强自身力量的策略。如此涉及的是进入组成社会结构的机构内部,取得工人阶级的尊重与支持,形成与其他阶级的同盟关系,通过教育的、制度的以及政治的工作,营造理解社会主义的需求,建立实现社会主义的基础。葛兰西对文化主导权重要性的强调,隐约地挑战了关于资本主义内在矛盾将会自我导向社会主义转型的苏联观念。葛兰西的许多关注点围绕如何打下社会主义革命的基础,而不是革命社会将会采用何种形式,因此他并不能被描绘为一个社会

---

[1] Georg Lukács, "Reification and the Consciousness of the Proletariat", in *History and Class Consciousness: Studies in Marxist Dialectics*, trans. by Rodney Livingstone, London: The Merlin Press, 1971, pp.83−222.

主义人文主义者。但是，葛兰西探讨的问题对社会主义人文主义来讲却是密切相关的。

尽管卢卡奇并没有将其物化概念视为对尚未发生的社会主义革命的某种回应，葛兰西却将其作为解决相同问题的途径，但是通过对资本主义文化的分析。卢卡奇认为异化是在生产体系中与生俱来的，生产体系围绕对于商品的崇拜，导致一种将物品视为价值尺度、将人和人际关系视为物品的社会形态。他认为：在这样的社会中，人类在生产和决定价值方面的作用从视线消失；科学变得形式化，总体性的意识已经丧失；社会开始被理解为具体的、相互无联系的事实集合体，相互交织的、在历史中呈现的各种过程的现实且复杂的总体性变得不可见。卢卡奇认为，工人阶级和其他阶级不同，它以消灭作为阶级的自身为目的，因为它可以也将会超越资产阶级思想的各种局限，能够理解并改造总体性。

卢卡奇的天才，在于指向日益扩大的商品化现象，而当时这一过程仍处于初期阶段，无论他本人或是其他人都还没有能力设想到这种现象此后将要达到的发展高度。在社会主义人文主义或马克思主义人文主义作为马克思主义或左派重要思潮出现之前，卢卡奇提前二十多年就已经发展了这一理论。等到这种思潮出现，卢卡奇自身不再与其联系在一起。1930年，卢卡奇被召至莫斯科，直到二战结束之后才被允许离开，据猜测是因为苏联领导层认为他的观点是与他们对立的。他1928年发表的"勃鲁姆纲领"（Blum Theses)，号召匈牙利采取的一种革命策略，类似于法国和西欧其他地方的"人民阵线"，《历史与阶级意识》呈现的理论比苏联版本的马克思主义更加强调意识所发挥的作用。卢卡奇总是作为某种异议者，或许在这些环境条件下也只能如此。1938年，他发表了《青年黑格尔》(*The Young Hegel*)，这是对苏联抛弃黑格尔观念的反抗行为。在战争结束回到匈牙利后，卢卡奇作为共产党政府的成员，支持政府对异议人士的压制，逐渐与他以前的作品疏离开来。但是，在1956年匈牙利事件的最后阶段，卢卡奇给予这些反对派以支持。1960年，他在发表的对《历史与阶级意识》的批判文章中，认为其受到总体性、主客体同一性等黑格尔概念的影响。尽管卢卡奇态度谨慎且思想发生转向，《历史与阶级意识》仍被视为社会主义/马克思主义人文主义哲学家们日益成长的共生群体的奠基之作。

从生产关系到资本主义社会的社会关系与文化，卢卡奇对马克思的异化概念的扩展，并没有解决马克思主义的中心问题。资本主义政治经济的各种矛盾，对于工人阶级的剥削，并不一定就会导致社会主义革命。物化问题同样如此。尽管商品化问题及其涉及的异化问题日益加剧，但是并未发现反资本主义的革命迹象。但是，卢卡奇的分析确实提供了一种基础，将社会主义的理念作为社会秩序的一种构想，不仅在生产关系当中，而且在总体性的社会关系与文化里面超越异化问题。

尽管卢卡奇致力于发展另一种理论视角，共产国际（the Comintern）强调的辩证唯物主义话语继续被共产党及其他群体所广泛接受。苏联对辩证唯物主义的理解认为，在生产关系内部的资本主义矛盾跟阶级冲突和革命斗争的发生之间存在直接联系，人类意识对此作用有限。同样，物质与意识之间的关系，被理解为是在两者之间的具体存在关系，即意识反映物质，马克思主义代表着意识的正确与科学形式。其他理论观念的最新发展的种子，在20世纪30年代与40年代被播下，首先是亨利·列斐伏尔（Henri Lefebvre）与诺贝尔·居特曼（Norbert Guterman）对马克思《经济学哲学手稿》选本的法文翻译，[1] 接着受到亚历山大·科耶夫（Alexandre Kojève）举办的、由众多哲学家和知识分

---

[1] 亨利·列斐伏尔与诺贝尔·居特曼早期翻译过《经济学哲学手稿》的重要部分，提及其法语版本的著作有 Edward M. Soja, *Postmodern Geography: The Reassertion of Space in Critical Social Theory*, London: Verso, 1989, p.47。

子参加的系列讲座的启发，巴黎哲学家们重新燃起对黑格尔的兴趣。

　　社会主义人文主义在欧洲大陆的出现时间，特别是在法国，要比英国和美国更早。在战争期间的法国，选择与法西斯合作或对抗是以一种特别鲜明的方式呈现的，一方面是当地的合作主义政权的出现，另一方面是抵抗组织的军事对立。在战后的数年内，法国受到美国或苏联影响的可能性，呈现出法国迥然不同的缺乏明显态度的种种伦理选择。1956年发生在欧洲大陆的系列事件，就像其他地方一样，给予社会主义人文主义在以前所缺乏的政治信誉与更广泛的吸引力。在东欧，它被联系到反斯大林主义的政治，但是在西欧却缺乏直接相关目标的社会运动，因而社会主义人文主义的发展在很大程度上是通过左派知识分子的著书立说。

莫里斯·梅洛－庞蒂

　　莫里斯·梅洛－庞蒂（Maurice Merleau-Ponty）是最早的也是最有影响力的社会主义人文主义者之一，他作为现象学家关注的是人类与其所处世界之间的关系问题，同样关注的还有人类对暴力的喜好问题，以及人们相互将对方视为目的而非手段的主张人人平等的社会如何实现。1940年，在德国占领巴黎时期，梅洛－庞蒂加入一个称作"社会主义与自由"的抵抗组织，在抵抗组织的共产党与基督教两翼之间寻求一条道路；让－保罗·萨特也是成员之一。1945年，战争结束后，梅洛－庞蒂和萨特公开支持政党"革命民主同盟"（Rassemblement Democratique Révolutionnaire），它像"社会主义与自由"一样试图塑造一种独立于苏联与法国共产党之外的社会主义政治。同"社会主义与自由"一样，"革命民主同盟"没能维持多久。同年，即1945年，梅洛－庞蒂和萨特创办了《现代》（Les Temps Modernes）学刊，并共同担任编辑。

　　萨特和梅洛－庞蒂作出决定，推出一本探讨哲学与政治问题的期刊，既是出自他们的友谊，以及在战争期间形成的相似观念，也是源自他们对战后状况的共同预期。当战争临近尾声，在巴黎和其他地方的左派群体中流行着一种预期，认为随着法西斯被击败，左派将会比以前变得更加强大、更加团结，能够巩固在萧条和战争岁月中赢得的社会民主改革的成果，并且或将通向社会主义的转型。苏联在打败德国过程中的中心地位，特别是在左派中引起了对苏联的广泛同情。但是，转向左派的预期，被视为由国内问题驱动的人民阵线政治（Popular Front politics）的扩张，而并不是因与苏联结成同盟而被推动的进程。

　　在法国，就像在西方的其他地方，这些愿望在战后被粉碎，在美国与苏联争夺世界权力与意识形态主导权成为国家政治的驱动力的背景下，似乎没有留下任何独立于两个大国之外的余地。在十多年里，梅洛－庞蒂和萨特为回应他们身处的语境变革努力去界定与其相应的思想和政治立场。越来越多的差异导致决裂：1952年，梅洛－庞蒂辞去《现代》学刊的合作编辑职务。在战争结束之后不久，梅洛－庞蒂写成《人文主义与恐怖》（*Humanism and Terror*）的书稿，表明自己受到青年马克思著作、黑格尔与卢卡奇《历史与阶级意识》的影响，支持一种人文主义版本的马克思主义。

　　在《人文主义与恐怖》一书中，梅洛－庞蒂呈现的是工人阶级作为历史主客体地位的观念，强调既然工人阶级的目的是消灭自身，它的目标是形成一种符合人类利益的阶级：其他任何阶级试图将自身置于别的阶级之上，只有工人阶级革命会引入一种无阶级、主张人人平等的社会。梅洛－庞蒂同样尝试，但未能成功，去将苏联的政策，特别是莫斯科的试验与他拥护的马克思主义人文主义保持一致。梅洛－庞蒂维护对布哈林（Nikolai Bukharin）的判决，并不是基于布哈林阴谋推翻苏联政权的所谓罪证，而是因为布哈林对集体化政策的反对，即使并非故意而为，事实上是加强了右派的势力；德国人后来的进攻也清楚表明，打击反对派对于确保苏联的团结与力量来说是必须的。从革命的视角来看，梅洛－庞蒂写道，一个人的行动并不是由其意愿，或者合法性或公正的不确切的构想来判断，而是由他们支持哪一种力量，以及结果如何来判断："这不是对人的评价问题，而是对历史角色的评估。"[1]他继续指出，我们的目的在于创造一个没有暴力的社会，但是我们却不能批判所有对暴力的使用，因为暴力存在于所有社会类型，而且总是作为社会变革的一个方面。我们对于社会的判断，不应该通过它对暴力的使用，而是要考虑运用暴力的目的。他认为，资本主义基于剥削与贫困内在的暴力，使用暴力是为了压制反抗；革命政治，包括苏联在内，使用暴力是为了实现主张人人平等的、无暴力的社会。"我们所知道的只是不同种类的暴力，而且我们必须倾向于革命暴力，因为它具有人文主义的面孔。"[2]

　　这些立场的逻辑特别的落后。基于合法行为后续意外结果定罪的法律体系，将会使得每个人始终受制于指控和定罪。历史的评价亦是如此。一个人，特别是那些掌权的人，需要考虑他们行为的可能后果。但是，如果看似理性的行为却由于后续意外而造成不可预计的后果，又该当何论？而且，从政府表明的目标来评判政府对异议的压制，不仅会削弱异议人士的权利基础，而且会幼稚地以为当时政府的实际初衷是为了实现无暴力和主张人人平等的社会，而不是出于扩大自身权力的目的。在同一本书中，梅洛－庞蒂强调，社会主义者并不采用自由主义者运用的诸如公平、非暴力等通用的社会准则来评判社会，因为自由主义者拥护的这些价值观念在实践中经常被违

---

[1] Maurice Merleau-Ponty, *Humanism and Terror*, Boston: Beacon Press, 1969, p.60. 最早出版的是法语版本，参见 *Humanisme et Terreur, Essai sur le Probleme Communiste*, Paris: Editions Gallimard, 1947。

[2] Merleau-Ponty, *Humanism and Terror*, p.7.

背。同样的评论能够和应该应用到苏联。对这种论调的最好说辞，就是它呈现在此时，当许多左派知识分子感觉到自己不得不在苏联和美国之间选择站队，而自己选择站在正确的历史立场上则必须对苏联正发生的压制视而不见。

萨特在此期间保持的是他和梅洛−庞蒂在战争期间及战后不久所支持的第三阵营立场。但是，在1950年到1953年朝鲜战争期间，法国似乎面临着被卷入更大规模战争的多种威胁，萨特认定必须联合其中一方。萨特认识到苏联作为和平的力量，法国共产党作为工人阶级利益的表达，他在《现代》学刊发表题为《共产党人与和平》等三篇文章，宣称自己是（政治上的）"同路人"（a fellow traveller）。与此同时，梅洛−庞蒂却站到了对立的一面：他认为苏联是朝鲜战争的始作俑者，他相信整个法国工人阶级对推翻资本主义与创立社会主义社会已完全失去兴趣。自此，他远离各种政治活动。

1955年，梅洛−庞蒂在《辩证法的冒险》（*The Adventures of Dialectic*）中扭转了他之前认为苏联是马克思主义人文主义代表的观点，表达了对于工人阶级能否实现马克思曾经描述的无阶级、主张人人平等和更人道的社会的怀疑。他认为，因为历史进程总是涉及开放性的人类意识与行动，预定目标并不总能被实现。他反对那种排斥人类主体性、拒绝历史开放性的马克思主义版本，不管是在马克思自身的写作中，还是在马克思主义者的各种阐释中。尽管他不愿意将苏联或者工人阶级当作实现主张人人平等和无暴力社会的既定渠道，梅洛−庞蒂仍希望这种社会能够实现。即使他持怀疑态度，他仍然继续在社会主义人文主义或马克思主义人文主义的框架中工作，这种版本的马克思主义受到马克思本人对异化概念讨论的重要影响。梅洛−庞蒂的哲学/政治课题可以被描述为一种尝试，致力于坚持、维护一种对主张人人平等和无暴力社会的期望，在这样的社会中人们可以相互视对方为目的而非手段，尽管这种社会能否实现尚不确定。

　　梅洛-庞蒂对社会主义人文主义或马克思主义人文主义视角的贡献，在于他主张的哲学视角强调人类的相互性及其受阻的方式、未来的开放性，以及马克思主义或其他理论在准确把握历史发展方面的力所不及。尽管《人文主义与恐怖》一书存在弱点，但是它呈现出的是有意义的论点：人类社会时常招致暴力的危险，是因为人类的本性，蕴含于人与人之间的关系之中；它建立于容易成为暴力性的人际不平等关系之上，或者是以身体冲突的外在形式，或者是以更为微妙的形式拒绝承认这是任何阶级社会所固有的。梅洛-庞蒂认为，社会的最重要任务就是寻求控制暴力的方式。在他看来，解决办法是建构一种主张人人平等的、更人道的社会，在这种社会中人们之间的相互认可，不仅是对其需求的认可，而且是对个体的人性价值的体认。

　　梅洛-庞蒂致力于协调马克思主义与存在主义之间的关系，并且将存在主义的马克思主义话语视角引入现象学领域，这也是他本人早期的，或许也是最基础的哲学工作。他的现象学理论围绕理解人类经验与世界感知，面对的是一个由其他人或人类创造的机构、文化，以及非人类事物、对象与现象组成的世界。他强调，人类对于世界的经验是通过身体，而且这种对世界的内在经验通常以在自我之外的存在与对象之间的各种关系，尤其是与其他人的关系为基础。

　　梅洛-庞蒂同时也是一个存在主义者。作为存在主义者，他认为人类意识由物质资源、阶级关系、历史与文化塑造，但是他同样排斥以社会整体或个体关系为形式的决定论。他关注的是人类在很大程度上比其他物种享有有限却真实的自由的个体与社会责任问题。在《知觉现象学》(*The Phenomenology of Perception*)及其他著作中，梅洛-庞蒂尽管在大多数场合并没有直接点名萨特但是却激烈地批判萨特版本的存在主义。他与萨特的不同之处，在于他坚持在人们之间的基本信任与支持，这与萨特关于个体绝对独立的构想形成对立。在萨特1945年所作的一次公开讲座《存在主义是一种人文主义》中，他认为存在主义，至少是他的存在主义符合人文主义的范畴，是因为它提醒人们应该为自己的选择负责，人们为了实现自我和成为真正的人，必须超越自身去追求自身之外的各种目标。正如萨特所描述的，选择责任完全是个体性的：每一个人都必须通过自己的行为来界定他或她自身。萨特认为，这就是一种人文主义视角，但并不是社会主义的。[1]梅洛-庞蒂聚焦的则是人类经验内含的相互性，以及社会容许其充分自我表达的需求，这比萨特的观点更加有助于探讨社会主义社会理应具有的形式。

梅洛-庞蒂或许会同意，即使是有限的自由也伴随着责任，而且人们是通过自我选择和自我行为创造自身。但是，他关于社会主义人文主义构想的中心，是承认人类历史的偶然性，认识到并没有什么确定性因素。在《人文主义与恐怖》中，梅洛-庞蒂写道："作为马克思主义者就是要相信经济、文化或人类问题是单一问题，历史塑造的无产阶级拥有解决问题的办法。"[2]但是，这并不意味着社会主义革命就肯定会发生。"也许还没有无产阶级能够发挥在马克思主义体系中赋予无产阶级的历史作用。或许，一种普遍的阶级不可能出现，但是很明显，没有任何其他阶级能够取代无产阶级担负这一任务。"[3]最后，正是这种确定性因素的缺席，才给予我们希望的基础：

人类世界是一种开放性的或未成型的体系，威胁其统一性的极端偶然性同样也在将其从混乱状况的不可避免性当中解救出来，防止我们对其绝望，但是前提是人们记住其多样机制实际上是人们自身，并尽力保持和扩展人与人之间的各种关系。这样的哲学观念不

---

[1] Jean-Paul Sartre, *L'existentialisme est un Humanisme,* Paris: Editions Nagel, 1946.

[2] Merleau-Ponty, *Humanism and Terror*, p.130.

[3] Ibid., p.156，强调为原文所有。

可能告诉我们，人性将会被实现……但是，它却唤醒我们对于日常事件与行为的重视……这样的一种观念就像能感受的最脆弱的对象——比如说肥皂泡或波浪，或者就像最简单的对话，面向的是世界的秩序和混乱。[1]

在20世纪40年代末50年代初，困扰很多在苏联之外的左派人士的是萨特和梅洛-庞蒂所面临并导致两者决裂的相同问题：在苏联变得愈加明显的诸多问题只是西方封锁的结果，还是在本质上出了某些问题？苏联是否继续保证对左派的支持？在1956年之前，共产主义者及其同情者倾向以个别形式对待这些问题：有些人退出了左派政治，有些人继续置身于当地斗争而尽力不去考虑苏联，还有些人坚持认为关于苏联出兵的谣言是资产阶级的宣传。1956年的系列事件聚焦于这些问题，将那些相信可能存在另一种不同的、更好形式的社会主义的左派们汇集形成不同组织。即使在1956年之后，这些讨论在苏联内部几无可能，但是在波兰和东欧其他地方，不同意见开始被公开表达出来。莱谢克·科拉科夫斯基(Leszek Kolakowski)在这方面就是一个领导人物。

莱谢克·科拉科夫斯基

波兰哲学家莱谢克·科拉科夫斯基1947年参加波兰共产党(波兰工人党)，时年20岁。三年之后，一次去莫斯科的经历，使他对苏联的社会主义变得失望。在随后的岁月中，他考察马克思早期的各种观念，开始沿着马克思主义人文主义的轨迹从事写作。在波兰十月事件后，波兰政治形势在哥穆尔卡(Gomulka)的领导下开始缓和，

---

[1] Merleau-Ponty, *Humanism and Terror*, pp.188-189.

科拉科夫斯基在1956年下半年写了几篇文章，探讨一种马克思主义人文主义的立场，应对政治参与的问题，一方面是个体对他/她的行为背负的责任，另一方面是其行为的不确定性后果。在一篇意图明显是评论正统马克思主义的文章《牧师与弄臣》（The Priest and the Jester）中，科拉科夫斯基这样论述历史的不确定性：

> 每一套思想体系的开端都是，所有思维的绝对起点暗含着一种终结、一种终点，意味着在中间的所有事物都是明显的。在这里内含的是一种信念，它相信运动的本质是其对立面，即静止……开始的绝对点预先决定其余一切，他如果处于绝对立场，则是静止的。他的任何进一步运动都是幻象的，就像一种松鼠在转筒里的行动轨迹。[1]

但是，科拉科夫斯基认为，对于真理的探索，对于原则的追求将会使得我们看清楚世界与我们的经验，这些是哲学的核心，不容否认。科拉科夫斯基将牧师描绘成绝对的守护者，将弄臣视为批评家。[2]尽管认识到既需要教义，也需要对教义的批判，他自称是站在弄臣那一边的。

在其论文《责任与历史》（Responsibility and History）中，科拉科夫斯基关注的是在个体对其行为负责任的理念与人类行为由社会决定的现实之间的张力关系。他始终认为，两者都是同时发生作用。他指出，尽管善和恶的观念，包括历史与传统都是被社会塑造的，但是个体需要为他们的行为负责，并受制于道德评价。他写道，尽管存在社会决定论，个体也必须作出各种选择，他们是，也应该由其行为来评价。如果既定规范被广泛接受，它们就成为历史中的因素；不

---

[1] Leszek Kolakowski, *Toward a Marxist Humanism: Essays on the Left Today*, trans. Jane Zielonko Peel, New York: Grove Press, 1968, p.20.

[2] Ibid., p.27.

同价值的世界成为"不仅是在现实存在的真实世界之上的一片想象的天空，而且是其一部分，这一部分不仅存在于社会意识之中，而且根植于社会生活的物质条件"。[1]

科拉科夫斯基坚持那些被他称为"反实在论的假设"，转而探讨乌托邦思维对左派的影响，并将其界定为"面向存在世界的否定运动"，一种对于变革的探索。但是，他指出："否定行为自身并不界定左派，因为也有带有落后目的的种种运动。左派通过对其否定而被界定，但是却不仅仅局限于此；实际上，对它的界定同样通过其否定的方向，以及其乌托邦的属性。"[2]科拉科夫斯基从苏联为首的社会主义阵营与西方资本主义国家的案例描述左派的目标：致力于消灭社会特权、种族主义、殖民主义，为了言论自由、世俗主义与理性思想的胜利。他指出，就其定义而言，乌托邦设定的目标是不可能被实现的，至少在其构想的时期是不可能的。

我所谓乌托邦的概念指的是一种社会意识状态，一种与寻求世界大变革的社会运动相对应的心态，它蕴含的是一种真实的运动，要在纯精神领域而非在当下历史经验中实现理想。因此，乌托邦是一种具有现实历史导向的神秘意识。只要这种导向仅是一种秘密的存在，在大众社会运动中无法寻得表达，那么它给予乌托邦的则是更加限定的意义，即其理应采取的对世界的个体化建构模式。但是，当乌托邦成为现实社会意识的时候，它渗透到大众运动的意识之中，并且成为其核心的驱动力量。于是，乌托邦从理论和道德思想领域跨界到实践思维地带，而其自身也开始指导人类行动。[3]

---

[1] Merleau-Ponty, *Humanism and Terror*, p.144.

[2] Ibid., p.69.

[3] Ibid., p.69.

科拉科夫斯基认为，乌托邦对左派来说不可或缺，因为他们认同的是运动的长期目标。他写道："很多的历史经验告诉我们，现在无法达到的目标将来也无法实现，除非它们在仍然无法实现的时候可以获得清晰的表述。这种情况似乎如此：既定时期不可能的事情，只有在其不可能的时候被陈述出来，将来才会变得有可能。"[1]

波兰十月事件激发的各种希望，并没有得到实现，在1966年波兰十月事件的十周年之际，科拉科夫斯基发表了一篇演讲，直接导致他本人被波兰统一工人党除名。1968年，他失去了在华沙大学的教授职位。与此同时，波兰反犹太主义重新兴起，威胁到科拉科夫斯基的犹太妻子塔玛拉。科拉科夫斯基全家离开了波兰，先后在加拿大蒙特利尔的麦吉尔大学、美国加州大学伯克利分校任教，最终在英国牛津大学万灵学院安顿下来。

紧随着波兰十月事件引发的希望破灭，或者更通常的说是1956年的系列事件，科拉科夫斯基开始与马克思主义疏远，并对左派，至少是他20世纪60年代末到70年代在美国和英国遭遇过的左派表达出越来越多的质疑。1973年，E. P. 汤普森在《社会主义纪事》发表长达99页的《给科拉科夫斯基的一封公开信》，回忆了他与他的同志们对科拉科夫斯基在20世纪50年代末到60年代所出版著作的欣赏。汤普森写道，"你的声音是那些年在东欧发出的最清晰的声音"。[2]他提到，科拉科夫斯基直到1966年仍然是波兰统一工人党党员。因此，汤普森写道，部分是受到科拉科夫斯基作为榜样的影响，他和他的同志们仍然忠诚于共产主义运动，尽管不是对现有的东欧共产党组织或其意识形态。汤普森批评科拉科夫斯基放弃斗争。他对科拉

---

[1] Merleau-Ponty, *Humanism and Terror*, pp.70-71.

[2] E. P. Thompson, "An Open Letter to Leszek Kolakowski", in *The Poverty of Theory*, p.94. Thompsons' "Open Letter" appeared first in *The Socialist Register*, vol. 10(1973).

科夫斯基离开波兰后对新左派的激烈批判，以及科拉科夫斯基怀疑社会主义能够超越异化表示深度失望。他呼吁科拉科夫斯基与自己就作为马克思主义传统分支或类属的这些问题展开对话。

作为反驳，科拉科夫斯基在《社会主义纪事》发表题为《我对所有事情的正确观念》的文章，拒绝承认两者之间存在任何在马克思主义传统基础上形成的共同联系的亲缘关系。他将汤普森对出现更加民主形式的社会主义的期望视为另外一种幼稚。他批判汤普森和整个西方世界的左派，批评他们采用双重标准，在西方违反民主与人权是资本主义的内在属性，在东方相同的事情就成为对社会主义原则的违背，并且更加容易翻转。他写道，自从1968年离开了波兰，他就备受西方左派，特别是学生群体中的左派的攻击，他们随时准备以政治教义取代思想理性，满怀信心地回答所有问题。他用"法西斯"这个词讽刺那些在大学内外的各种权威，以及左派的批评家。汤普森是正确的，是因为科拉科夫斯基放弃了对于积极社会主义未来的希望，以致在科拉科夫斯基关于当时左派的悲观视角中无法认可其任何优点。科拉科夫斯基也正确地看到，汤普森对苏联社会主义的民主变革的期望过于乐观。科拉科夫斯基在20世纪60年代末期对西方左派学生的批评同样相当准确。

1978年，科拉科夫斯基出版了他的三卷本《马克思主义的主要流派：兴起、成长与瓦解》，在广泛研究的基础上，细致而批判性地叙述了马克思主义思想，以及马克思主义作为一种哲学和政治意识形态的发展过程。[1]科拉科夫斯基保持了他基于马克思早期著作而对马克思主义人文主义话语的偏好，他在导论部分提到了卢卡奇对其思想的长期影响。但是，他却看到从马克思到列宁再到斯大林的发

---

[1] Leszek Kolakowski, *Main Currents of Marxism: Its Origins, Growth and Dissolution*, trans. P. S. Falla, Oxford: Oxford University Press, 1978. 这三卷分别被命名为 "The Founders" "The Golden Age" 和 "The Breakdown"。

展路线。与此同时，科拉科夫斯基开始认为乌托邦思维是危险的。1982年，科拉科夫斯基作了一次公开讲座《乌托邦之死的再思考》，随后收入他的论文集《无限审判的现代性》(*Modernity on Endless Trial*)。[1]他在此认为，因为差异与矛盾是人际关系特有的，左翼的乌托邦所构想的基于兄弟情义与平等的种种社会形态，反而仅仅成为那些压制性的专制政权强加于人的一致性的理由。

吕西安·戈德曼

　　科拉科夫斯基后期对人类本性的悲观观念，认为矛盾和挑衅是主导性的，互助与平等的产生只能是自上而下的施加物，这一点使得他与那些坚持社会主义/马克思主义的理论家们产生严重分歧。哲学家吕西安·戈德曼(Lucien Goldmann)在战后的数十年间在巴黎的高等社会科学研究院从事马克思主义的教学工作，回应了何种类型的社会能够最好地满足人类需求、最鼓励人类潜能的社会化建构的问题。戈德曼是罗马尼亚的犹太人，年轻的时候曾加入一个青年组织，阅读各种激进思想的文献资料，其中就包括马克思。他同样积极地参与一个称作"哈斯胡梅尔·哈兹尔"的社会主义犹太复国主义组织。他批判资本主义将人与人相互隔离的倾向，坚信个体只有在社群中才能充分发展，同时致力于建设这样的社群，一是通过在移民中组织青年运动，二是在巴勒斯坦的基布兹(Kibbutzim)训练犹太青年的生存能力。[2]

---

[1] Leszek Kolakowski, "The Death of Utopia Reconsidered", *Modernity on Endless Trial*, Chicago: Chicago University Press, 1997[1990], pp.131-145.

[2] 我对戈德曼的描述，主要是基于二手资料，特别是 Mitchell Cohen, *The Wager of Lucien Goldmann: Tragedy, Dialectics and a Hidden God*, Princeton, NJ: Princeton University Press, 1994。

"哈斯胡梅尔·哈兹尔"组织在第一次世界大战之前成立于加利西亚（Galicia），灌输一种对社群道德生活的强烈奉献精神，目的在于培养与自然的联系。它吸收的是有积极思想倾向的犹太青年，他们阅读从《先知》（The Prophets）、《圣经新约》（The New Testament）和《哈西德遗事》（The Hasidim），再到马丁·布伯（Martin Buber）及其朋友古斯塔夫·兰道尔（Gustav Landauer）的著作。古斯塔夫·兰道尔是德国的犹太人，社会主义－无政府主义知识分子，曾参加过1918年到1919年流产的德国巴伐利亚革命（Bavarian revolution），随后被杀害。在20世纪20年代末，戈德曼在"哈斯胡梅尔"内部活跃的时期，同时也是全球经济大萧条的开端期，"哈斯胡梅尔"转向到相信马克思主义的犹太复国主义理论家贝尔·博罗霍夫（Ber Borochov）的著作，以寻求更好地理解犹太人在资本主义中的位置，以及犹太人走向社会主义的道路。戈德曼无疑受到"哈斯胡梅尔·哈兹尔"的乌托邦主义的影响，特别是其关于社群作为个体自我实现的基础，以及正在成为其重要组成部分的马克思主义人文主义话语。戈德曼并没有移民到巴勒斯坦；在离开"哈斯胡梅尔"之后，他加入了罗马尼亚共产党，一个规模较小且受到迫害的组织。他持有异议的倾向，特别是他对斯大林主义的批判观念，使得他本人在这样一个最关注自身生存的组织内部成为一个问题。1935年，戈德曼从布加勒斯特大学获得法学学位之后前往巴黎，他保留了自己的马克思主义，特别是阅读卢卡奇《历史与阶级意识》受到的深刻影响，但是他没有保留自己的罗马尼亚共产党党籍。

戈德曼在战争期间为避开德国占领区而逃亡到瑞士，后来返回到巴黎参加知识分子圈，圈中有许多讨论是关于美苏冲突以及是否有必要与其中一方结盟，或者独立的社会主义政治是否可能。存在主义与马克思主义是当时主要的哲学思潮，萨特在哲学与政治问题上拥有广泛的影响力。20世纪50年代末期，戈德曼批判萨特关注个体而未能认可在个体与社群之间的深度联系。他同样批判正统的马克思主义者,认为他们聚焦于社会力量而未能认识到个体的重要性。戈德曼写道:"对于萨特来说,意识说到底就是一种个体现象,集体则只能是既定数量的个体意识之间相互交流的结果。"[1]对于戈德曼来说,个体意识从一开始就是被历史、社会和阶级所塑造的,并不存在一种孤立的、原始形态的个体意识。同时,戈德曼批判那些将个体意识排除在其社会变革叙述与社会主义讨论之外的马克思主义者。尽管戈德曼承认卢卡奇对自己思想的影响,但他批评卢卡奇忽视了在个体与阶级意识之间的联系。戈德曼不同意萨特尝试协调存在主义与马克思主义的方式,但是却以自己的方式同样地坚持将个体纳入马克思主义的分析之中。

　　戈德曼同样批判结构主义(在法国哲学中的形式)与后结构主义;他对这些潮流的厌恶态度,将他自己从法国哲学圈的同辈人中区别出来,使得他在某种程度上在思想上被孤立。戈德曼将列维-斯特劳斯的结构主义视为对战后"有组织的"消费资本主义的非批判性反思,其基础在于大型的、非个体的、稳定性的组织,以及广泛的、可控制的消费。戈德曼发现列维-斯特劳斯在语言与社会之间的类比研究,两者都受制于交流,以及非历史性的因而在理论上是反人文主义的内在规则。戈德曼支持对资本主义的结构分析,但是列维-斯特劳斯的结构主义将社会从历史中剥离出来,因此否定了人类在历史建构与塑造未来过程中的作用。戈德曼批判法国结构主义及其反人文主义,这使得他与阿尔都塞格格不入。阿尔都塞提倡将主体化约为社会力量的承载者,尝试将作为《资本论》作者的马克思与纵论异化问题的青年马克思区分对待。也因为如此,戈德曼与福柯也被区别开来,后者在抛弃阿尔都塞的马克

---

[1] 引自Cohen, *The Wager of Lucien Goldmann*, p.226。

思主义结构主义的同时，吸收阿尔都塞的反人文主义及其他，甚至将其推向更高的极端。

马丁·布伯

尽管马丁·布伯与上述的欧陆哲学家圈子的关系比较远，而且他的马克思主义观念更加消极，但是他认同他们关于人类的工作是建立主张人人平等社会的关键所在的观念，并且视乌托邦思想在这一过程中必不可少。布伯是一位社会主义者和人文主义者；就像其他社会主义人文主义者一样，他受到马克思异化概念的影响，对苏联模式社会主义感到震惊。他的著作对其他社会主义人文主义者所提出的话题作了重要贡献，比如说人类对于社群与相互关系的需求，乌托邦思想对创造更加公正、更加人道的社会的作用。布伯的很多著作在社会主义人文主义繁荣之前的好多年就已问世。他最有名的一本著作《我和你》（*I and Thou*）于1923年出版，与卢卡奇的《历史与阶级意识》同年问世。布伯1947年出版的著作《乌托邦道路》（*Paths in Utopia*），也探讨了社会主义人文主义的中心问题。

当社会主义人文主义在欧洲哲学家中呈现为统一趋向时，布伯仍坚持写作，但他并没加入他们的圈子。这很可能是因为他与其他社会主义人文主义者在思想、政治和地理上有诸多差异。布伯从小由在波兰利沃夫（伦贝格）的祖父抚养，成长于充满犹太教义的环境中。在年轻的时候，他曾被康德、克尔凯郭尔和尼采的著作吸引，大学读的是哲学，但是《希伯来圣经》与犹太传统思想始终是他人生观的基础。1898年犹太复国主义运动兴起，他参与其中。在犹太复国主义运动中，布伯自始至终都是一个持不同政见的人。

在犹太复国主义的早期阶段,布伯反对赫茨尔(Herzl)专注于创建犹太国家的主张,支持阿哈德·哈姆(Ahad Ha'am)的方法,后者相信犹太复国主义的目的应该是犹太文化与精神的复兴,通过在巴勒斯坦建立犹太社群并提倡犹太道德规范,其中就包括视他人为己出的告诫。布伯呼吁认可阿拉伯人并与其谈判建立一个二元民族国家,在以色列建国之后为在以色列的阿拉伯人或非犹太人争取同等权利。1933年,希特勒在德国掌握权力之后,开始颁布法律从公共生活中清除犹太人,布伯为了表示抗议辞去法兰克福大学的职位。随后,布伯成为耶路撒冷希伯来大学的创始人之一,并成为校董事会成员,因此他经常造访巴勒斯坦。1938年11月9日,当"水晶之夜"(Kristallnacht)浩劫,即纳粹残害德国和奥地利犹太人的暴力事件发生的时候,布伯全家都在巴勒斯坦。那天晚上,布伯在法兰克福城外的家遭遇洗劫,他的图书馆也被摧毁。他们很明显是不能再回到德国了。布伯全家就在耶路撒冷定居下来。布伯的犹太复国主义完全是社会主义人文主义的回音,但是他对巴勒斯坦和以色列的关注使得他进入了不同的领域和不同的探讨,不同于大多数其他社会主义人文主义者关注的内容。

布伯与社会主义人文主义,至少是与其主要思潮之间的不同之处,在于宗教。布伯并不是在传统意义上严守教规,但是他确实信仰上帝。他的一项主要工作是研究《哈西德遗事》,考察传统哈西德主义作为道德与精神复兴的社群典型。布伯和他的朋友兼同事弗朗茨·罗森茨韦格(Franz Rosenzweig)一起,耗费很多年将《希伯来圣经》翻译成德语,他的翻译方法目的在于重点突出源语文本的意义,因而将德国犹太人带回到犹太主义的源头。布伯并不是唯一的深受犹太传统影响的社会主义人文主义者,弗洛姆同样如此。他也并不是唯一的宗教虔诚的社会主义人文主义者,保罗·田立克(Paul Tillich)是一众基督教社会主义人文主义者中声望最高的一位。但是，布伯将人们之间的对话视为通向人与上帝之间对话的观念，使得他不同于大多数社会主义人文主义者的情感世俗主义。

布伯对社会主义人文主义的主要贡献，不仅在于他的对话与交往的哲学，特别是在其著作《我和你》(*I and Thou*)中得到发展且充满其全部著作的相关观点，而且在于他对乌托邦思想的探讨，应采取何种形式，为何他将其视为通向更加美好、更加人道社会的运动的必要方面。布伯对"我你"关系的对立研究非常知名，他认为在这种关系之中两个不同的人不需要通过中介的方式就可以实现相互认可，在此当中真正重要的是他者介入"我他"关系之中，他者由此被视为一种对象，而这种关系是基于他者能为一方做什么。布伯认为，"我你"关系，或时刻，都是暂时性的；每一个"你"，尽管是在最亲近的意义上，有时也成为一种"他"。他补充道，我们所有人大多数时间都必须在"他的世界"中生活：我们在"他的世界"中生存，从事贸易或商业，发展各种技术，使得人类有可能超越条件限制、多多少少可以更舒适地生活。但是，他认为，"我你"关系构成了自我概念，没有这种关系则无自我可言。他将孩童与父母的关系描述为一种"我你"关系的经验，认为尽管这种关系不可重复，人类仍然存在一种对承认的深切需求，对另一个体的认可的深切需求。与此同时，布伯认为，社会变得越来越以"他"为中心，毫无条件的、肯定性的存在经验也变得越来越少见。对于布伯来说，社会和经济上的公平是良好社会的重要组成部分，但是他主要的关注点在于将这种"我你"关系的可能性最大化。

布伯对"我你"关系和"我他"关系的探讨，清楚地表明他不是一位马克思主义者。对于马克思来说，异化根植于生产关系；对于布伯来说，某种非常接近异化的事物根植于人类存在的本质，它要求"你的世界"必须被"他的世界"打断、削弱。"这是我们大家的崇高的忧郁（the sublime melancholy），每个 '你' 都成为一个 '他'。"[1]
但是，布伯同样相信，社会影响两者之间的平衡关系。在资本主义社
会，布伯认为，"他的世界" 已经扩张到史无前例的程度。他相信，人
们可能创造出一种社会主义社会，这种社会将会为 "你的世界" 提供
更大空间。在布伯的观念中，这样的社会将由很多小型的、去中心化
的社群组成。尽管这些缔造社群的人将为大家寻求一种体面的生活
水平，但他们关注的最大问题是人们关系的本质。

　　布伯对社群的构想，在其著作《乌托邦道路》中得到探讨，其总
体框架是对马克思主义者排斥乌托邦思维的一种批判。布伯指出，
恩格斯在《德国农民战争》（*The Peasant War in Germany*）中写道，德
国社会主义运动的中坚力量是那些前工业时代的乌托邦思想家，"他
们以自己的天才预见了我们现在可以用科学验证的无数的真理"。
但是，马克思和恩格斯却排斥在工业主义出现之后的乌托邦书写，
并视其为对科学社会主义的反启蒙主义和某种障碍。布伯挑战这
种观点，他指出："如果社会主义是从偏离正题的歧途末路中浮现出
来的，那么作为关键词的 '乌托邦' 首先应该被撬开并勘察其真实
内容。"[2]

　　首先，布伯认为资本主义社会的各种危机要求解决方案，尽管对
于解决方案的形式没有现成答案，如果我们需要一种能够满足人们
对团结与自主需求的社会主义形式，那么我们建构社会主义社会必
须基于各种小型的、相对独立自主的社群，它们致力于提供公共福利
并同时创造出试验与自我管理的空间。他认为，只有在这样一种社
会中，"我你" 关系才有可能获得繁荣发展。其次，布伯认为乌托邦

---

[1]　Martin Buber, *I and Thou*, trans. Walter Kaufmann, New York: Charles Scribner's, 1970, p.68.

[2]　Martin Buber, *Paths in Utopia*, London: Macmillan, 1949, p.6. 首次用希伯来文出版的是 *Netuvot b'Utopia*, 1946。

思维对批判现有社会与构建更美好社会是关键所在。他写道："与'应该如何'的构想无法分开的是，一种对人类存在条件的批判性的基本关系。在一种毫无情义的社会秩序下的所有苦难，为灵魂准备的是愿景，而灵魂在这种愿景中加强和深化的是它对堕落事物之堕落性的洞见。"他继续写道，更好的社会并不是源于自身意愿就能形成，而是需要人类努力。如果我们要集体创造，我们就需要集体想象。在布伯的叙述中，他认为在现代社会已经无法相信"自上而下的行动可以拯救人类社会"，但是在当代乌托邦思想中，上帝已经被替换为被广泛认为是无所不能的科技。[1]

通过倡导乌托邦思维，布伯的意图并不是要脱离现实世界的基础而打开通往幻想空间的大门；他的目的在于鼓励一种现实主义的讨论，探讨更加美好的社会应该是怎样的，以及如何形成。他认为，对人类社会的社会主义改造，若要成功，须从内部发生，在生产者与消费者之间不断成长的相互协作网络的基础上，"通过[社会]原细胞表层的再生"。布伯构想"这样的一种关系网络，基于不同领域又形成同盟关系的建构，没有任何教条的僵化，容许最多元化的社会形式相互依存，但是始终瞄准新型的有机整体"。[2]布伯批评国家权力的扩张和权力的集中化，他主张直接民主，即社群应尽可能实现最大程度的自我管理，赋予高层代表的决策权应被控制在最低程度。但是，他并没有想象国家或代议民主不复存在。他表示质疑的是"国家（政权）的消亡"和"人类从必然王国到自由王国的跨越"。[3]他认为，这两个构想都是更多地建立在辩证法的基础上，而不是对现实可能性的任何客观评价。他警告关注感性或情感主义对社群观念的污染：在他看来，社群并不是自在之物，而是应对

［1］ Buber, *Paths in Utopia*, pp.7-8.

［2］ Buber, *Paths in Utopia*, p.78.

［3］ Ibid., p.11.

具体问题而形成的。"社群是生活共有的内部属性或结构……苦难社群之所以苦难,是因为其社群的精神;辛劳社群之所以辛劳,是因为其社群的赎罪。"他写道,构成社群的一种原则:"它应该始终符合一种具体场合,而非一种抽象范畴。社群的成型,就像任何观念的实现,并不是一蹴而就的,而始终是对此时问题的此刻回答,仅此而已。"[1]

社会主义人文主义的回落

20世纪60年代后期,追求社会变革的学生运动和青年运动不断兴起,在美国与其他地方采用的是一种更加激进的立场,它既是对越南战争的回应,同时也是对官僚控制盛行的失望反应,在这一时期财富的不断增长似乎为更加自由、更加自主的生活提供了基础保障。这个时期的各种运动带来大众态度与公共政策的很多变革。在20世纪60年代初期,美国的民权运动赢得了形式上的平等权利,并结束了在南方的隔离合法化;60年代末70年代初,美国与其他地方爆发的有色人种的种族运动批判整个种族主义。20世纪60年代末期再次浮现的女权运动,经过几十年的蛰伏,成为推动文化与公共政策变革的强劲力量。同性恋权利运动传播开来,其直率的立场使得同性恋恐惧处于防守态势。一种新型的、激进的环保主义超越了早先以保护自然为名义的抗议活动,发展到批判建立在对自然环境支配与榨取的基础上的文化。反对越南战争的运动对于结束战争发挥了重要作用。

美国对越南发动战争,以及世界范围内的抗议,导致国际左派阵营的发展达到高度自觉的程度。中国人强调世界上的中心矛盾或主

---

[1] Buber, *Paths in Utopia*, p.134.

要斗争是在第三世界反帝国主义运动与美帝国主义之间，而不是马克思主义传统上坚持的在社会主义与资本主义之间。这使那些美国青年明白，对他们来说主要问题是在越南的战争，也使世界各地的活动家赞同结束战争和阻止美国进一步干涉的目标。对于中国共产党的同情，是由于苏联不能胜任作为革命样板而产生的。不少左派赞赏布尔什维克革命，但是没有多少人仍然同情革命之后的苏联。甚至是参加共产党的年轻人，他们这样的做法也大多出于对20世纪30年代共产主义与工人斗争以及人民阵线组织的认可。许多人将苏联视为一种难堪。

在20世纪60年代后期与70年代初期，反战运动的激进主义与军事化，以及与此有结盟关系的其他各种运动，迅速升级。对战争、对主流自由主义者在指挥战争中的角色，以及自由主义者不愿意支持反战运动的愤怒，使得许多人认定在体制内部一事无成，认定革命是必须的。尽管不是每个运动参与者都支持这种观念，但是在每一个相互联系的运动中的核心活动家构成了这些运动最为激进的部分，这些运动作为一个整体也具有相同的导向。到20世纪60年代末期为止，关于革命的谈论在运动的活动家们中广为传播，尽管关于革命的意义何在存有很多不同的构想，几乎没人想到如何将其实现。至此为止，自由主义被广泛抛弃。第三世界的革命运动，被视作要经过一番罗曼蒂克的劳作。尽管运动中的活动家们很少介入暴力（大多数暴力是由警察挑起的），但乐意使用暴力的言辞，或者公开宣称拥有武器的意愿，被很多人视作一种投身革命的迹象。

第三世界主义思潮将自身描述为马克思主义－列宁主义，它并不是越战时期各种运动中唯一具有激进倾向的思潮。托洛茨基主义组织也在美国和西欧发挥过重要作用；实际上无政府主义很少用这个称谓去描述自身同样被广泛传播的政治形态，特别是在女权主义运动和左派反正统文化圈内。很多典型的无政府主义者，特别是女权主义者,排斥第三世界革命运动中的等级制度与威权主义,以及武装夺取政权的战略。其他第三世界主义者谈到的是在未来某个节点通过武装斗争夺取政权,但是与此同时,大多数人专注于组织工人,以及其他有望接受革命的人。预言家们与许多小规模的地下组织领导者相信,暴力的示众行为可以唤醒大众投身革命。女权主义者与反正统文化左派们拒绝组织的等级结构与威权政府;他们改造社会的策略就是去建立起一种由相互协作、主张人人平等社会的价值观念主导的体制和社群。

尽管存在很大的观念差异,这些运动中不同的激进思潮,共同构成其与众不同的锋芒,共同具有的是一套极左的假设。即将到来的革命预计将贯穿整个运动过程,对它的提倡需要的是各种激进的行动。革命在运动的不同领域,具有不同的意义:它可以意味着武装夺取权力转向社会主义经济,或者是对父权社会的颠覆,或是向消除种族主义的社会转型。但是,激进行动总体上指的是一种毫不妥协的立场、尖锐的修辞,以及通常是振聋发聩的某种努力。在某种程度上来说,这是有意义的。运动在整体上的目标是要揭露美帝国主义,挑战种族主义、性别主义以及最终的同性恋恐惧;震慑可以帮助将这些工作努力做到位。但是,革命在路上的观点是一种幻象,尖锐的修辞和不妥协的立场有助于形成同盟、赢得支持。有色人种和妇女的各自独立的自主运动的形成,在这些群体内部强调团结和有效动员,引发的是把分离主义作为左派组织原则的广泛看法。在各种运动的中心环节,以不同语境场合提倡的组织形式与策略,通常获得的是一种新形式激进主义的基本原则立场。

社会主义人文主义与20世纪60年代末70年代初的激进主义是不相容的,因为反帝国主义似乎提倡拒绝和平共处而选择对美国乃至西方在总体上实行武力对抗,也因为其看似与自由主义过于接近,而被在美国和其他地方发生的激进运动视为敌人。而且,社会主义人文主义的普遍主义，以及它对人类共同社会需求、互利合作的各种能力的重视，似乎与运动日益走向差异的方向背道而驰。在这种语境中，极端的激进主义者们并没有彻底抛弃社会主义人文主义，他们只是简单地忽视了它。

在随后的数十年间，左派对社会主义人文主义的兴趣不再，部分是因为激进主义的构想在各种运动中达到最高峰，对那些参与或者认同运动政治的人保持吸引力，也是因为推进这些运动复兴的期望，曾远胜于任何批判这些政治行为、在当时寻求革命发生之外的不同事物的动力。在20世纪70年代初期，一些左派人士转向意大利共产主义者安东尼奥·葛兰西的《狱中札记》。葛兰西应对的是左派在革命尚未来临、不可能直接挑战资本主义时候的策略问题，左派人士对他的关注，是因为他分析了市民社会及其组成机构的作用，它们支持资本主义霸权，同时也是左派介入与施加影响的潜在途径，并促进了一种对立文化的发展。在美国，与《社会主义革命》（*Socialist Revolution*）（后又更名为《社会主义评论》[*Socialist Review*]）学刊联系在一起的作家们，在左派运动停滞的一段时期尝试发展一种葛兰西式的方案来解决左派问题。但是，葛兰西的工作不易于被转化为一种左派的新教义。他的写作，原本难懂，加之躲避监狱审查，更显晦涩。他对资本主义社会发展，以及它摆在理论面前的诸多问题的分析，对于左派来说，是高度细致的，更加偏重探索而非劝说。它的初衷原本就不是作为一种新的教义，也并没有被视为如此。

与此同时，左派知识分子的思想在总体上转到了另一种方向。在20世纪60年代末期，《新左派评论》已担负起将欧洲大陆马克思主义理论的左派思潮介绍给英语读者的任务。对《新左派评论》的编辑们具有特别吸引力的，是久负盛名的巴黎高等师范学院哲学教授阿尔都塞的著作，阿尔都塞是颇具影响力的共产主义理论家，在坚定地与苏联结盟的法国共产党内坚持自身立场。在20世纪60年代初期，一群学生投身到迅速兴起的运动，并说服阿尔都塞作了一场关于马克思主义的讲座。这场讲座以及随后的其他讲座获得了巨大成功，阿尔都塞开始对左派学生们产生巨大的吸引力。正如安德森在本书第二章中强调，阿尔都塞关注到马克思后期主要关注资本主义结构分析的著作，同其在《经济学哲学手稿》和其他论述中突出呈现的人文主义视角与异化分析形成鲜明对比。他排斥马克思的早期著作，通过对马克思后期著作的界定，在其论述中扭转方向，移除了马克思一以贯之的人文主义及其对异化问题的关注。因此，阿尔都塞发展了一种势头强劲的结构主义版本的马克思主义，并将其视为正宗的马克思主义。

　　阿尔都塞的著作最终在马克思主义与后结构主义之间建立联系，20世纪60年代末在巴黎青年知识分子中站稳脚跟。许多年轻的法国知识分子至少是支持1968年5月自发产生的学生运动的，这场学生运动导致几乎演变为革命，然而基本没有带来任何变革就平息了的大规模工人阶级抗议。法国共产党斥责1968年5月的运动。托洛茨基主义者在运动中发挥了作用；与阿尔都塞联系在一起的学生，没有认识到其重要意义，坐观其变。尽管托洛茨基主义者参与其中，尝试赋予这场运动以组织结构，但是运动本身却始终是自发的，对法国社会并未产生重要变革就消退了。在1968年"五月风暴"之后的时期，伴随着运动本身的分裂，托洛茨基主义组织和其他一些组织吸引了成千上万的人。在其中的任何一个阵营内，具有等级结构的组织规模仍然较小。寻求与无政府主义融合传统的观念和风格，通过拒绝内部等级体系，强调年轻人的作用，围绕性别、性存在与种族开展运动，迅速崛起。"无产阶级左派"（Gauche Prolétarienne），在20世纪60年代末70年代初横扫巴黎的各种抗议活动中成为主导性的影响力量。

很多法国知识分子被吸引到"无产阶级左派"的圈子内。阿兰·巴迪欧(Alain Badiou)在同期担任一个相对小规模组织的领导者，他在后期的一场访谈中这样描述"无产阶级左派"：它明显带有"一种对历史的进程缺乏耐性的自尊自大，对激进派获得权力的信念使得他们发动了一系列荒谬的运动，完全脱离现实，来自纯粹的意识形态偏执，带有一种激进主义，以同样程度的愤怒与幻想"。[1]他评论道"无产阶级左派"吸引许多知识分子，是因为其自身的一种行动主义与激进主义的韵味。他声称自己已厌烦所谓的"一种行动主义的歇斯底里"，而将"无产阶级左派"的方式描述为"一种冒险主义的、错误方式的行动，但是当时的人们却非常激动，一场政治运动同时也是一种时尚潮流"。[2]

与此同期，后结构主义在法国知识分子中逐渐站稳脚跟；其中，让-保罗·萨特与米歇尔·福柯(Michel Foucault)投身到"无产阶级左派"运动，并成为其政治的积极支持者。正如反战运动及其激进思潮对那一代美国左派学者形成的思想影响一样，革命运动对于法国后结构主义同样具有影响，很多支持者认为自己的观念是激进的，而其激进主义的概念都是直接在他们投身的运动中塑造成形的。20世纪60年代末70年代初投身运动的知识分子，并不是所有人都走向了后结构主义的道路：萨特的思想轨迹呈现出不同的道路。但是，后结构主义成为对左派具有主导影响力的思潮，福柯和其他理论家的经历对后结构主义具有深远影响，特别是关于社会变革的方式，

---

[1] Alain Badiou, "Roads to Renegacy", 与埃里克·阿藏(Eric Hazan)的访谈, *New Left Review,* 53(2008), p.129. 巴迪欧参加的组织是法国马克思主义－列宁主义共产党工会基金会联合会(the Groupe pour la Fondation de l'Union des Communistes de France Marxistes-Leninistes)，作为一个高端的思想集团尝试对中国共产党的政策和法国即将发生革命的可能性进行现实主义的评价，并制定出一套相应的指导思想。

[2] Ibid., p.133.

以及围绕其发展的政治文化。[1]

在20世纪70年代末80年代初，后结构主义跨越大西洋，被美国的左派学者，特别是被人文学科中的女权主义者与其他学者所接受。到20世纪80年代中期，由于其特殊形式的激进主义，它已成为思想霸权在精英大学，至少是在人文学科领域的一种十字军东征运动。对于大多数支持者来说，它转变成为的并不是一种与激进政治的特定构想相互交织的独特理论视角，而是唯一有效的理论视角，实际上是理论本身，同样也是激进主义唯一有效的构想。它的斗争与论辩方式唤起的是在20世纪60年代末70年代初左派内部的意识形态探讨模式。特定视角的支持者为了胜过对方观点，不惜微妙地曲解，而且任何一方均宣称自己才是正确方法的唯一拥有者。

特别是在其初期，后结构主义与社会建构主义相互交错，激进的思想实践包含的大部分是展现被视为天生和不变的机构与态度的社会建构属性。这种批判是当时许多运动的主要组成部分：女权主义者指出三口之家的核心形式并不是家庭生活的唯一可能形式；批评种族主义、性别主义与对同性恋的恐惧态度在总体上也是当时各种激进运动的重要部分。揭示看似基于出乎本性的东西实际上并非如此的努力，也与将激进政治作为批判（任何具体有效的其他方法不是必须）的构想，以及后结构主义的普遍构想有关，对于其支持者来说，它作为一种纯粹批判的姿态，能够揭示并批判其他视角的假设，同时保持自身的假设不会招致类似的批评。

将激进主义与社会建构主义等同的问题，是它产生出一种偏颇版本的激进主义。有些机构或态度完全是社会性的建构物，因此有必要

---

[1] 对于福柯、萨特，以及其他法国青年知识分子的相关参与状况的延伸描述，以及这种参与对后结构主义的影响，详见 Richard Wolin, *The Wind from the East: French Intellectuals, The Cultural Revolution, and the Legacy of the 1960s,* Princeton, NJ: Princeton University Press, 2010。

指出其他的可能性。但是，许多机构和态度不完全出乎本性。女性而非男性能够怀孕并抚养子女的事实，对每个相关的人都产生影响，否认这个事实将会导致为维持意识形态义务而颠覆既定结构。激进主义的后结构主义观念，作为一场运动不遗余力地强化人类话语的影响，尽可能地弱化本性的影响，由此唤起一种"凡事皆有可能"的态度曾经充斥20世纪60年代末70年代初的各种运动，1968年"五月风暴"的运动口号对此予以充分表达："所有权力来自想象。"这种观点的问题是，实际上，并不是一切皆有可能，因此为了行之有效，追求社会变革的运动必须考虑到其局限性或所有可能性。从这方面来讲，后结构主义对激进主义的构想，更多的是采取一种姿态，而不是要达成社会变革。

实际上，激进主义的后结构主义构想产生的更多的是没有任何明确目标的抵抗，而不是要带来社会变革。在20世纪60年代，阿尔都塞曾将结构主义介绍到左派思想世界，发展出一种结构主义版本的马克思主义，抛弃了马克思思想中的人文主义成分。在20世纪60年代到70年代，福柯就权力运作的制度研究写过一系列论文，研究的是知识型变革，这些变革塑造了话语的理论场域、人文科学和权力的行使。通过这些或其他著作的影响，福柯成为后结构主义领域内产生主导性影响的人物，并重新塑造了它的发展。福柯感兴趣的是权力如何在制度的环境中通过话语和文化发生作用。阿尔都塞的读者群在很大程度上是由年轻的马克思主义者，特别是政治经济学家组成的。而福柯在他职业生涯的这个节点，对马克思、阶级或政治经济学并无兴趣。在20世纪60年代末70年代初的运动环境中，福柯始终专注于权力与文化的各种问题，由此获得广泛的读者群体。

福柯的文章《治理术》（Governmentality）[1]更加清晰地表明他本

---

[1] Michel Foucault, "Governmentality", *The Essential Foucault: Selections from the Essential Work of Foucault,* Paul Rabinow and Nikolas Rose(eds.), New York: New Press, 2003, pp.229-245.

人反对现代民主国家与当时盛行的社会福利的自由主义议程。他对现代国家的观念是将其视为压制的一种方式，他将自由改革视为使得这种压制更加高级和有效的一种手段，这种观点，与许多投身20世纪60年代末70年代初的各种运动的人正好一致。福柯的论述捕捉到国家监管随着福利国家兴起而增多的发展势头。但是，他未能应对由政府提供社会服务的紧迫需求，也未能解决政府调控与介入以限制剥削与歧视，以及维持复杂社会运行的需求。

福柯支持抵抗运动，而且他自身也曾参与其中，但是他从没有发展出一个更加美好的社会理应怎样的概念，而且他抵制在左派内部将其作为讨论议题。在1971年福柯与诺姆·乔姆斯基（Noam Chomsky）的一场辩论中，乔姆斯基认为从事创造性工作的需求是人性的根本，良好的社会应该鼓励这样的活动，因此在技术上处于发达水平的西方社会，烦琐的工作应被减少到最低限度，创造性的工作应成为规范。他提倡"一种自由组合、融合经济与其他体制的联合式、去中心化的系统，处于其中的人们无须被迫成为工具，成为机器上的齿轮"。福柯回应道："我承认不能够界定，也无法更有说服力地提倡一种理想社会模式来运作我们的科技社会。"他认为，紧迫的任务在于发现并描述控制和压制社会的权力关系。乔姆斯基则认为，压迫、压制与胁迫的本质应被探讨，随后又补充说道应被反对，但是他认为这样也不够：

完全搁置在给予自由、尊严、创造力以充分发展空间的人性构想与其他基本人类特征之间尝试建立联系这一更加抽象的哲学任务，将其与这些特征得以实现、有意义的人类行为得以发生的某种社会结构概念联系起来。我认为这样的做法是一种极大的耻辱。

福柯反对的是，乔姆斯基的倡议要求对人性的界定"在我们的社会、文明和文化的意义上来讲，同时是理想化与现实的，迄今为止是被隐藏、被压制的……是否存在一种风险，我们将被引入歧途？论及资产阶级人性与无产阶级人性，思考的是两者的不同之处"。乔姆斯基同意，我们对于人性的知识是有局限性的，在某些方面是被社会建构的。而且，他认为：

如果我们希望实现某些可能达到的目标，那么我们理解自己正在尝试达到的不可能实现的目标是至关重要的。而且，这就意味着我们必须足够勇敢地在不完整知识的基础之上去思考和创造各种社会理论；同时也要保持对我们在某些方面不着边际的各种可能性、实际上也是压倒性的可能性的开放态度。[1]

社会主义人文主义的复兴可能

美国乃至西方世界要比福柯当时写到的案例，在某些方面总体上已经与他本人描述的现代社会更趋向一致。比起20世纪六七十年代，政府监管现在已更加广泛和复杂；政治舞台对于公众力量来说已更遥远、更难触及。但是，在其他方面，福柯的视野，更笼统地说是与后结构主义相联系的世界观，显得更加贴近现实。最富有的人与其他人在财富与权力上日益扩大的差距，全球范围内的不平等问题，使得阶级问题无法回避。将自由国家视为主要问题的那种政治形态或分析方式，已不再可行。

在反对越南战争的早期阶段，日后成为"民主社会"学联主席的卡尔·奥格尔斯比（Carl Oglesby）曾区分出两种自由主义：支持在

---

[1] *The Chomsky-Foucault Debate on Human Nature,* New York: The New Press, 2006, pp.39-44.

越南的战事、对内延续剥削与歧视,被其称为公司自由主义的主流政治,以及被其称为人道主义自由主义(Humanitarian Liberalism)的民主改革传统。奥格尔斯比认为,这场运动反对前者,而支持后者。在日益高涨的反战抗议,以及与此相关的激进主义升级中,这种区分逐渐消失。[1]福柯式的视角及在很大程度上笼统的后结构主义,失去的不仅是对两种自由主义的区分,而且是在自由主义与公司权力的更加严酷的压制形式之间的联系,因此提倡一种集中关注自由国家、质疑自由社会体系的激进政治。在这些干涉时期,公司财富与权力已被扩大到这样的程度:国家通常呈现为这些公司的监护人。

战后数十年的主流自由主义,涉及监管型国家(the regulatory state)维持社会福利的最基本水平和社会管控,已被一种拒绝监管、维持利润的新自由主义视角所取代。根据这一计划,收入差距已被扩大,社会服务已被削弱,公共领域大部分已被消除。国家资助的社会服务仍存在,它们仍然涉及社会控制以及社会支持,但是在公立教育受到批判、政府资助从公共服务总体撤离的时代,很难将这些计划视为我们各种问题的根源。人道主义自由主义并不完善,但是介入这些工作的并非敌人。后结构主义提倡的怀疑的政治,通常总是集中关注左派的最亲密盟友。

与后结构主义相联系的抵抗的政治,就像怀疑的政治一样,同样不再充分。清楚自己反对什么,却缺乏构想自己支持什么的运动,不可能维持很久;社会运动需要具体的胜利,或至少是这些胜利的合理前景,以及对其总体目标的种种构想。只有当其他类型的社群成为追求社会变革的广泛运动的一部分,它们才有能力实现繁荣并发挥影响。在这种运动缺席的情况下,它们将失去自己的吸引力,尤其

---

[1] Carl Oglesby, "Trapped in a System", in Massimo Teodori(ed.), *The New Left: A Documentary History,* Indianapolis: Bobbs-Merrill, 1969, pp.182-183.

是对削弱和威胁它们的社会而言。围绕缺乏明确目标的抵抗而生的政治，鼓励的是自发的抗议而不是持续的组织。

社会主义人文主义并没有对组织与策略的各种问题提供任何答案，但是它却鼓励关注我们想要的社会类型，以及左派如何构想这种社会等问题。它的贡献还在于一种对人性的构想，以及一种围绕人性的各种关系的构想，两者均指向人类个体或集体的那些积极的能力。环境危机，人类对此所担负的责任，以及扭转局面的微小机会，使得它比以往维持对人类的积极看法，或者对未来的希望要更加的困难。但是，仍然不变的是人类具有建构行为的能力。社会主义人文主义就建立在这种可能性之上。

2. 结构主义与后结构主义之后的马克思主义人文主义

◎ 凯文·安德森[1]

序言：二战后，激进人文主义的兴起

在二战后的一段时期，面对纳粹主义和核武器引发的愤怒情绪，激进行动主义随即产生。反对核武器的新和平运动、与殖民主义作斗争的民族解放运动、针对资本和劳工官僚机构的大众劳工反抗斗争，以及与少数种族和族群、妇女、青年和性少数群体有关的新型社会运动，都在20世纪60年代的社会剧变中达到高峰。的确，当时东西方在所谓自由民主或社会民主与斯大林主义之间的较量仍在政治和社会话语中占据主导地位，尤其是在冷战的早期阶段；但是，无论如何，以试图打破冷战两级对峙格局的其他政治形式为基础，有时采用革命形式的新行动主义在这一时期蓬勃发展起来。

同时，在哲学与文化层面上也出现了新的激进情绪。二战后的世界，见证了通常建立在激进的，甚至革命性的基础之上的人文主义思想的复兴。此前把科学与宗教对立的旧式进步人文主义，

---

[1] 我在此要感谢戴维·奥尔德森、芭芭拉·爱泼斯坦、彼得·胡迪斯、查尔斯·赖茨和罗伯特·斯宾塞，他们为我提供了很有帮助的评论。——作者注

就像实用主义一样，将科学与宗教对立起来，在其受到削弱的情况下，导致科学在资本和国家的驾驭下造成大规模屠杀。就连主张包容一切事物，与包括法西斯主义在内的所有事物展开对话的自由人文主义，也因未能在20世纪30年代阻止希特勒而遭到质疑，名誉扫地。

举一个有名的例子，在战后法国，存在主义哲学家让-保罗·萨特抨击"传授于校园内并使得道德相对主义以首要优势获得认可的旧式自由共和派人文主义"，因此受到新一代青年的追捧。萨特坚称，面对纳粹主义明确表明要毁灭人文主义的激进式"邪恶"，自由派和共和派人文主义显得毫无力量。[1]萨特写道，旧式人文主义已死，代之而起的是更为新颖和更为激进的人文主义。在桎梏面前，它不仅能够重申人类的重要地位，还能够重新发现"处于相对性本身的绝对性"。[2]

正如芭芭拉·爱波斯坦在第一章所表明的，在20世纪40年代至50年代，马克思《1844年经济学哲学手稿》强调异化和人文主义，进而挑战东西方的压制性社会秩序。也正是此时，另一支新兴的激进人文主义兴起。以同样风格写作的有前法兰克福学派心理学家弗洛姆，还有列夫·托洛茨基（Leon Trotsky）的前秘书杜娜叶夫斯卡娅。这种新人文主义包括的主题甚至超越了一战后主要以格奥尔格·卢卡奇、卡尔·科尔施（Karl Korsch）和后期的赫伯特·马尔库塞为代表的黑格尔主义的马克思主义。当谈及杜娜叶夫斯卡娅的作品时，著名哲学家路易斯·迪普雷（Louis Dupré）也证实了这点。迪普雷不仅把她和正统的马克思主义者作对比，同时还使她和卢卡奇、科尔施这些把资本主义批判仅限于"社会与政治秩序"的

[1] Jean-Paul Sartre, *What is Literature? And Other Essays*, trans. Philip Mairet, Brooklyn: Haskell House, 1988[1948], p.177.

[2] Ibid., p.180.

黑格尔主义的马克思主义者形成反差。[1]迪普雷强调了两点：(1)人类整体的解放，不仅仅是就阶级压迫而言；(2)在共产主义与资本主义之间的对等关系——区分出这种独特、自觉的马克思主义人文主义，这也将是我的首要论点。

　　但是，在转向这一点之前，我必须考察布尔迪厄、阿尔都塞、福柯及其追随者作品中从理论上排斥人文主义的做法对左派的各种影响。

20世纪60年代后，主体性和人文主义遭遇的否定：布尔迪厄对萨特的抨击

　　自20世纪70年代之后，其他形式的激进主义广泛地取代存在主义或马克思主义形式的人文主义。虽然大部分的激进思想都没有回到1945年之前的科学理性主义，但是攻击人文主义、主体性的结构主义和后结构主义理论，以及黑格尔在批判哲学家和社会理论家群体中已占据主导地位。为了阐释这些倾向的广泛性，我们可以借鉴仅与结构主义有着松散联系的著名社会学家皮埃尔·布尔迪厄（Pierra Bourdieu）在1972年对萨特发起的抨击。萨特1943年在《存在与虚无》中撰写的一段文字成为布尔迪厄主要的抨击对象。我认为，这段话有着精细的辩证特色：

　　众人皆认定，正是现存的窘迫境况或苦难促使人们设想出另外一种可使人们生活变得更好的事物状态，我想我们很有必要扭转这种普遍观念。相反，实际上，从我们能够联想到另一种事物状态的那

---

[1] Louis Dupré, "Preface to the Morningside Edition", in Raya Dunayevskaya, *Philosophy and Revolution: From Hegel to Sartre and from Marx to Mao*, New York: Columbia University Press, 1979[1973], p.xv.

天起，我们的遭遇和苦难才得以揭开，我们才认识到这些状况是令人难以忍受的。[1]

在此，萨特说明了自由理念，以及我们在思考"既定的"资本主义世界及其商品拜物主义时，不同思维方式的至关重要性。所谓的商品拜物主义，指除商品外，没有任何事物可以跨越我们观念上的障碍。《存在与虚无》的这段文字极不寻常，这是因为，其他部分的大多数内容都围绕人类主体的高度孤立性展开探讨，而这段话则更多的是关于包容"人类"和"每一个人"。萨特把这种重新思考的思维方式视作真正意义上的革命性转变的先决条件，甚至认为，它可以用来指导那些试图以这一方向为目标的运动。

萨特在对早期的前马克思主义的关于法国工人运动的探讨中，直接将以上观点和工人运动实践相结合，继续谈道：

19世纪30年代的工人在薪酬极为低下时能挺身反抗，这是因为，他们容易想象到生活条件没有像现在那么窘迫的另一种社会环境。但是他们不认为自己的苦难现在无法容忍，他们之所以适应了这样的苦难，不是因为妥协忍让，而是因为他们缺乏供自己设想出不存在现有苦难的社会环境的文化和反思能力，以致最终无法采取行动。在暴乱后，已成为里昂主人的工人们在面对胜利时不知所措；

---

[1] Jean-Paul Sartre, *Being and Nothingness: A Phenomenological Essay on Ontology*, trans. Hazel E. Barns, New York: Pocket Books, 1966[1943], p.561; *L'Etre et le Néant: Essai d'Ontologie phénomenologique*, Paris: Éditions Gallimard, 1970[1943], p.489.我提及了这本书的英译版和法语原版，因为这本书的英文翻译者黑兹尔·巴恩斯（Hazel E. Barnes）篡改了这段话的原本意思。我稍加修改地使用理查德·尼斯（Richard Nice）在翻译布尔迪厄批判萨特的内容时所提供的更为准确的萨特原话（Pierre Bourdieu, *Outline of a Theory of Practice*, trans. Richard Nice, Cambridge: Cambridge University Press, 1977[1972], p.74）。在接下来的引用部分，我将自己修改巴恩斯的翻译。

于是他们返回家中,不料,最终遭到正规军队的逮捕。[1]

　　萨特的年表稍微有些出入,他指的很可能是1831年的纺织工人暴动,也预示着1834年规模更大的社会运动,后者形成法国首次大规模劳工起义,军队当时杀戮了大约300名工人。萨特想借此表达的思想也许不是十分明确,但显然他想说,如果没有包含后资本主义新社会秩序的积极前景,工人们不可能总结其所处的社会环境,也不会采取有效的和可持续性的反抗形式来回应资本:"因此,苦难本身不是行动的动力,相反只有当他构想出改变这种局势的计划时,这种情况对他来说才变得不法忍受。"[2]不过,更为明确的是,萨特的这段文字表达了,倘若工人们组织有序,或者具备其他优势,工人运动的重点并不在于有多少人参与其中;更为重要的是,他们在对抗资本和国家时,运用什么样的思想和文化理念来武装头脑。

　　当第一次阅读萨特的这些文字段落时,它们似乎深奥非凡。这对一名几乎没有接触过其他左派人士(更不用说劳工)的哲学家而言十分难得。但是令人更为诧异的是,布尔迪厄读完一遍萨特的那段文字,就在其1972年的《实践理论大纲》(*Outline of a Theory of Practice*)中大力斥责萨特。

　　我认为,从一般的层面上讲,布尔迪厄注意到了萨特"选择"观内单方面且主体性过强的问题特征。萨特的这种观念无论是在哲学或是社会维度上都将客观性缩小到最低程度。除此之外,布尔迪厄还中肯地批判了萨特在《存在与虚无》中别处说明的有关社会作为个体集合的观点,在此,萨特将个体默认为是分离和孤立的。最后,布尔迪厄还有效地批判了萨特的后期作品,包括《辩证理性批判》和

---

[1] 参阅《存在与虚无》英译版第561页,或者法语版第489页。
[2] 参阅《存在与虚无》英译版第562页,或者法语版第489页。

其他作品，认为它们不应该教唆读者信任个体的绝对主动权或者集合性的"历史主体"，例如，萨特称政党的任务是代表工人的意识，并把工人组合成一个阶级而不是个人集合体。[1]这里的最后一点指的是，萨特长期拥护斯大林主义的法国共产党。布尔迪厄写这本书的时候，萨特同时还支持另一派系。

但是，布尔迪厄对萨特的批评不仅停留在一般的层面上，他猛烈地抨击《存在与虚无》的以上引用段落。正如我们所见，萨特在这里讲述的不是个人主体，而是集体主体，他并不关注思想家的想法，而是关注法国劳工行动主义和工人阶级的意识领域。但是布尔迪厄没有在这些方面多做辩论，而是否认萨特对工人阶级主体的整个讨论，把它视为一种"缺乏客观性"的唯心主义形式：

> 如果行动的世界仅仅是各种互换的可能性的领域，完全依靠于创造它的意识的各种规律且因此完全脱离客观性，如果它因为主体选择被反抗而产生运动，那么情感、热情、行动都仅仅是邪恶信仰的各种游戏，主体同时作为不合格的演员和合格的观众的悲伤闹剧。[2]

布尔迪厄在这一批判过程中，进而引用社会学家埃米尔·涂尔干在《社会学方法的准则》中最为决定性且最具实证意义的文本。[3]他赞赏涂尔干的这部著作，称其是用来批判萨特完全主观主义和唯心主义的首要资源，并且引用了涂尔干在这本书中批判唯心主义的语句："正是因为想象没有给头脑带来任何反抗的意识，才导致没有意识

---

[1] Bourdieu, *Outline of a Theory of Practice*, p.75.

[2] Ibid, p.74.

[3] 阿诺德·托姆斯（Arnaud Tomes）认为布尔迪厄针对萨特提出的不同批判并不是像它们看起来那么新颖，参见 "Pour une anthropologie conrète: Sartre Contre Bourdieu", *Les Temps Modernes*, No.596(1997), pp.32-52。

到束缚的头脑把自己交给无限的野心,并相信有可能在一念之间凭靠自己的能力来建构,或者更确切地说,重建世界。"[1]但是布尔迪厄却不愿引用涂尔干在抨击唯心主义之前使用的实证主义句子。在这个句子中,他糅合了自然科学和社会科学,挑衅地把"炼金术"与"占星术"中的"物理科学开端"与批判唯心主义中的社会科学起源相提并论。[2]在此处及他处,涂尔干同时表现了对辩证传统的全盘否定。[3]

由于布尔迪厄以为马克思身上有某种主观性偏离的元素,他从未自称是马克思主义者。萨特则不同,他在1957年之前就已论述过,只要资本主义还存在,哲学便要生活在马克思主义的"时刻"。[4]可见,也许萨特能够接受马克思的部分结论,而布尔迪厄却不满马克思同时认可人类社会实践的主观性与客观性的做法。例如,马克思在1844年关于《异化劳动》的文章中宣称,"自由与自觉的劳动是人类独有的特征"。[5]此外,布尔迪厄甚至不可能完全认同马克思的《资本论》。以下的文字段落是马克思在《资本论》中继上述主题之后写下的一段话,但是它在形式上却更为精确:

> 我们要考察的是专属于人的那种形式劳动。蜘蛛的活动与织工

---

[1] 引自 Bourdieu, *Outline of a Theory of Practice*, p.74。

[2] Emile Durkheim, *The Rules of Sociological Method and Selected Texts on Sociology and Its Methods*, trans. W. D. Halls, New York: Free Press, 1982[1893], p.62.

[3] 美国文化社会学家杰弗里·哈雷厄(Jeffrey Halley)认为,布尔迪厄已经忽视了"自我在积累新经历时不断发展和延伸的部分。在这一阶段,(和布尔迪厄的说法恰好相反)人的性情较为不定并且更趋向于演变,呈现出发展和教育的可能性"。"Mondo Vino, un art comme le a(o)utres: Rationalisation et résistance dans les usages sociaux du vin", in Florent Gaudez(ed.), *Les Arts Moyens Aujourd'hui*, vol.1, Paris: Éditions L'Harmattan, 2008, p.249.

[4] Jean-Paul Sartre, *Search for a Method*, trans. Hazel. E. Barnes, New York: Knopf, 1963[1957], p.7.

[5] Karl Marx, "Alienated Labour", in Erich Fromm, *Marx's Concept of Man*, New York: Frederick Ungar, 1966[1961], p.101.

的活动相似，蜜蜂建筑蜂房的本领使人间的许多建筑师感到惭愧。但是，最蹩脚的建筑师从一开始就比最灵巧的蜜蜂高明的地方，是他在用蜂蜡建筑蜂房以前，已经在自己的头脑中把它建成了。[1]

在此，马克思明确表达，工人是具备思考能力的主体，但是他们却因身处资本主义工作场所，被剥夺了人性。正如马克思在"资本积累"的章节具体地指出，这就是工人所要付出的代价：

> 一切发展生产的手段都转变为统治和剥削生产者的手段，都使工人畸形发展，成为局部的人，把工人贬低为机器的附属品，使工人受劳动的折磨，从而使劳动失去内容，并且随着科学作为独立的力量被并入劳动过程而使劳动过程的智力与工人相异化。[2]

正如《资本论》的第一章所说，上述的后面文字段落是商品拜物主义的具体化现象。在此，人际关系变为物与物之间的关系，而这也是"人的本质属性"。[3]资本主义体系通过把工人转化为可变的资本，既剥夺了他们劳动所创造的价值，同时又从更为广泛的层面上剥夺了他们的人性。这个过程也是渴望人文主义关怀的深度非人性化过程。马克思认为，正是这些工人渴望自由和联合的劳动，寻求摆脱精神和体力上的枷锁，从而走向"自由人联合体"的社会。[4]但是为了达到此目的，他们需要厘清其对具体社会状况和资本主义的整体

[1] Karl Marx, *Capital*, vol.1, trans. Ben Fowkes, New York: Vintage, 1976[1867–1875], pp.283–284.

[2] Ibid., p.799.我偶尔会在此处和别处修改既存的马克思译著，从而使得德语的"Mensch"回归其原本的意思"人类"，而不是"男性"（德语的"Mann"尤指男性的人类）。德语原著请参考Karl Marx, *Das Kapital,* in *Marx-Engles Werke,* vol.23, Berlin: Dietz Verlag, 1962[1867–1875], p.674。

[3] Marx, *Capital*, p.166.

[4] Ibid., p.173。

看法。这就需要从理论和哲学上思考，而不仅仅是从策略上思考。正如马克思所见，由于这些原因，他们需要《资本论》的指导，辩证的马克思主义者后来补充，他们还同样需要黑格尔。工人们还需要和其他社会群体建立盟友关系，尤其是革命思想家，他们在帮助工人厘清思想的同时，也能厘清自身作为思想家的思想观点。这是因为，最具批判性的思想家也有可能受困于商品拜物主义。

阿尔都塞式困境：反人文主义的马克思主义

布尔迪厄在论述时，为人类主体性，或者他更喜欢说的，人类能动性保留了空间。然而，在结构主义马克思主义者路易·皮埃尔·阿尔都塞的作品中，受压迫者在批判、反抗或者反叛中体现的主体性可能几乎完全被封闭。这一立场使得阿尔都塞的著名文章《意识形态国家机器》(Ideological State Apparatuses, 1970) 带有瑕疵。但实际上，作者在这篇文章中，极其努力地试图超越还原论者有关意识形态与其物质基础之间的联系观，以及用脱离例如宗教和教育这些价值产品的各种机构来论述意识形态在20世纪后期资本主义社会的地位。正如阿尔都塞所见，主体性的概念是一种幻象，它支撑着在现代经济社会条件下发展起来的主要政治形式：自由民主的政治形式。简言之，如果某人确信现存社会内的人类创造性与自我运动 (self-movement) 的潜质，或者甚至与现存社会抗争，那么他充其量只是个唯心主义的受骗者，而在最糟糕的情况下，他是资本主义体系的宣传者。

这些国家机器"把主体当成'个体'来质询"，从而与社会中每一个个体成员进行互动，这样的事实只是这些个体对具有资本塑形的资本主义制度主体的臣服的一部分。这种质询也属于资本主义体系统治"礼节"的一部分："他们必须遵从上帝，遵从自己的内心，必须遵从牧师、夏尔·戴高乐、老板和工程师的指令，以及'你要像爱自己一样爱你的邻居'等礼节。"[1]"主体"这一术语既可以指代"自由的主体"，也可以指代"被支配的存在"。阿尔都塞利用"主体"模棱两可的意思，把以上两者结合为单一的总体。在这里，"个体被当作（自由的）主体来质询，从而，他既可以自由服从主体的戒律，也可以（自由）接受自身的从属地位"。[2]

阿尔都塞把大部分的讨论都限制在个人主体性，而非集体主体性之上。他忽视了多种形式的集体自我意识，以及在此之上，争取自我解放的集体行动，其在受压迫的阶级、性别、民族、种族群体和性少数群体当中反复出现。事实上，对于一名马克思主义者而言，这是十分严重的漏洞。就算我们从个人主体仅为统治主体的角度出发，站在阿尔都塞的立场上思考，此时的他难道不是在创造一个错误的总体吗？到底这些个人主体和他们所受的压迫互为矛盾的可能性出于何处？阿尔都塞承认这种情况也许会出现，但把它当作"干坏事"的主体，接着公然遭到压制性国家机器，例如警察和监狱等的处置。[3]

但是，如果说一个反叛的个人主体因其反叛而引来了全体受压制群体的大范围支持呢？例如，1955年，在亚拉巴马州的蒙哥马利市，罗莎·帕克斯因违反了公交车上的种族歧视规定而遭逮捕。这一事件传播开来，帕克斯获得了广泛的支持，并且就在其被捕的几天后，支持帕克斯的人群迅速扩大，随即爆发了持续十年的激进变革运动，我们今天把它称为民权运动。当这样的事件在正确的时机到来时，当历史形势向自由的方向迈进时，当解放理念和用于实现解放理念的措施都双双存在时，于是我们便有了杜娜叶夫斯卡娅所说的：

---

［1］ Louis Althusser, *Lenin and Philosophy and Other Essays*, trans. Ben Brewster, New York: Monthly Review Press, p.181.

［2］ Althusser, *Lenin and Philosophy*, p.182.

［3］ Ibid., p.181.

"汲取客观性的主观性，也就是说，主体在为自由抗争时，也进而了解并处理客观存在的现实。"[1]

阿尔都塞的意识形态机器还存在另一个问题，就是它们似乎都游移于社会的经济结构之上。由于阿尔都塞始终是法国共产党党员，这种关系十分重要，但又常常遭人忽略。……类似宗教和教育这些阿尔都塞机器还有着另外一个问题突出的特征，也就是这些机器对资本主义来说既不新颖，也不独特。即便如此，阿尔都塞也没有对这些机器特有的资本主义特征进行过多的分析。在某种意义上，阿尔都塞的意识形态机器缺乏历史的发展历程或者历史根基。问题更为严重的还有，阿尔都塞过度专注于文化和意识形态层面，从而使他无法真正地讨论有关工人阶级的问题。工人阶级是这样的人类主体，它既服从于资本，同时又能够以革命性主体的形式，针对资本发起反抗或者反叛。阿尔都塞暗示，任何真正意义上的改变都必须起源于上层建筑或者意识形态层面。然而，他忽略了一个事实：往往只有在社会经济结构的改变使人们脱离了其常规的存在模式，并使其进入新型生产和财产关系时，意识上的真正改变才会发生。

众所周知，阿尔都塞还批判了黑格尔主义和人文主义，认为它们是资产阶级的产物，甚至是反动的。这种想法甚至偏离了传统的恩格斯式的马克思主义。虽然恩格斯把唯心主义和唯物主义设想为进步哲学和反动哲学的大致分界线，但是他把他所认为的肯定是革命性的黑格尔唯心主义排除在外。因此，恩格斯始终认为黑格尔是马克思思想之祖。[2]虽然，恩格斯没有把人文主义置于中心地位，但是他也没有公然驳斥人文主义。

---

[1] Raya Dunayevskaya, *Marxism and Freedom: From 1776 Until Today*, Amherst, NY: Humanity Books, 2000 [1958], p.327.

[2] 雅克·董特在《从黑格尔到马克思》(*De Hegel à Marx*)中批判阿尔都塞时强调了这点。*De Hegel à Marx*, Paris: Presses Universitaires de France, 1972.

这么说来，反对马克思主义人文主义和存在主义人文主义的阿尔都塞还进一步展开了抨击，写道所谓"黑格尔的幽魂或阴影"。他像驱散吸血鬼似的召唤马克思主义者，把"他们这些幽魂赶回到夜晚"。[1]在他的整个学术生涯里，阿尔都塞总是以毫不示弱的姿态强调这一主题，他无视黑格尔主义的马克思主义和人文主义的马克思主义带来的威胁，大力抨击更多的正统马克思主义者。他还把这一争论带入有关列宁的作品分析中。虽然他竭力否认黑格尔对列宁的影响，但是列宁写于1914—1915年的"黑格尔笔记"中清晰地表明了与此相反的事实。[2]

阿尔都塞还吸引了不少年轻一代学者对反人文主义的马克思主义的注意。至少在表面上，反人文主义的马克思主义没有回归早期马克思主义者科学主义与类实证主义的哲学倾向。在"进步的"科学反抗宗教的时期内，这种早期的科学主义取向引人瞩目。但是这一理念在二战后的一段时期内遭到严重的批判。这是因为，此时各种形式的激进人文主义抨击此前现代科技的应用给人类造成了巨大的破坏，最为突出的是，1945年在广岛和长崎投下的核炸弹。然而就在20世纪60年代，阿尔都塞进入人们的视线时，至少有些人已经准备好进行反人文主义的反攻。20世纪60年代，当革命运动失败后，这种情绪愈演愈烈，尤其是在法国，1968年差点爆发的革命是在工业发达的资本主义社会首次开创但最终失败的一场激进革命运动。

阿尔都塞从20世纪60年代初期开始，就把马克思早期创作的文本视为前马克思主义作品，他视之为充满了异化和人文主义这些自由主义与黑格尔的概念。他坚称，这些作品不是单纯的马克思主义

---

[1] Louis Althusser, *For Marx*, trans. Ben Brewster, New York: Vintage, 1969[1965], p.116.

[2] 参见Kevin Anderson, *Lenin, Hegel and Western Marxism*, Urbana: University of Illinois Press, 1995。

作品，而是人文主义的马克思主义作品。可随后他又将反人文主义视为马克思思想的核心。

法国黑格尔学者雅克·董特（Jacques d'Hondt）则并非如此。1968年，为了抗议苏联对捷克斯洛伐克的侵犯，他退出法国共产党。董特写道，阿尔都塞派对人文主义的攻击已经达到一种"挑衅的地步"，他们试图将马克思主义与它往往与之联系在一起的民主和反法西斯的传统分离开来。为了反击阿尔都塞把"人"或者"人类"作为一种自由主义幻觉加以否认，董特强调，马克思在写到人类"创造历史"时，也使用了相同的术语。[1] 此外，董特还说，"如果马克思主义方法论的根基遭人遗弃，那么我们将面临马克思主义方法论彻底瓦解的危险"。他站在马克思主义的立场补充道，"人类的自由解放是马克思主义理论的重点"。[2]

阿尔都塞针对马克思主义提出的关键概念是，1845年，马克思和其早期作品，尤其是《1844年经济学哲学手稿》之间发生了"认知断裂"。与其他仅是对此有所提及的学者相比，这样的看法更具有恶意。[3] 最初，他驳斥了将《资本论》和马克思的早期作品通过精神分析的投射概念联系起来的尝试："整个时兴的'物化'理论都依赖于早期作品中的异化概念，尤其是《1844年经济学哲学手稿》对《资本论》中'拜物主义'理论的投射。"[4] 这样不仅在无视异化概念的过程中忽略了卢卡奇在物化概念中的重要地位，同时还曲解了《资本论》中最为重要的内容所陈述的观点。阿尔都塞没有在拜物主义的章节里正视马克思自身的说法，以致他把拜物主义的观点理解为"在资本主义的条件下，人类之间的'社会关系'呈现出'物与物之

［1］ D'Hondt, *De Hegel à Marx*, p.225.

［2］ Ibid., p.228.

［3］ Althusser, *For Marx*, p.33.

［4］ Ibid., p.230.

间的怪诞形式'"，[1]从而断然宣称："在《资本论》中，唯一的社会关系也是以物（一片金块）或者金钱的形式呈现出来。"[2]就当包含这些观点的《保卫马克思》出版了几年后，阿尔都塞还在1969年法文版《资本论》的前言中证实，在《资本论》的第一部分，满带"黑格尔式偏见"的"呈现方法"极为突出。[3]由于这些或者其他原因，阿尔都塞建议读者在"第一遍阅读的时候要有意把第一部分（商品和货币）省略掉"。[4]

至此，阿尔都塞已经调整了他有关马克思在1845年和黑格尔产生"认知分离"的早期观点。在此，也就是1969年，他为在马克思语言和甚至他所认为的黑格尔对《资本论》的影响中幸存的事物而感到悲伤。[5]

在此，阿尔都塞的观点公然开着反对马克思主义人文主义的玩笑，也在很大程度上，预示着福柯和其他学者针对马克思直接作出的后结构主义否定，其思想观念被认为是被人类固有的本质概念突出呈现了的一种黑格尔式人文主义。

福柯的反马克思主义的反人文主义

到20世纪60年代为止，米歇尔·福柯的作品在法国以外的其他国家也获得广泛关注。例如，1965年删节版《疯癫与文明》由一家重要的美国出版商出版。但在20世纪80年代，作为最突出的后结构主义代表，福柯的国际名声猛然提升。此时正如玛格丽特·撒切尔、罗

[1] Marx, *Capital*, p.165.

[2] Althusser, *For Marx*, p.230.

[3] Althusser, *Lenin and Philosophy*, p.90.

[4] Ibid., p.88.

[5] Ibid., p.93.

纳德·里根和教皇约翰·保罗二世的优势地位所显示，新自由主义经济和社会保守政治在全球化语境中展露锋芒。在这些年间，如果说反叛和革命运动没有直接否定马克思主义，那么它们至少开始远离马克思主义。比如，亚历山大·伊萨耶维奇·索尔仁尼琴宣扬高度保守和道德性的基督教形式。出现在别处的反马克思主义气息，还可见于像伊朗和波兰这些迥然不同的社会革命与社会动荡。然而，受马克思主义和解放神学论启发的尼加拉瓜革命是个例外，但它最终也因里根政府公开勾结梵蒂冈及与西欧社会民主党同谋而遭到扼杀。

在20世纪40年代，福柯和阿尔都塞共同开展哲学研究，并跟随阿尔都塞短暂地加入了法国共产党，在此之后，直至20世纪60年代他疏远了马克思主义。1966年，当阿尔都塞在《保卫马克思》中抨击完马克思主义人文主义后，福柯随后在《事物的秩序》[1]中或许隐晦地回应了在此前引用过的萨特1957年宣言，萨特表明，只要资本主义仍旧存在，我们就无法跨越马克思。无论如何，这些宣称使得福柯遭到了萨特的反击，萨特谴责福柯"否认历史"，受困于结构主义的"静态连续性"中。萨特还进一步提升了论题，称福柯的观点为"资产阶级用来攻击马克思的最终手段"。[2]

福柯甚至更加强有力地抨击人文主义，嘲讽它过度关注"人"以及广泛层面上的人类。这是因为，人与人之间展现着深层次的差异性，不是仅用人文主义框架就能把它概括。而真正预示未来的不是马克思，而是弗里德里希·威廉·尼采，他曾暗示了世界的转折点，即"人类之死"。福柯在《事物的秩序》悲观的结尾表示，正如启蒙使"人的形成得以实现"，而人文主义的时代已几乎终结，到了20世

---

[1] Michel Foucault, *The Order of Things: An Archaeology of the Human Sciences*, New York: Vintage, 1973[1966], p.262.

[2] 引自 David Macey, *The Lives of Michel Foucault*, New York:Vintage,1993, p.175。

纪60年代，"我们可以确切地说，人就像在海边沙滩上勾勒出来的脸庞一样转瞬即逝"。[1]

福柯在将近十年后出版的《规训与惩罚》中把现代监视和统治装置的压制性特征与人文主义联系起来，而不是使其与反人文主义产生联系。例如，在"现代人文主义人类出生"的接缝处，拿破仑军事机器的"严格规训"严密地监视着拿破仑军队。[2]

福柯与人文主义之间的某些差异呈现代际的特征。萨特类型的人文主义促使他用广泛的视角来讲述人类。有时候，他还怀疑种族、族群或者性别的具体化特征。他有一次告诉一名黑人读者，黑色只是一个辩证式地向阶级世界发展的"小名词"。[3]为此，他受到另外一名革命的人文主义者青年弗朗茨·法农的严厉斥责。二十年后，萨特发现自己和福柯并肩出现在20世纪70年代法国监狱权利运动中。正如伯纳德·哈考特（Bernard Harcourt）发现，萨特的大众团结理念也就是，召开一场知名思想家的新闻发布会，让他们为囚禁者发声。迄今为止，这种方式仍被我们认为是萨特的思想精英主义，然而，与此相反，福柯的新闻发布会想法才符合当时广泛流行的做法，它指的是由之前的囚禁者自我发声，思想家只是作为支持和帮助的角色。[4]

虽然福柯在作品中保留许多阿尔都塞和其他结构主义者提出的反人文主义观点，他仍然直言不讳地质疑像紧身衣一般的阿尔都塞式马克思主义。虽然福柯一再否认自己是结构主义者，但是他的处

---

［1］Foucault, *The Order of Things*, pp.386-387.

［2］Michel Foucault, *Discipline and Punish: The Birth of the Prison*, trans. Alan Sheridan, New York: Vintage, 1977[1975], p.141.

［3］引自Lou Turner and John Alan, *Frantz Fanon, Soweto and American Black Thought*, Chicago: New & Letters, 1986, p.40。

［4］Fabienne Brion and Bernard E. Harcourt, "The Louvain Lectures in Context", in Michel Foucault, *Wrong-Doing, Truth Telling: The Function of Avowal in Justice*, trans. Stephen W. Sawyer, Chicago: University of Chicago press, 2014, pp.277-278.

事方式一般都被认为属于结构主义派别。这一方面可见于福柯与结构主义心理分析学家雅克·拉康之间激烈的公众辩论，另一方面也可以从他与马克思主义人文主义者和"发生学结构主义者"戈德曼之间的辩论中看出。他在此次辩论过后，于1969年发表了经典文章《作者是什么？》。[1]以下是此次辩论的节选内容，里面还包括了拉康对戈德曼的驳斥：

戈德曼：如今在一群思想家中，否定主体的观点占据中心地位，或更为准确地说，是目前所有哲学潮流的中心观念，（这）属于法国非发生学结构主义派别的观点。这一派别包括许多著名思想家，如列维－斯特劳斯、罗兰·巴特、阿尔都塞和德里达……（1968年一名学生在黑板上写道）"结构无法走到街头当中"。这意味着，创造历史的，从来不是结构，而是人类，尽管人类的行动总是带有结构性的重要特征。……

福柯：……我自己从未用过结构一词。不信你们可以自己在《事物的秩序》中找找。……

拉康：我不认为，结构不能走上街头的说法存在任何合理性。这是因为，如果今年5月的事件能证明些什么，那正是走入结构的街头（the streets of structures）。[2]

在这场辩论中，戈德曼可以说是失败的，[3]这也是法国知识分子思想向结构主义和后结构主义转变的明显转折点。然而，也正如戈

---

[1] 辩论的全部内容，参见 Michel Foucault, "Qu'est-ce qu'un auteur?", *Bulletin de la Societé Française de Philosophie*, Vol.63, No.3(1969), pp.73–104。

[2] Ibid., p.97, p.100, and p.104.

[3] François Dosse, *History of Structuralism,* Vol.2, trans. Deborah Glassman, Minneapolis: University of Minnesota Press, 1997[1992], p.122.

德曼在他的其他作品中提到，[1]这种偏离辩证的人文主义的倾向在1969年革命运动失败后出现，而不是在1968年出现。

在20世纪70年代中期之前，福柯的大多数作品强调不同权力机构之下人类主体所受的压迫，由此衍生出去权力中心化的观念。在某些方面，这种去权力中心化与马克思的资本观互相并置，但与此同时，他否认基本生产力和生产关系的中心化特征，与马克思产生严重分歧。与马克思的资本逻辑相似，福柯的权力渗透于所有的社会关系中，但这些社会关系不能化约为诸如社会经济结构等其他形式。在福柯的世界里，现代形式的权力与资本统治工人和社会的方式具有相似性，都是微妙的。后者借由商品拜物主义来实现，而不是通过传统的皮鞭效应或铁链效应来实现。他和阿尔都塞一样，都认为现代权力的首要特征不是压制性，而是通常隐藏于关怀或教育之下的温柔特质。它逐渐发展演化为福柯真理体制的一部分。

除此之外，正如福柯所理解的，现代权力在发展的道路上没有带来任何东西。当然，这与启蒙自由主义，甚至与马克思主义传统互不协调。马克思主义传统在不同的程度上，表达了关于发展的辩证观点，其中还包括科学技术的发展。福柯对批判现代权力装置尤为感兴趣。所谓的现代权力装置，指的是以对研究对象群体（subject populations）实施科学研究为特征的科学知识：精神病院以及其研究对象群体、带有犯罪学研究计划和康复体系的现代监狱系统，以及特别注重"越轨"概念的、现代的性存在（sexuality）"科学"。

现代权力装置像毛毛虫一样深入人类主体当中。福柯在描述这种现代权力装置时，唤起了人们对19世纪圆形监狱的记忆，这种监狱类型由哲学家杰里米·边沁发明。

---

[1] Lucien Goldmann, "The Dialectic Today" in Goldmann, *Cultural Creation*, trans. Bart Grahl, St. Louis: Telos Press, 1976[1970], pp.108−122.

圆形监狱是对人进行试验的有利场所。……圆形监狱发挥着权力试验室的功能。它的监督机制，使得主体对人的行为活动的洞察，在效率和能力上都有所提升。知识随着权力的发展而发展，也就是在所有受权力控制的地球表面发现新的认知对象。[1]

从福柯的现代权力观出发，这些在被支配者身上进行研究和试验的观念占中心地位，它形成或改变着人类主体，要求甚至启发众人的积极参与。

然而，与阿尔都塞和布尔迪厄相反，福柯显然将重心更多地放在反抗权力的观念上，尤其是在福柯的后期作品中，对权力的抵抗明显具有更宽的维度。1976年，福柯在出版《规训与惩罚》一年后，在《性史》第一卷中首次从思想的维度描绘反抗的理念：

哪里有权力，哪里就有反抗。或者从结果上来讲，反抗从不是身处权力之外。……它们的权力关系取决于反抗形式的多样性。……因此，大反抗中不存在单一的轨迹，也没有反抗的灵魂一说，所有反叛都无来源，或革命性的纯粹法则。有的只是反抗的具体事例，他们属于权力的他者，他们无法将自身化约为这种与权力的关系。[2]

在上述的意义上，权力无处不在，且没有一个特定的节点。然而，要完全倾覆权力，似乎不可能。

正如一些福柯评论家意识到的，他的反抗理念存在局限性：一个是某种循环往复的特征，另一个是解放概念的缺乏。道格拉斯·凯尔纳（Douglas Kellner）、克莱顿·皮尔斯（Clayton Pierce）和

---

[1] Foucault, *Discipline and Punish*, p.204.

[2] Michel Foucault, *The History of Sexuality*, vol.1: *An Introduction*, trans. Robert Hurley, New York: Vintage, 1978[1976], pp.95-105.

泰森·刘易斯（Tyson Lewis）在赫伯特·马尔库塞的心理学和哲学作品序言中提出了哲学上的批判："随着后现代主义和权力话语的兴起，尤其是福柯针对大反抗（the Great Refusal）作出的批判，用反抗甚至微观反抗（micro-resistance）取代革命似乎流行起来。反抗权力的内部力量，最终可由权力产生，从而从内部挑战着权力。"[1]相似地，自治主义马克思主义者约翰·霍洛韦（John Holloway）还注意到，福柯的反抗理念缺少"解放"的概念。[2]

　　我们还可以从更为实用性的层面，批判福柯思考的反抗类型。他在20世纪70年代初期赞扬了许多法国和美国囚禁者为争取权利的反抗斗争。《规训与惩罚》就是以他参与法国囚禁者权利运动的事件为背景。在他身为思想家兼行动主义者的关键时刻，他没有采取解放性的政治，而这些不时出现在许多囚徒们所明确表达的马克思主义与黑人解放的观念体系中，特别是在20世纪70年代的阿提卡·索列达德，以及美国监狱激进主义的其他地方。

　　更为突出的问题是，福柯甚至在1979年伊朗革命运动中毫无批判性地支持主导性的宗教派别。他并没有考虑到教士在此过程中的领导职责，同时极力蔑视伊朗政权内的自由反对派和左翼反对派，认为他们已经无可救药地西方化，因此已经过时了。此外，福柯还在有关伊朗的作品中提及类似霍梅尼（或者更为早期的，15世纪佛罗伦萨的统治者萨沃纳罗萨）这些历史人物。他们都是革命激情的象征，但是福柯却把他们和疯癫联系起来。他曾在1978年两次到访伊朗，争

---

[1] Herbert Marcuse, *Collected Papers of Herbert Marcuse*, vol.5: *Philosophy, Psychoanalysis and Emancipation*, ed. Douglas Kellner and Clayton Pierce, New York: Routledge, 2011, p.63.

[2] John Holloway, *Change the World Without Taking Power*, London: Pluto, 2002, p.40; 另见 Kevin Anderson, "Resistance Versus Emancipation: Foucault, Marcuse, Marx, and the Present Moment", *Logos: A Journal of Modern Society & Culture*, Vol.12, No.1(2013):<http://logosjournal.com/2013/anderson/>。

辩伊朗伊斯兰主义者以一种几乎不受调解的方式来表达伊朗民众的集体意愿。此外，福柯用破坏全球霸权的说法称赞中东地区将爆发更大范围的伊斯兰革命运动的可能；同时承认，世俗化的西方还有很多方面都得向伊朗的政治精神学习。当一位伊朗女权主义者批评福柯关于伊朗的作品，认为其过于天真时，福柯讽刺她过于西方化，对伊斯兰抱有敌意，因此不代表伊朗民众。福柯对伊朗的评估还隐晦地受到了法国主要伊斯兰学者，也是马克思主义者马克西姆·罗丹松（Maxime Rodinson）的批判。后者用《世界报》（Le Monde）的几个版面批判福柯关于伊朗的作品，称其为哲学狂想的抽象飞扬。在1979年春，霍梅尼执政，过后不久他就对妇女、左派和同性恋者实施压制。此时的福柯在法国发起更为激烈的抨击和嘲讽。对此，他谴责他的评论家们，称其曲解了他的作品意图和仅对新政权作了敷衍的批评，随后便在伊朗的问题上保持了五年的沉默，直至逝世。[1]

许多人认为福柯关于伊朗的作品是离经叛道的。他们十分震惊地发现，一名同样身为同性恋者的激进左派哲学家居然不加批判地支持一种残忍打压同性恋、女权运动和民主在更大的范围内得到合理化的意识形态。但是有关福柯的伊朗作品是背离常规的看法仍受到质疑。他关于伊朗的作品进一步以更为夸张的形式体现着他的其他主要缺陷：单方面和全盘否定地批判西方现代主义。至少，福柯

---

[1] 有关这部分内容的详细阐释，以及福柯的伊朗作品译文及他的当代评论作品的翻译，参见珍妮特·阿法瑞和凯文·安德森的《福柯与伊朗革命：性别和伊斯兰主义陷阱》（Foucault and the Iranian Revolution: Gender and the Seductions of Islamism, Chicago: University of Chicago Press, 2005）。有关其他批判福柯的作品，参见 Rosemarie Scullion, "Michel Foucault the Orientalist: On Revolutionary Iran and the 'Spirit of Iran'", South Central Review, Vol.12, No.2(1995), pp.16–40; and Ian Almond, The New Orientalism: Postmodern Representations Of Islam from Foucault to Baudrillard, London: I. B. Tauris, 2007。关于为福柯的伊朗作品辩护的意见，参见 Olivier Roy, "Michel Foucault et l'Iran: Le Philosophe, le Peuple, le Pouvoir et 'l'enigme du soulèvment'", Vacarme, No.29(2004), pp.34–38。

对西方现代主义的批判揭示了他对他所认为的前现代社会秩序的同情。据推测，反人文主义宗教文化的前现代秩序，恰好能够帮助大众阶层反抗，或者至少忍受残酷的国家统治。但是他往往没有意识到，霍梅尼主义者具备一种现代的组织形式，它们的政治并不仅仅是"传统主义"的复制。

是否这些都是伊朗革命运动的高潮中瞬间闪现的革命激情，或者我们是否要重新阅读福柯的作品，借用这些非常有问题的伊朗作品来重新审视他的早期的"经典"作品？事实上，我们可以随处从福柯早期作品中识别出反抗现代权力装置的宗教主体所具备的保守化主题和反人文主义形式。其实，在已出版的《疯狂史》（1961）中，虽然不是非常明显，但至少这些主题和形式就有所体现。在这本书中，他把热忱的宗教奉献视作反抗现代精神病院装置的例子。这也反映了他对启蒙改革家菲利普·皮内尔（Philippe Pinel）的批判。在18世纪90年代，皮内尔在革命运动的影响下为释放法国精神病人作出了贡献。

福柯呼吁我们要尤为注意皮内尔对宗教的敌意倾向。关于皮内尔，福柯写道："宗教不是精神病院生活的道德根基，纯粹只是一种药物。"[1] 在皮内尔的启蒙理念中"去除所有基督教意象，热情的精神病院由此实现，并使得我们的大脑出现错误、幻觉，以至于最终走向癫狂和幻想"。因此，对于福柯而言，问题不仅存在于如此的宗教批判，其更为具体的批判对象是启蒙试图为减少宗教的想象形式所付出的努力，以及通过"伏尔泰"的方式来保留宗教的理性和道德内容。[2]

在看待宗教的问题上，皮内尔始终站在启蒙人文主义的立场。

---

[1] Michel Foucault, *History of Madness*, trans. Jonathan Murphy and Jean Khalfa, New York: Routledge, 2006[1961], p.491.

[2] Ibid., p.492.

和他处于同时期的玛丽·沃斯通克拉夫特（Mary Wollstonecraft）也对这一理论框架作了富有表现力的阐述。她在《女权的辩护》（1972）中反对宗教传统施加于女性身上的前现代责难。沃斯通克拉夫特还寻求从更广泛的范围内使宗教隶属于理性，在此基础上驯服宗教的"野性狂热"，从而为女性平等和自由的理念创造更大的空间：

> 如果宗教仅是脆弱或者野性狂热的避难所，而不是在自我认知和理性看待上帝品格基础上的行为管理原则，那么我们又期待它会带来些什么呢？宗教旨在温暖人心和颂扬想象力，这是它唯一有诗意的部分，它可以在不使个体更为道德化的情况下，给他带来快乐。……当人只在未来的世界里建造幻想的城堡来弥补于其中感受到的失望，以及把思绪从相关的职责转变为宗教的幻想时，他才不会变得道德化。[1]

也许我们很难完全认同沃斯通克拉夫特使理性和情感相互分离的观点，但是我们无疑可以赞扬她的启蒙人文主义观点。在此，她说明，如果世界上的主要宗教都可以剥除其狂热、非理性和退化的元素，这些宗教将会具备和享有社会公正和公民道德的现代理念元素。但是，恰好是这种启蒙宗教理念，是福柯在《疯狂史》和其随后关于伊朗的作品中所要批判的。与沃斯通克拉夫特和其他批评家相反，福柯拥护宗教里的"意象和热情"。他不希望看到，宗教隶属于理性。这是因为，对他来说，蕴含更大危险的是启蒙理性，以及启蒙理性所支持的现代统治装置。据此，福柯把现代的统治形式对比于前现代的宗教形式，使两者呈现出反差，同时他在构思有关伊朗的文

---

[1] Mary Wollstonecraft, *A Vindication of the Rights of Woman*, Amherst, NY: Prometheus Books, 1989[1972], p.122.

本中揭露称,因为极端反动和反人文主义的宗教主体形式也是主体反抗现代权力的形式,所以他在批判现代性的过程中并没有排除他对上述主体形式的拥护。

显然,福柯在书写伊朗的时候,几乎毫未论及另外一个思想政治的例子,即1979年尼加拉瓜革命运动的解放神学论。这是否因为在拉丁美洲对自然神学和马克思主义的崇拜热潮已经朝着宗教主体的平等主义和穷人自我动员(self-mobilisation)的进步特征的方向发展?抑或是因为这种社会公正观,虽然深刻地反帝国主义,但是已经摆脱了现代“西方”文化,特别是涉及性别和性存在、可以在霍梅尼主义中找到的那种严格的清规教律?这是否只不过太过于马克思主义、太过于人文主义?

马克思主义人文主义兴起的根基
都来源于如今的哲学困境吗?

在1979年至1981年的这段时间里,米歇尔·福柯和爱德华·萨义德都从根本意义上反对伊朗革命运动的结果。正如我们所见,在1978年至1979年的这段时间里,福柯甚至成为霍梅尼主义的潜在跟随者。在爱德华·萨义德详细描述但却缺乏丰富哲学内涵的作品中,再也没有比福柯支持伊朗革命运动的热情更为疯狂的姿态了。说起社会主义人文主义,萨义德可说得上是争议性更大的人物。罗伯特·斯宾塞在第三章中对他的研究有一些不同的看法。无论如何,萨义德始终坚称:“每一位欧洲人,当被问及东方形象时,都最终成为种族歧视者、帝国主义者,几乎全部都带有种族优越感。”[1]显而易见,这种现象是身披深奥后现代话语的文化民族主义。正如艾哈

---

[1] Edward Said, *Orientalism*, New York: Vintage Books,1978, p.204.

迈德（Aijaz Ahmad）写过，"只有反启蒙主义者和文化民族主义者才会在早先阶段认为，欧洲人无法在本体论上创造任何有关非欧洲群体的真正知识。但是萨义德个人也极其强调这一点"。[1]

在萨义德的《东方主义》中，我们可以识别出一种强大的动态元素，而实际上，我在批判福柯的过程中大多围绕这种动态性展开。如果采用绝对主义的形式，这种动态性一方面会使得那些身为亚洲人和中东人或者穆斯林教派群体与欧洲人乃至欧美人之间出现隔阂。整个分析强调这些群体互不相同的身份，而没有关注他们的阶级差距。这在一定程度上导致了身份政治的产生，它使得各个统治机构的领导权呈现相当多样化的特征。对此，迈克尔·哈特（Michael Hardt）和安东尼奥·内格里（Antonio Negri）在《帝国》[2]中有力地提出了这一观点。但是在奥巴马执政以后，其局限性也愈加明显。

哈特和内格里尝试超越这些身份政治。但是他们也更加倾向于发展阶级观念，从而实现最小社会差异性，例如世界工人中的种族和性别等级化。除此之外，他们强制性否定国家政府作为全球行动者的做法。而《帝国》之所以也没有达到目标，原因归于其潜在的哲学视角，即折中式地综合了多个哲学家的视角，其中包括德勒兹、福柯、马基雅维利和斯宾诺莎。与此同时，这本书的内容存在部分马克思元素，尤其是马克思在《政治经济学批判大纲》中有关科技和劳动的论述。但是关于马克思的思想，隐藏于其中的黑格尔与人文主义基础是通常遭到驳斥的元素。

因此，在20世纪70年代、80年代以及90年代这三个时间段中，

[1] Aijaz Ahmad, *In Theory: Nations, Classes, Literatures*, London: Verso, 1992, pp.178-179.

[2] Michael Hardt and Antonio Negri , *Empire*, Cambridge, MA: Harvard University Press, 2000.

社会无论是处于像阿尔都塞那样的结构主义者影响之下，还是受到后结构主义者如福柯的影响，其普遍都与人文主义、黑格尔，以及更广泛的辩证法渐行渐远。在这些年代里，黑格尔被刻画为一名基础主义的反动人士，甚至是种族主义思想家，而马克思则被描述为一名欧洲中心主义者，并且福柯的形象通常也与我们想象中的有所不同。与此同时，社会主义人文主义中的人文主义在最好的情况下是遭到忽视，而最坏的结果是受人排斥和贬低。

　　但是无论如何，到了21世纪初，不同的后结构主义都相继陷入僵局。许多人开始认为，萨义德和福柯的作品同身份政治的联系过于紧密，而哈特与内格里的作品则在天真地唤起全球的群众意识，却毫无倾覆全球资本主义秩序的希望。

　　近期，许多人开始重新试图恢复马克思的思想地位，甚至有部分人建议再次复苏黑格尔及其辩证法的作用和地位。但只有极少数的人群坦言要重新采用激进形式的人文主义。这是极为不幸的，因为正是人文主义才能保证现阶段的社会状况至少在哲学上实现真正的改变，同时也才能够使得控制人类的资本和国家统治获得根本变革。[1]结构主义和后结构主义也在大体上标志着左派在20世纪60年代后所遭到的挫败，尤其里根、撒切尔、约翰·保罗二世和霍梅尼在80年代的统治地位更是左派失败的一大标志。除此之外，随着1989—1991年苏东剧变，世界上几乎无处不在大声宣扬马克思主义的终结。曾经引领过1956年和1968年反斯大林主义斗争的社会主义异见派，特别是他们当中的马克思主义人文主义思潮最终烟消云散时，上述那种宣言愈演愈烈。与此同时，20世纪90年代，由里根和撒切尔发起的市场原教旨主义和威权政治继续蔓延，即使在像托

---

[1] 彼得·胡迪斯（Peter Hudis）近期在《马克思关于资本主义的替代物的概念》中阐发了马克思为替代资本主义而提出的人文主义的概念。*Marx's Concept of the Alternative to Capitalism*, Leiden: Brill, 2012.

尼·布莱尔和比尔·克林顿的政治领导下,这些市场和政治形式有所缓解,但是它们不断扩张的步伐仍在继续。但是由市场原教旨主义和威权主义主导的社会模式只会更加巩固新自由主义资本主义社会格局。

　　20世纪90年代同时也见证了呈现不同发展方向的其他社会形式。1994年,墨西哥恰帕斯州造反爆发,其不仅以维护本土权利的宣言挑战了墨西哥统治阶级的权威,同时也威胁到整个新自由主义资本主义体系,以及其全球化形式对农村地区人口的影响。这样的发展趋势与某种马克思主义思想的兴起互相并置,至少与20世纪80年代相比是如此。1993年,即恰帕斯州造反爆发的前一年,主要的后现代派思想代表人物之一,雅克·德里达(Jacques Derrida)在美国加利福尼亚州的论坛上发表了关键性演讲。这也被认为是另一个指向马克思的否定行动,只不过这次是通过后现代主义和后结构主义的批判形式来进行的。然而,令会议的多名主讲人不解的是,德里达在谈及马克思的《共产党宣言》时给予了大力赞扬。他讲述道,在他所知的文本中,"仅有少数是涉及哲学传统的,而在这部分关于哲学传统的文本中,没有哪一个文本宣告的训条可以像《共产党宣言》那样在今天看来如此之紧迫"。[1]

　　21世纪的社会发展呈现激进的分叉模式,如果不是针对资本主义而发起的,也是针对新自由主义而开展的新挑战。一方面,新世纪的起点以1999年西雅图的示威游行活动为标志,这是因为,正是西雅图示威游行活动把新形式的全球化运动搬上世界的大舞台。与其他在20世纪八九十年代发生且在性质上互相一致的政治运动有所不同,21世纪的新型社会运动包含了从生态到劳动的多种议题,但是

---

[1] Jacques Derrida, *Spectres of Marx: The State of the Debt, the Work of Mourning and the New International*, trans. Peggy Kamuf, New York: Routledge, 1994, p.3.

它们在反抗资本主义方面始终保持一致，即使不是反抗所有形式的资本主义，至少也是反抗带有新自由主义色彩的资本主义。

　　另一方面，由宗教激进主义分子针对美国发起的2001年"9·11"恐怖袭击事件标志着21世纪另一个完全不同的转向。主导这次毁灭性袭击的人员大多带有排斥女性的思想倾向，他们把腐朽败落的社会纲领和反抗全球权力秩序的目标结合起来，进而又刺激了布什政府内部一群更强大的反动人士，为其亮起了绿灯。后者又进一步地打着反击恐怖主义分子的旗号开启了全球战争，试图借助帝国主义暴力吞并所有的区域。起初只是涉及美国和伊斯兰对手双方的"反恐战争"似乎覆盖其他所有的事件，尤以西雅图事件引起的世界新开端为代表。

　　然而，就在21世纪的第二个十年即将流逝之际，"反恐战争"除了造成大量的人员伤亡之外，同时还构成了人类历史上帝国主义权力不断延伸的最为惨重的事例之一。到2008年，世界经济已陷入资本主义历史中的第二个深度经济危机，仅次于1929年最为严重的经济危机。这两大经济危机都引发了全球社会中一系列的动荡不安，其中阿拉伯革命运动最为明显，与此同时还包括爆发于希腊的严重骚乱，以及其他地区在阿拉伯革命直接影响下发生的严重动乱，最为突出的要数"占领华尔街"运动。这些事件都表明，1999年西雅图运动的精神不仅在不断延续，同时也在加深。似乎在绝望中，新生代左派正在兴起，这是自从战后的1945年至1970年间以来我们所没有看到过的现象。

　　也许，历史教给了我们不同的道理。正如马克思主义人文主义者吕西安·戈德曼曾根据黑格尔主义、马克思主义和反叛与革命时期的现象总结道：

黑格尔的思想范畴全都以马克思主义的形式实现复兴，从1917

年至1923年，黑格尔理论毫无意外地在欧洲地区得到应用：起初是
列宁在其《哲学笔记》中运用了黑格尔原理；后来卢卡奇也在《历史
与阶级意识》中提及黑格尔理论；我认为在此之后，葛兰西是第三位
具体地引用黑格尔哲学分析的思想家。……如果说1923年之后，辩
证法思想的复兴状态相继结束。这是因为，革命时期显然也已终止。
我们也明白，随着德国自一战战败到1923年的恶性通货膨胀，以及
它在1925年至1926年的社会窘境，辩证法思想再次复苏的可能性已
不复存在。[1]

　　可以将戈德曼的观点延伸至1945年至1970年间较为显著的关
于黑格尔主义和革命的一种更广泛的观念。

　　但是，我们又该如何看待至少在20世纪中后期与黑格尔主义相
伴的激进人文主义呢？戈德曼所说的黑格尔主义，或许也属于人文
主义的范围内，正因为如此它只有在我们真正期盼革命性转变之时
才会走向前台。在那种意义上，也许只有新一代坚守不再向完全非
人性化的全球资本主义体系妥协，我们才会迎来激进人文主义的到
来。而这种全球资本主义机系在使得整代人陷入失落的深渊时，也
推动了革命性挑战的诞生。

　　无论是否如此，我仍要说，漠视或唾弃激进人文主义的行为最终
将会压垮有助于我们时代变革的政治运动。在本章接下来的内容
中，我不仅呼吁大家重新将《1844年经济学哲学手稿》《政治经济学
批判大纲》和《资本论》中的马克思人文主义摆在中心位置，即便是
在21世纪的时代背景下，马克思的人文主义也值得我们再次关注，
与此同时，我也希望读者们能够对二战后，例如萨特、艾里希·弗洛
姆，以及最为重要的拉娅·杜娜叶夫斯卡娅为代表的社会主义人文

―――――――――
[1] Goldmann, "The Dialectic Today", pp.112-113.

主义者的著作重新燃起兴趣，其中也包括像卡莱尔·科希克这样的东欧马克思主义人文主义异见者和非洲社会主义人文主义者弗朗茨·法农所创作的文本。我还会声称，正是杜娜叶夫斯卡娅能够批判性地应用由这些思想家作出的大部分哲学贡献。不仅如此，杜娜叶夫斯卡娅在与马克思、黑格尔，以及列宁、托洛茨基和卢森堡等人的作品进行批判性的、深刻的直接对话中，促使马克思主义人文主义成为自马克思逝世、劳工群众运动诞生、第三世界革命运动，以及女性解放或女权主义政治与哲学诞生以来，就不曾有过的完善的思想体系，囊括了辩证法和资本主义的各大变化情况。在此基础上，她还批判了其他形式的激进思想，它们无法契合从托洛茨基主义到结构主义和法兰克福学派各个时代的要求。[1]

　　但是为了能够理解杜娜叶夫斯卡娅的成就，我们需要事先从更为细致的角度来研究具有鲜明马克思主义特征的人文主义传统。

弗洛姆的社会主义人文主义

　　除萨特之外，艾里希·弗洛姆也是20世纪最为著名的社会主义人文主义思想家之一。与法兰克福学派的其他成员，如忧郁的特奥多尔·阿多诺相反，在左派学术界中，弗洛姆常常被低估为缺乏魄力的自由主义者或大众作家。然而，谁也不会否认，正是弗洛姆将弗洛伊德式马克思主义带入法兰克福学派中，为他们此后在论述"威权人格"（authoritarian personalities）时所付出的努力打好了根基。这些威权人格常常出自下层中产阶级，通过将肆虐的冲突融入对高层权威的狂热敬仰和尊崇中，他们成为获得统治权力的少数者。弗洛

---

[1] 参阅Kevin Anderson, and Russell Pockwell (eds.), *The Dunayevskaya-Marcuse-Fromm Correspondence, 1954–1978: Dialogues on Hegel, Marx and Critical Theory*, Lanham, MD: Lexington Books, 2012。

姆及其同事将法西斯主义列为首要的参考点。但除此之外，他们还将辩论的话题延伸至阿布格莱布监狱的警卫或那些卷入宗教激进主义运动中的人群，其中也包括伊斯兰激进主义运动。弗洛姆在《逃避自由》(*Escape from Freedom*, 1941)中采用普遍的形式对这些话题进行总结，这是首部分析在现代资本主义社会的不确定性和原子化(atomisation)的条件下，人们是如何为法西斯主义所吸引的著作。

　　到20世纪50年代，伴随《爱的艺术》(1956)等作品的出版，弗洛姆似乎正在融入美国主流中，也许像那个时期的许多人一样，从马克思主义转向自由主义。这也是马尔库塞在《爱欲与文明》(1955)中暗示的问题，也正是这种转变引发马尔库塞在左派期刊《异见分子》(*Dissent*)中与弗洛姆展开了一场激烈辩论。然而，当我们更为细致地阅读弗洛姆在这一时期已出版和未出版的作品时，所看到的景象将更为复杂。1955年，弗洛姆还在《健全的社会》(*The Sane Society*)里提出马克思思想的人文主义阐释，他赞扬了马克思的人文主义是解答"西方社会中辉煌富裕与政治权力背后的堕落与非人性化"的"主要答案"之一。[1]弗洛姆曾批评列宁，称其是斯大林主义的根基。然而，1958年，他重新调整了此前关于列宁和托洛茨基的立场。弗洛姆在其为1958年哈佛大学出版社出版的《托洛茨基流亡日记》撰写的并未刊发的评论中，谴责"那些认为斯大林主义和现阶段共产主义与革命马克思主义等同，或者是其延续的通常的习惯"，尤其是试图把马克思、恩格斯、列宁和托洛茨基同斯大林和赫鲁晓夫联系起来的做法。关于列宁与托洛茨基，他补充评价道："他们都是坚定不移地坚持真理之人，洞察现实的本质，从未被表面的假象所欺骗，他们都有着无法浇灭的勇气和

---

[1] Erich Fromm, *The Sane Society*, New York: Holt, Rinehart and Winston,1955, p.205.

正义,诚挚地关心民众及其未来,无私而不傲慢,没有任何权力的欲望。"[1]

1961年,弗洛姆在《马克思关于人的概念》中突出了他的马克思主义人文主义立场,他写道:"马克思的理论并不认为人的主要动机在于物质收获;……此外,马克思的目标是,把人从经济需求的压力中解放出来,使其恢复人性特征;马克思的首要关注点是,人作为个体的解放,克服异化,恢复与人和自然全面交流的能力。"[2]

弗洛姆(和马克思)关于人的解放理念与福柯的反抗理念存在明显的差异。如果要从这方面来讲,萨特的存在主义人文主义也严重缺乏解放的内容。当然对于马克思而言,重点不仅是面对统治作出的反抗,同时还包括人类的解放。反抗资本要以主体对新社会的设想为前提:这里的新社会不是遥远或想象的乌托邦,而是作为一种社会倾向,存在于资本主义社会结构内部的真实可能性。自从新石器革命使广大的劳动群众置身于持续不懈的劳苦中,从而能够创造出上层阶级社会的剩余产品以来,这些由资本主义创造的大量生产机器使得未来在劳动时间急剧减少的情况下,还能创造出丰富的物质产品成为可能。当然这样的可能性也以危险为前提和代价,也就是资本主义体系首次有可能在核战争中消灭人类,或者不可逆转地破坏全球生态系统。

虽然弗洛姆不是面向美国读者来讨论《1844年经济学哲学手稿》的第一位学者,但是其《马克思关于人的概念》也许是众多此类读物中为英语公众阐述得最为详尽的一本,同时它将社会主义人文

---

[1] Fromm in Kevin Anderson, "A Recently Discovered Article by Erich Fromm on Trotsky and the Russian Revolution", *Science & Society*, Vol.66 (No.22), 2002, p.271.

[2] Erich Fromm, *Marx's Concept of Man*, New York: Frederick Ungar, 1966[1961], pp.4-5.

主义的观念推到显要的位置。在这本书中，有90页是由弗洛姆撰写的序言，汤姆·博特莫尔（Tom Bottomore）翻译版的《1844年马克思文章集》占110页，来自马克思其他文本（最早是《德意志意识形态》和《政治经济学批判》）的文章有23页，还有40页是马克思同时代人的回忆录。

即使不断有谣言称，弗洛姆在序言里表达了他在"成熟"马克思和青年马克思之间，更加偏爱青年马克思，但是他没有在书本中的任何一个地方作过此种断言，此后也没有。不过，关于弗洛姆的另外一个批判却可以在事实中找到证据。也就是，弗洛姆在《马克思关于人的概念》的序言里，偶尔会将自身具有折中主义宗教色彩的人文主义强加于马克思身上。在这里，我不为启蒙运动辩护，更不会为实证主义或者达尔文主义形式的无神论进行辩论，也正如我意识到的，从甘地的"非暴力不合作主义"（Satyagraha），到马丁·路德·金的"基督教人道主义"（Christian humanism），再到拉丁美洲的解放神学论，有着许许多多的进步和激进人文主义形式的宗教与政治。可以明确的是，这些进步的激进人文主义的宗教与政治形式同马克思主义人文主义有着许多共同的观点和目标。然而，像约瑟夫·阿洛伊斯·熊彼特（Joseph Alois Schumpeter）等一些自由派学者，认为马克思的视角也是一种宗教主体化或宗教预言的形式，这就严重曲解了马克思本身。我想说，当弗洛姆写道"马克思的哲学构成了在世俗化语言中体现出来的精神存在主义"，以及马克思的社会主义观念根源是"先知救世主信念"[1]，哪怕他极力使马克思适用于20世纪60年代，其实他已陷入了某种无节制的状态。与此同时，他还将马克思联系到禅宗佛学。此时，支持西方阵营的左派学者借助上述这些缺陷攻击弗洛姆，他们因弗洛姆曾批评美国核武库而对他早已恨之入骨，

---

[1] Fromm, *Marx's Concept of Man*, p.5.

他们还抨击弗洛姆提出的激进人文主义的崭新的马克思之观念。(除猛烈抨击核武器外,同年弗洛姆出版的《人会获胜吗?》[*May Man Prevail?*]引来更为激烈的批评。)

在弗洛姆的学术专著《马克思关于人的概念》中,还存在一个有趣而又值得担忧的部分,也就是他批判大众媒体,特别是学者中"歪曲马克思观点"的现象。他补充道:"在西方国家中,再也没有哪一个国家会像美国那样严重地无视并且曲解马克思的意图。"[1]弗洛姆称,第一个歪曲的特点是人们把马克思描绘成"无视个体重要性"的朴素唯物主义者。[2]弗洛姆驳斥这一说法,认为"马克思的目标是,把人从经济需求的压力中解放出来,从而使其成为完全的人"。[3]

弗洛姆指的第二个"歪曲"马克思的现象出现在西方思想家和斯大林主义理论家中。他们牵强地将马克思与曾出现在苏联的单一政党模式等同起来。在冷战期间,这甚至导致左派思想家要在西方(如以阿尔贝·加缪[Albert Camus]为代表的西方左派)和共产主义(如以萨特为代表的共产主义者)之间作抉择。弗洛姆则绝不认为如此,他一方面强烈要求将"马克思主义人文主义的社会主义"和"苏联模式社会主义"区分开来,而另一方面要求在此基础上承认"后者在现实中是保守的国家资本主义体系"。[4]

紧随《马克思关于人的概念》之后,弗洛姆还编辑了《社会主义人文主义:一个国际论坛》(*Socialist Humanism: An International Symposium*),在美国,这是唯一被广泛传阅的社会主义主题书籍。其包含了35篇由著名思想家撰写的文章。在他们当中,有部分思

---

[1] Fromm, *Marx's Concept of Man*, p.1.

[2] Ibid., p.2.

[3] Ibid., p.5.

[4] Ibid., pp.vii–viii.

想家来自东欧，大多数都是哲学上的异见分子。同时，有不少学者坚守政党界限。异见最为强烈的几个马克思主义人文主义者活跃于20世纪60年代的东欧社会剧变中，尤其是1968年的"布拉格之春"事件。在这些学者中，当时捷克斯洛伐克的马克思主义人文主义代表有卡莱尔·科希克和伊万·斯维塔克（Ivan Sviták）。波兰的代表人物有布罗尼斯拉夫·巴奇科（Bronislaw Baczko）和支持政党意向更强的亚当·沙夫（Adam Schaff），其中亚当·沙夫是弗洛姆的好友。当时的南斯拉夫还有特别大的代表团体，其中不少人是来自实践学派的异见哲学家，包括米哈伊洛·马尔科维奇（Mihailo Markovic）、彼得洛维奇（Petrovic）和鲁迪·苏佩克（Rudi Supek）。这本书还引用了许多来自西欧、北美和澳大利亚的马克思主义哲学家，例如马尔库塞、杜娜叶夫斯卡娅、戈德曼、恩斯特·布洛赫和尤金·卡门卡。[1]正如弗洛姆自身也在序言中承认，虽然这本书有来自左派甘地主义的尼马尔·库马尔·博斯和利奥波德·赛达尔·桑戈尔撰写的文章，后者作为独立塞内加尔的总统，表明对确切非革命性社会主义人文主义的拥护，但是其仍旧缺乏来自第三世界的发言。

弗洛姆在《社会主义人文主义》的序言中，阐明了他大部分的社会主义人文主义理念，甚至还言明了它作为早期形式的人文主义身份：

人文主义总是作为人类面临威胁时的一种反应而出现：在文艺复兴时期，人类面临着宗教狂热的威胁；启蒙时期，则是在机器和经济利益刺激下产生的极端民族主义和人类奴隶化的威胁。如今的

[1] 有趣的是，弗洛姆否认阿尔都塞的贡献，因此后者进入英语世界的时间被推迟了几年。参见 Louis Althusser, *The Humanist Controversy and Other Writings*, ed. François Matheron, trans. G. M. Goshgarian, London: Verso, 2003。

人文主义复苏则是以更为强烈的模式来对抗后者给人类带来的威胁——人也许将沦为物的奴隶，成为自己所创造之环境的囚禁者，以及核武器给人类物理存在造成的全新威胁。[1]

但是哪里有身份，哪里就有差异，弗洛姆同样也强调了社会主义人文主义和早期形式的人文主义之间存在的关键性差异：

虽然文艺复兴时期的乌托邦主义者触及了社会变革的需要，但是卡尔·马克思的社会主义人文主义才是第一个宣布理论和实践不可分离、知识和行动不可分割，以及精神目标和社会体系互依共存的理论。马克思认为，自由和独立的人类只存在于社会和经济体系中，他们凭借理性和充裕的物质生活，使"史前史"的时代终结，为"人类历史"开辟了新纪元。其使得个体的全面发展和社会的全面发展互相影响，互相牵连。[2]

然而，这还不够。马克思主义还必须将人文主义和朴素唯物主义区分开来。在弗洛姆的眼里，后者不是真正的马克思主义：

许多人因感觉马克思的规划对他们构成威胁，而对马克思的观点有所曲解，其中也包括许多社会主义者。前者谴责马克思只关注人的物质需求，而不在乎其精神需求。后者认为，马克思的目标仅限于物质充裕，马克思主义只是在方法上和资本主义有所区分，且经济上的效率更高，主要由工人阶级发起并推进实现。事实上，马克思的理想是，一个与其他人和自然产生联系并处于生产劳动中的人，他能

---

[1] Erich Fromm, "Introduction", *Socialist Humanism: An International Symposium*, New York: Doubleday, 1965, p.viii.

[2] Ibid., p.viii.

够以积极的姿态来面对世界，他之所以富有不是因为他拥有多少，而是他本身等于多少。[1]

在当时，尤其是在此之后，对于许多人甚至是左派而言，这些听起来虚幻缥缈的高尚目标最多属于乌托邦式幻想，而在最坏的情况下，这些目标是完全过时，甚至是十分危险的。弗洛姆在1959年整合完《马克思关于人的概念》之后开始了与杜娜叶夫斯卡娅长达二十年的通信往来。这些信件包含了马克思主义人文主义关于性别问题的有趣探讨。1976年，杜娜叶夫斯卡娅一边就罗莎·卢森堡、女性的自由和马克思的革命哲学进行创作，一边就"卢森堡、列宁和托洛茨基之间缺乏友情的问题"写信给弗洛姆。她引用卢森堡的话问道："如果不是彻底的大男子主义的话，还有什么因素会因为她是个女人，而至少看低她创作的理论作品呢？"弗洛姆回答道："我认为男性社会民主派永远理解不了卢森堡，她也不会因她是女性才具有的潜力而获得影响力，男性之所以无法实现彻底的革命性，是因为他们自己没有从男性、父权制度，以及由这一主导性的性别结构中解放出来。"[2]

弗洛姆的社会主义人文主义中仍存在某种抽象的特征，它常常游移于现代资本主义社会的真实社会矛盾之上。有时这会使他到达一种和通常的自由主义无法区分开来的状态。正如他在1968年的革命时期，将大部分的精力都放在通过支持反战议员尤金·麦卡锡来改良美国民主党的行动上。但是，当弗洛姆偶尔讨论性别问题时，

---

[1] Fromm, "Introduction", *Socialist Humanism*, p.ix.

[2] 弗洛姆的信件被收录于杜娜叶夫斯卡娅的著作《女性自由与革命辩证法》（*Women's Liberation and the Dialectics of Revolution*, New Jersey: Humanities Press, 1985）第242页；杜娜叶夫斯卡娅在这一时期写给弗洛姆的信件被收录于安德森和罗克韦尔的《杜娜叶夫斯卡娅－马尔库塞－弗洛姆的信件》（*Dunayevskaya-Marcuse-Fromm Correspondence*）一书第208—210页。

他几乎没有注意到20世纪60年代美国尖锐的种族分歧。此时黑人解放政治被推至前线，阐发了一种军事革命性的政治，有时也拥护一种对于弗洛姆而言过于偏左的人文主义，这种形式的人文主义可见于非洲和美国。我们接下来即将讨论的弗朗茨·法农也表达了这类人文主义。据说，弗洛姆叹息《社会主义人文主义》缺乏非洲支持者，显然他没有把法农考虑在内。

卡莱尔·科希克：资本主义的伪具体世界

卡莱尔·科希克（1926—2003）终生伴随的是争议不断的名声。在他事业发展到高峰期时，他居住在当时在苏联控制下的捷克斯洛伐克。他是一名有独创性的马克思主义人文主义思想家，这也就意味着，他当时受到侵犯，他的作品遭到打压，但同时他也在这片饱受折磨的土地上获得来自反叛思想家和青年人的高度欣赏。在西方，从于尔根·哈贝马斯（Jürgen Habermas）到麦克·勒维（Michael Löwy），从拉娅·杜娜叶夫斯卡娅到伯特尔·奥尔曼（Bertell Ollman），他的作品受到来自左翼批判领域不同学者的高度赞扬，但是即便如此，他仍然没有赢得广泛的读者群。在20世纪70年代初，像《泰勒斯》（Telos）这样的期刊纷纷对科希克的作品展开研究。但是当他的巨著《具体的辩证法》（Dialectics of the Concrete）在1978年出齐后，似乎有关科希克的讨论接近终止，而不是刚刚开始。此时许多左翼思想家都偏向于阿多诺沉重的"否定的辩证法"和福柯式后结构主义。在这样的语境中，科希克严谨但无论如何是带有解放理念的"具体的辩证法"也许格格不入，尤其是他的理念已不再像1968年那样，与发生在自己国家内部的社会主义人文主义群众运动产生任何联系。而在这个时刻，也许是时候采用另外一种视角来看待科希克的作品了。

科希克的作品深深地受到胡塞尔和海德格尔现象学的影响，这使得部分西方马克思主义者把现象学看作其作品原创性的来源。然而，我们只要看看他处于黑格尔、马克思、法兰克福学派和东欧马克思主义人文主义语境中的作品，很容易便能识别出其原创性所在。科希克的作品是于20世纪50年代东欧诞生的马克思主义哲学的对立形式的最好表现，它们还与莱谢克·科拉科夫斯基、布罗尼斯拉夫·巴奇科、米哈依洛·马尔科维奇、伊万·斯维塔克和当地其他作者的作品相联系。1968年的"布拉格之春"是马克思主义人文主义发展的制高点。在此次事件中，为了建造一个社会主义人文主义的社会，哲学家和工人、学生联合在一起，谁知最后被苏联坦克所摧垮。到1989年东欧剧变发生时，比起思想上或政治上的现实，社会主义人文主义就只剩下回忆。虽然二十年后，科希克从处罚和审查中脱离，并重新恢复教授岗位，但不久之后他再一次因为所谓的经济原因而遭到解雇。

让我们再来重新回顾一下科希克的巨作《具体的辩证法》，它最初出版于20世纪60年代初期的捷克斯洛伐克。其第一章的开头就是为大家熟知的，对"拜物主义实践"的"伪具体"世界的批判。在伪具体世界里，比如资本主义的日常世界，我们总会忘记，我们具有改变甚至创造我们世界的能力。当然，这必须是处于既定的历史可能性范围内："现实可以通过革命性的方式发生转变，只是因为我们自身转变现实。"但是，为了实现此目标，我们需要逃脱伪具体的拜物主义：

隐藏于伪具体中，但是又在其中显现出来的真实世界既不是和非真实世界呈现相反状态的真实状况领域，也不是与主体幻想相对的超验世界，而是人类实践的世界。它将社会人类现实理解为生产和产品的结合体，同时也融合了主体和客体、起源与结构。

这意味着，实践的世界既不存在于某种超验的既定领域之外，也不像"某种与柏拉图理念呈现的自然主义相平行"的状态那样，仅仅作为与虚假的伪具体世界对立的"真实"存在。[1]这里的实践不指单纯的实践，而指与解放哲学相互联系的实践。因此，实践和伪具体互依共存，伪具体的动态否定恰巧存在于既定社会秩序的伪具体世界中。

此外，伪具体世界不能通过主导性的马克思主义思想策略被充分阐释，甚至就连卢卡奇和早期法兰克福学派代表提出的总体性概念也不能将其全面解释。关于此，科希克在没有指名道姓的情况下对他们进行批判：

虽然在20世纪，总体性的范畴受到广泛的认可，但是单方面地把握事物和将某一事物转化为其对立面的做法存在一定的危险性。总体性概念的主要修正，指其还原到方法论认知对象的准则，也就是用来审视现实的方法论原则。这种退化作用导致两个最终的现象：一是所有的事物都与其他的一切事物相互联系；二是整体大于组成整体的各个部分之总和。在唯物主义哲学里，具体总体性概念首先要回答的最重要的问题就是，什么是现实。只要在采用唯物论的情况下回答完第一个问题后，第二个问题，就会在第一个问题的答案中迎刃而解，即认知原则和方法论准则。[2]

科希克进而批判了前马克思主义式的原子论理性主义和有机论的总体性概念，他详细阐释了一种马克思主义，这种理论暗示着其他马克思主义理论的衰落，或者至少是部分地退回到前马克思主义的理论。[3]

---

[1] Karel Kosík, *Dialectics of the Concrete: A Study on Problems of Man and World*, trans. Karel Kovanda with James Schmidt, Boston: D. Reidel, 1976[1973], p.7.

[2] Ibid., p.8.

[3] Ibid., p.24.

如果人类"自觉成为总体性理论框架内的首要或独一无二的目标对象",那么总体性的概念始终都会是抽象的。与之相反,当人类的"客观历史性实践"被当成总体性概念的一部分,那么总体性的概念将变得"具体"。

科希克抨击某些未成熟的马克思主义阐释话语时写道,"总体的基础和上层建筑都是抽象时",人类是"真实的历史主体",实际上"在生产与再生产的过程中形成基础和上层建筑"的事实则遭到遗忘。[1]简而言之,对于马克思主义内的人文主义立场而言,这是最为严肃的哲学批判。

在《具体的辩证法》中,人文主义和辩证法的话题支持了有关马克思《资本论》的讨论,后者也是本书要集中讨论的内容。科希克起初听起来就像海德格尔一样,愚弄一些评论其作品的西方评论家,但也许这些评论家也甘愿被愚弄。正如海德格尔的哲学充其量"只是从异化中解放出来的异化式逃脱",[2]他最终仅以衬托的形式呈现。科希克还与认为《资本论》缺乏哲学依据的观点进行争论,而这样的观点也必然存在于马克思主义的范畴之外。但是在他看来,他的主要反对者是不完全具有辩证特征的马克思主义。当然,在这里,他把目光投向认为《资本论》过于经济主义的实证论和还原论书本阐释。

也许更令人惊讶的是,科希克不因唯心主义或涉及文化来批判法兰克福学派,而是因为某种通常不被议论的话题,即他所认为的废除哲学的尝试来抨击法兰克福学派。在此,他的首要批判对象是马尔库塞,尤其是他在《理性与革命》中对黑格尔的权威研究。其中包括他对马克思"从哲学到社会理论"[3]的简要讨论。以下是科希

[1] Kosík, *Dialectics of the Concrete*, p.30.

[2] Ibid., p.42.

[3] Herbert Marcuse, *Reason and Revolution: Hegel and the Rise of Social Theory*, New York: Oxford University Press, 1941, pp.251-259.

克对此的总结：

> 废除哲学的不同方法，是指把它转变为"辩证的社会理论"，或者将它打散到社会科学中。这种废除哲学的形式可追溯到两个历史阶段：第一阶段出现在马克思主义起源时期，此时相比黑格尔，马克思才是哲学的"资产清理人"，也是辩证的社会理论的创立者；第二阶段是马克思原理的发展时期。他的传承者把它称为社会科学或社会学。[1]

科希克坚称，这样的想法是错误的。这很大程度上是因为，从黑格尔转变为马克思的发展过程不是由一种哲学立场向另一种哲学立场的过渡；无论从哪一方面，它都没有暗示"废除哲学"的需要。[2]从这种意义上讲，他强调黑格尔与马克思主义辩证法之间的紧密联系。

但是，正如《具体的辩证法》的人文主义核心主题在作者批判既定的马克思主义，例如斯大林主义的马克思主义时再次突显，重要的结论在随后的文字段落里才出现。科希克认为，此时的马克思主义倾向于回归到简单的社会学总体性概念，这既不是辩证的，当然也没有融入人文主义的实践概念：

> 在辩证的社会理论中废除哲学将19世纪重大发现的意义转化为它的对立面：实践不再是人性化的领域，即构成社会人类现实，使人不断发展，成为事物真相的过程。与此相反，它转为封闭的状态：社会性也只是封闭人类的洞穴。

---

[1] Kosík, *Dialectics of the Concrete*, p.104.
[2] Ibid., p.105.

借用柏拉图的洞穴典故,我们于是有"人封闭于其社会性中"和"人只是社会性的囚禁者"的说法。[1]这样带有讽刺意味的意象让我们联想到,在该书出版前,就已建成有两年的柏林墙。同时,其还显示了马克思主义辩证视野的可能性,它既不会沦为总体性的错误,也不会经历最终变为社会和经济设想的还原论错误。但是这种马克思主义的辩证视野又是扎根于马克思的人文主义唯物主义。

在另外一个批判中,科希克还应用了理论与实践的观念:

> 在由非批判理性坚守的唯物主义哲学中,可谓其重大发现的唯一部分是,实践是无比的重要,以及将理论与实践的结合视为最重要的基本条件的观念。但是实践概念被发现时所建立的原始的哲学追问却消失了,而以上观念所保存的也仅仅是这一原则的重要性。[2]

科希克的马克思主义人文主义具有某种轻松感。但是它的作者又是坚定不移的唯物主义者,同时深深地扎根于否定所有社会经济还原论的辩证哲学。

弗朗茨·法农: 非洲解放的"新人文主义"

让我们现在走出北美和欧洲,一起来探讨受黑格尔、萨特、黑人文化认同学派,以及最重要的受马克思影响的非洲社会主义人文主义的代表人物弗朗茨·法农。我们可以看到,与萨特相似,法农也使

[1] Kosík, *Dialectics of the Concrete*, p.106.
[2] Ibid., p.134.

用"决定"这一术语。他在 1961 年《全世界受苦的人》(*The Wretched of the Earth*)中宣告非洲独立的未来时使用了这一术语。同年非洲众多新国家相继诞生，其中许多带有社会主义人文主义愿望："让我们决定不模仿欧洲，让我们在朝新方向前进时把身体肌肉和头脑结合起来，让我们试着创造欧洲未能够成功实现的完整之人。"[1]

　　法农在为阿尔及利亚摆脱法国统治获得自由而抗争时，并没有直接摒弃欧洲人文主义的传统。他声明，无论是在纳粹主义的统治下或在殖民主义时期，欧洲人都无法在实践中应用其人文主义传统，但是即将诞生的第三世界可以很好地运用这一传统："这种新人类能做的只是为自身和他者同时定义一种新的人文主义。"[2]可以确定的是，这是取自欧洲革命性和民主传统的人文主义，但同时也是"新的人文主义"。它不仅批判性地适当使用早期自由形式的欧洲人文主义，同时还超越其局限性。作为新兴第三世界的理论家，法农使自己远离苏联及其工业"发展"的威权与非人性化形式，不仅提及了 1956 年的匈牙利事件，而且还这样描写新非洲："追赶的托辞不应用来摆布人，将人同他自己或他的隐私相剥离，毁灭和杀死他。"[3]这与同时反对西方资本主义和苏联模式社会主义的第三条道路社会主义人文主义没有什么区别。[4]

　　在《全世界受苦的人》中，倒数第二章包含了作者突然爆发的辩证洞见。考虑到普遍的人文主义目标的法农问道：是否民族主义早已陈旧？难道新非洲国家不应该完全丢掉民族主义，转而倾向于世

---

[1] Frantz Fanon, *The Wretched of the Earth*, trans. Constance Farrington, New York: Grove Press, 1963[1961], p.313.

[2] Ibid., p.246.

[3] Ibid., p.314.

[4] 关于法农的人文主义，可以参考 Peter Hudis, *Frantz Fanon: Philosopher of the Barricades*, London: Pluto, 2015; 也可以参考 Lou Turner and John Alan, *Frantz Fanon, Soweto and American Black Thought*。

界各种族的、普遍的兄弟姊妹情谊？对此，法农争论道：不，我们不应"略过国家时期"，也就是，我们不能忽视"民族意识"。只有具备特殊的民族意识，我们才能最终实现普遍的人文主义："自我意识不是向交流关闭一扇门。相反，哲学思想告诫我们：自我意识是交流的保证。而不是民族主义的民族意识，是唯一将赋予我们国际维度的事物。"[1]

因此，新兴第三世界的新国家不能越过民族自我意识的阶段，因为通往人类普遍解放的道路必须经过这一特殊阶段，只要这种民族意识不固化为分离主义类型的狭隘民族主义。[2]同时，欧洲和北美的国家也不能忽视这一点。他们需要认清的事实是，他们之所以处于错综复杂的种族主义殖民主义的体系中，不是为了自讨苦吃，而是要为真正实现全球人类文明来进行必需的自我批判。这种全球文明只有在革命性的根除中才能完全实现。

法农的著名理念还包括他主张暴力，作为向例如法国殖民地阿尔及利亚这样暴力压制性的殖民主义政权作斗争的必要策略。他在著书阐发暴力时，还把它视作受压迫群众为摆脱泯灭人性且长期控制民众的暴力压制性种族主义体系而发起的个人自由和解放形式。无论这种暴力是否像有人推测的那样深受尼采的影响，它的解放力量仍遭到后期评论家的质疑。[3]更为重要的是，因为萨特在为《全世界受苦的人》所撰写的序言中强调了这本书的哲学主题，许多批评

---

[1] Fanon, *The Wretched of the Earth*, p.247.

[2] 奈杰尔·吉布森把法农和宗教激进主义政治形式区分开，这种政治形式在当今看来要比它在吉布森时期的发展状况还要显著，可参考 *Fanon: The Postcolonial Imagination,* Cambridge: Polity Press, 2003。

[3] Marnia Lazreg, *Torture and the Twilight of Empire: From Algiers to Baghdad*, Princeton, NJ: Princeton University Press, 2007, pp.217–219;同时也可参考 Irene Gendzier, *Frantz Fanon: A Critical Study*, New York: Pantheon,1973, pp.200–209。法农的人文主义在关于西方工人阶级意识的问题上也是忧喜参半的，可见于 *The Wretched of the Earth*, p.314。

家与支持者在很长一段时间内把法农的思想划归为对革命暴力的哲学狂欢。

在黎明时分，法农带着满腔热血描写了新的第三世界开端，但同时也极度担心它最终会像恩克鲁玛的加纳那样，沦为精英主义和单一政党统治，更不用说让它变为桑戈尔的塞内加尔似的，公然支持帝国主义的政权。法农在 1961 年逝世时，那些存在于非洲的新人文主义之梦就像即将发生的真实可能性那样，似乎仍十分具体。可以明确的是，即使在很长的一段时间内，发生了某些有趣的试验，但是他关于非洲社会主义人文主义未来的理想既不会成为乌贾马式的哲学，也不会成为朱利叶斯·雷尼尔的坦桑尼亚式政治。[1]

我想说，无论是在非洲，或是在 1968 年的法国，20 世纪五六十年代发生的各种革命的失败，不仅由于帝国主义和资本主义的阴谋诡计，同时也归于这些国家内部的软弱。后者包括哲学上的失败：例如，在反对核武器、反帝国主义战争中产生的左派反帝国主义传统，虽然在今天看来仍旧保持得完好无损，但是也逐步丢失了许多积极的计划方案。这容易使其机会主义地作出选择，在霍梅尼的伊朗与阿萨德的叙利亚之间，支持不同威权形式，甚至反动形式的反帝国主义。当然，在 20 世纪 60 年代过后，也存在一些就好像 20 世纪 80 年代初期革命性的尼加拉瓜和格林纳达那样积极的特例，但是它们最终都遭到美帝国主义的残忍镇压。就拿格林纳达的例子来说，正如斯大林主义者伯纳德·科尔德对莫里斯·毕晓普的刺杀，为之后发生的 1983 年美国军队入侵铺平道路，反帝国主义传统在革命中受到

---

[1] Raya Dunayevskaya, *Philosophy and Revolution: From Hegel to Sartre and from Marx to Mao*, New York: Columbia University Press,1989[1973], pp.243-244; 也见于 Kevin Anderson, "Tanzania's Ujamaa After Twenty Years", *Left Court*, Vol.3, No.1(1985), pp.30-44。

反对革命运动的群众的支持。到20世纪80年代,里根、撒切尔和约翰·保罗二世主宰着西方资本主义世界,而与此同时,像霍梅尼伊斯兰主义这样的反对派视角在中东地区独树一帜,反帝国主义传统带来了一种拉娅·杜娜叶夫斯卡娅所恰当描述的状态:"如果没有新的革命理想、新的个体、新的普遍原则、新社会和新人际关系",以及"革命的哲学时,那么行动主义将仅仅局限于反帝国主义和反资本主义中,而没有揭露其真实的目的"。[1]

此时,即20世纪80年代初期,全球左派的绝大多数人否定社会激进化转型的可能性,而这种转型的社会,指工人可以通过议会的直接民主而掌控自身命运,妇女将把自身及其社会从千百年来的性别歧视中解放出来,比如非洲裔美国人这些少数族群将掌握军事斗争的力量,从而缩小而非扩大其与白人工人之间的差距,最后马克思主义哲学家也为帮助这种社会的转型而大致描绘出辩证的人文主义的蓝图。实际上,到了20世纪80年代,甚至是在1989年之后,左派将陷于两个十分局限的选择中:(1)第一种是不再真正挑战资本,而是支持民主和市民社会的自由左派(如哈贝马斯等);(2)第二种指的是差异性政治,只要是似乎在挑战帝国主义和资本主义的政治运动,就不加批判地接受,例如伊朗伊斯兰主义和法拉可罕主义(Farrakhanism)运动。

杜娜叶夫斯卡娅:革命的马克思主义人文主义

杜娜叶夫斯卡娅的马克思主义人文主义根源于马克思和恩格斯,但同时也批判性地援用了上述社会主义人文主义的其他分支。

---

[1] Raya Dunayevskaya, *Rosa Luxemburg, Women's Liberation and Marx's Philosophy of Revolution*, 2nd edition, Urbana: Illinois University Press, 1991[1982], p.194.

身为一名俄裔美国移民，她出自美国反斯大林主义左派，随后在1937年至1938年列夫·托洛茨基流亡墨西哥期间，担任其俄语秘书。杜娜叶夫斯卡娅没有接受过高等教育，但是受过激进主义运动的训练，她同美国黑人运动、工人运动和妇女运动有着密切的联系。她1939年从左派中分离出来，并在与托洛茨基脱离关系不久后，就开始了其理论生涯。当时她反对希特勒与斯大林达成的协议（指《苏德互不侵犯条约》），认为这是斯大林的背叛，而托洛茨基则对此进行辩护，认为它是用于维护他所认为的苏联工人国家的必要策略，哪怕它的确是基于官僚政治上的变异。在1941年，也就是托洛茨基遭一名斯大林派遣的特务杀害的那一年，杜娜叶夫斯卡娅就斯大林领导下苏联的社会本质问题作了与托洛茨基差异较大的解析。她在1944年至1945年的辩论是她早期的理论贡献之一，记录在《美国经济回顾》中。对于一名马克思主义者而言，能够针对苏联模式进行辩驳是十分难得的现象。在这场辩论中，她将所有的矛头都直指保罗·巴兰（Paul Baran）和奥斯卡·兰格（Oscar Lange）。

正如爱泼斯坦在本书第一章中提到的，她曾在托洛茨基主义内部的异见团体中与来自加勒比地区的非洲裔哲学家、文化理论家C. L. R. 詹姆斯合作，合作项目被称为"约翰逊－福斯特思潮"（JFT），主要围绕詹姆斯－杜娜叶夫斯卡娅的国家资本主义理论展开。然而由于"约翰逊－福斯特思潮"和人文主义特有的语言保持距离，它被认为从根本上是自由主义和资产阶级的。就在1955年，"约翰逊－福斯特思潮"解散后的几年内，她出版了《马克思主义与自由》，这本书把人文主义置于马克思思想的中心位置。由于人文主义的语言不常出现于"约翰逊－福斯特思潮"的文本中，所以从某种意义上讲，这些语言对杜娜叶夫斯卡娅来说是具有原创性的。马尔库塞在为杜娜叶夫斯卡娅的书撰写序言时，就赞赏她尝试"从根本上恢复马克思

主义理论中固有的整体：人文主义哲学"。[1]除此之外，她的两篇有
关马克思《1844年经济学哲学手稿》的译文，即《私有财产与共产主
义》和《黑格尔辩证法批判》都附于这本书的1958年版中。

　　在《马克思主义与自由》中，杜娜叶夫斯卡娅从三个语境来谈论
人文主义[2]：青年马克思、撰写《资本论》的成熟的马克思，以及这一
时期的社会运动。她在关于青年马克思的章节中引用了《1844年经
济学哲学手稿》中关于人文主义的中心段落，并把它视作这本书的
转折点。而就连此前唯一重点讨论这些文本的英语书籍，即马尔库
塞的《理性与革命》也没有提及马克思的人文主义。借此，她通过其
标志性的简缩形式将数种话题串联在一起，其中包括马克思人文主
义的哲学分析、苏联作为"平庸共产主义"的榜样所遭受的批判，以
及现今为使人类摆脱资本主义异化而进行抗争的人文主义。她在谈
及青年马克思时写道：

　　　他一方面果断地区分了"平庸共产主义"与"积极共产主义"，
　　而另一方面也在前者和他自身的马克思主义哲学之间划分了界线，
　　以至于迄今为止这种划分方式仍旧存在于作为解放原则的马克思主
　　义和那些打着"马克思主义""社会主义"或"共产主义"名号，却在

---

[1] Herbert Marcuse, "Preface" to Dunayevskaya, *Marxism and Freedom*, p.xxi. 该
　　序言以马尔库塞和杜娜叶夫斯卡娅之间的思想对话为背景，参阅Anderson and
　　Rockwell, *Dunayevskaya-Marcuse-Fromm Correspondence*。
[2] 我在这里和接下来要展开的内容将集中讨论她作品里明显阐述马克思的人文主
　　义主题的部分内容，或者也包括她从当代社会运动和哲学中发现的"新人文主
　　义"的内容。正如杜娜叶夫斯卡娅指出的，在1953年发表《关于黑格尔绝对观念
　　的信件》后她作品的全部内容都可谓一种"马克思主义人文主义"，我要展开的
　　内容很难包括全部，但是也和本章中指涉的大多数思想家一样，我主要关注他们
　　和人文主义的关系状态，即支持或者反对人文主义。如果想知道从更宽泛的维
　　度来讲，我对杜娜叶夫斯卡娅作品的看法，尤其是她对黑格尔绝对否定性观念的
　　批判性应用，参见Raya Dunayevskaya, *The Power of Negativity: Selected Writings
　　on the Dialectic in Hegel and Marx*, Lanham: Lexington, 2002, pp.xv–xlii。

思想与实践上，都追求一种与马克思真正坚守的道路相差甚远的人们之间。马克思说："直到我们真正超越了这种作为必备条件存在的媒介（废除私有财产），积极人文主义才能实现。"总之，在私有财产被废除后，我们才需要另外一种形式的超越来实现区别于私有财产的真正新型的人的社会，它不仅是一种"经济体系"，同时也是一种全然不同的生活方式。正如自由个体充分发挥天赋及其后天习得的才能一样，我们也要首先从马克思所说的人类的史前史中跳出来，转而投入其真正的历史，即"由必然到自由的飞跃"。[1]

从这种意义上讲，马克思的人文主义是对西方资本主义和苏联模式社会主义进行彻底批判的根基。

关于《资本论》的四章源自第二项人文主义语境，也是杜娜叶夫斯卡娅作品的理论核心。在这四章中，其中有一章题名为"人文主义和写于1867—1883年第一卷《资本论》的辩证法"。在此她认为，人类和工人始终是马克思剖析与批判资本主义价值生产的中心：

马克思主义曾被错误地认为是"政治经济学的一种新批判"。……马克思通过把劳工的概念导入政治经济学而使后者从处理例如商品、金钱、薪酬和利润这些物质的科学转变为分析生产中的人与人之间的关系的科学。……即使身为全世界一致公认的剩余价值论创立者，马克思依然否认此项殊荣，这是因为这一理论"潜藏于"经典的劳动价值理论中。他曾说，他提出的理论之所以看起来新颖原创，是因为他通过展示创造价值的劳动类型和由此得来的剩余价值，以及实现这种剩余价值的过程，来突显传统的劳动价值论。[2]

---

[1] Dunayevskaya, *Marxism and Freedom*, p.58.
[2] Ibid., p.106.

为此，杜娜叶夫斯卡娅将大部分心血倾注于《资本论》中有关工作日和机器这些尚未经过研究的章节，其重点关注人类的生活状况和以工人阶级为代表的反对派势力。这些章节是马克思分析的核心内容，它们不是那些旨在让读者信服残酷的资本主义生产的"悲惨故事集"。[1]杜娜叶夫斯卡娅不仅强调要求较短工作日的大规模劳工运动，同时还重点讲述工人阶级面对机器压迫所作出的反抗斗争，她认为，那些对于科技毫无批判的"专业马克思主义者在对待工人反抗运动的问题上态度过于复杂"。[2]针对这一方面，她还从马克思论机器的章节里引用了鲜为人知的段落："我们很有可能书写自1830年以来的创造发明，其唯一的意图是为了能够向镇压工人阶级的资本提供武器。"[3]然而，正如她所见，在《资本论》中，每一种新的客观发展不仅促使资本主义生产发生新的客观转变，同时还激进地重建工人阶级，从而导致新形式的意识和反叛运动。

在《马克思主义与自由》中，名为"自动化和新人文主义"的一章讨论了20世纪50年代资本主义生产所到达的新阶段，主要可见于这一时期内的自动化现象，以及由此带来的普通劳工与非洲裔美国人的政治运动，同时这一探讨也构成该书中第三人文主义元素的基础。马尔库塞在为该书撰写序言时也特意提及这一章，声明他"不赞成有关当代劳工阶级地位、结构和意识的分析"。[4]然而，马尔库塞在其《单向度的人》中却对此表现出不同的看法。他认为新形式的自动化资本主义生产，及其在福特主义时期相对较高的薪酬和福利不仅转变了工人阶级的意识，使其站在更加肯定的立场来看待资本主义，同时由于在自动化驱动下，社会必要劳动时间的减少为更短

---

［1］Dunayevskaya, *Marxism and Freedom*, p.116.

［2］Ibid., p.116.

［3］Ibid., p.117.

［4］Ibid., p.xxv.

的工作日创造条件，自动化本身也为创造自由的未来奠定基础。

　　与马尔库塞相反，杜娜叶夫斯卡娅认为，如果我们顾及体现在工人身上的人类生活现状，那么就得承认新阶段的自动化生产远没有给他们带来自由，而是导致大量的失业人口，同时对于那些仍拥有工作的人而言，它会使得他们的异化感变得更强。此外，自动化生产还会引发新的反叛运动，例如从工人群众中迅速蔓延的成千上万次"工人自发进行的"罢工不仅挑战资本，同时也挑战自1945年以来就维系着资本主义体系的劳工官僚机构。同时，她还说明了1955年至1956年由蒙哥马利市的巴士抵制事件推动的群众创造性。这是一场非洲裔美国人为反对种族歧视而发起的反抗斗争。面对白人权力机构的野蛮压制，这场运动整整持续了一年之久。她引用马克思在描述巴黎公社时使用的语言总结道："显然，此次在亚拉巴马州的蒙哥马利市发生的自发组织中，最为重要的就是其本身的实践经历。"[1]

　　正如工人自发进行的罢工或蒙哥马利的事件所示，杜娜叶夫斯卡娅面对那些针对新形式主体性的马克思主义理论家，认为他们缺乏创造性的发展，同时还暗示，理论家和人民大众之间的传统关系需要改变。她重视的是在这些新的斗争期间出现在工人阶级和民权运动中的深层思考："事实上，如今的思想流失如此严重，以至于从理论到实践的转变运动已几乎停滞，但是从实践到理论的转变运动，以及工人身上由体力和脑力结合起来的新整体却无处不在。"[2]在所有的事物中，杜娜叶夫斯卡娅指向的是她和正在罢工的矿工之间所开展的对话交流，后者不仅质疑薪酬和工人的生活现状，同时还挑战劳工本身的性质，尤其是介于"思考和行动"之间的界线，她将其联系到"来自工人阶级更深层次的新人文主义推动力"。[3]该书的结尾

---

［1］ Dunayevskaya, *Marxism and Freedom*, p.281.

［2］ Ibid., p.276.

［3］ Ibid., p.285.

还打着响亮的人文主义口号:"总体的危机需要完整的方案来解决,也将会创造出解决问题的完整方案。它所指的正是一种新的人文主义。"[1]

在接下来的十五年间,杜娜叶夫斯卡娅修正了她此前所说的,激进思想家完全不足以回应战后新形式反叛运动的观点。其可见于她的《哲学与革命》(1973),该书不仅对激进人文主义哲学进行批判性的分析,同时还从自1945年以来诞生的众多激进人文主义哲学分支中,总结自身的马克思主义人文主义思想。这些激进人文主义哲学分支包括萨特的存在主义、非洲社会主义人文主义和东欧马克思主义人文主义。

乍看之下,杜娜叶夫斯卡娅对萨特的研究完全是批判性的,甚至是颇具争议的。例如,她在《哲学与革命》一书中为主要讲述萨特的章节拟定标题时,曾打算名之为"萨特寻求摧垮马克思主义的方法"(1963年)。但在十年之后,虽然她对萨特的批判仍极为尖锐,但她在一定程度上承认,萨特是20世纪40年代左翼思想家转向激进人文主义的转折点:"在二战刚刚结束之后,从神学家到萨特的每个人都接触到马克思问题,同时'发现了'马克思的人文主义。"[2]更为重要的是,杜娜叶夫斯卡娅在阐释本书中最具争议性的哲学观点时,批判性地引用了萨特的理念,而这个最具争议性的观点,主张黑格尔的绝对观念论而非恩格斯和经验主义者所坚称的把所有客观性排除在外的封闭的总体,如今需要我们将它作为一种新的起点来重新加以阐释,就像该书第一章的名称"作为新起点的绝对否定性"显示的那样。她在论证此观点的过程中,引用了萨特在《什么是文学?》中面对纳粹主义就自由相对主义和自由宽容所进行的批判,尤其是他把绝对

---

[1] Dunayevskaya, *Marxism and Freedom*, p.287.

[2] Dunayevskaya, *Philosophy and Revolution,* p.79.

性的形式整合进其存在主义人文主义的做法："他表明，存在主义者的原创性体现在，战争与占领使得'我们在相对性的核心地带重新发现绝对性'。"[1]

在《哲学与革命》中，杜娜叶夫斯卡娅还在有关萨特的章节中添加了"探测内部的局外人"的副标题，这在某种程度上减少了该章的争议性。在此，作者承认萨特寻找革命哲学的道路，以及他在20世纪40年代为普及革命哲学观念所作的贡献，要知道这一观念此前只局限于马克思主义的范畴之内。尽管如此，她还是指责萨特将太多斯大林主义的意识形态范畴与马克思自己的哲学融合在一起，其中这些斯大林主义的意识形态范畴包括朴素唯物主义和历史决定论；然后写道，为了解决像个人主体性和个人选择这样的问题，以及成为一种人文主义，马克思主义还需要增加存在主义的理念。此类问题体现于萨特的主要作品《辩证理性批判》（1960），该书中萨特自称是马克思主义者。这本书也背负了许多精英主义的态度，其明显见于萨特有关"实践惰性"的范畴划分，这是一种被动和孤立的妥协立场，存在于所有的人际关系中："也许如萨特自己所称，他已尽可能多地毁灭教条主义，但是在萨特所思、所写和所做中，一种未经过陈述，但却全面渗透的教条主义持续成为其潜在的主题。这是讲述群众滞后性的教条主义，如今又称作'实践惰性'，既包括个人的实践惰性，也包括群众的实践惰性。"[2]

杜娜叶夫斯卡娅同时也批判了萨特在20世纪50年代对斯大林主义迟疑不定的态度，尤其是他抨击1956年匈牙利事件的支持者时所表现的态度。在此，萨特渴望保持革命性的欲望一直以来充满源自其存在主义视角的深层矛盾性。这使得他首先加入他曾在20世

---

[1] Dunayevskaya, *Philosophy and Revolution*, p.22.
[2] Ibid., p.200.

纪50年代所竭力维护的法国共产党。在这个过程中，他也时而怀着巨大的勇气支持阿尔及利亚为反对法国殖民主义而发起的真正具有革命意义的政治运动，但是在此期间，某些军事反动派试图针对他开展刺杀行动。除此之外，他给予非洲革命领袖，如帕特里斯·卢蒙巴和弗朗茨·法农大力的支持，为后者的《全世界受苦的人》(1961)撰写了序言的主要部分，即便这部分序言有所缺陷。但是，对于各式各样已变质的革命运动，尤其是在东方爆发的革命运动，萨特的立场过于偏袒。

就杜娜叶夫斯卡娅而言，问题不仅存在于萨特总体的存在主义理论框架，它同时也是许多革命思想家所普遍犯下的错误，即"作为方法论的抽象普遍性所呈现的结果"。[1]未能使自身充分显现特殊化的普遍自由或人文主义所遭遇的失败意味着，萨特一方面纠结于个人主义的主体主义，另一方面屈服于某些集体主义的异化形式。总之，关于萨特，杜娜叶夫斯卡娅总结道：

> 方法论的敌人是一种空谈的抽象性，它掩护那些已变质的革命运动，却又无法指示理论上，甚至现实中革命的新道路……存在的哲学之所以无法与马克思主义融为一体，是因为它始终是作为无主体形式的主体性概念，缺乏"新力量、新热情"的革命欲望，以及目前试图向"世界革命"发展的逃避主义。作为世界革命的唯一基础，此时此刻需要的是哲学与革命在原初基础上的具体化与统一。[2]

正如我们接下来要讨论的，抽象普遍性的问题也是杜娜叶夫斯卡娅甚至在社会主义人文主义者中发现的，她感觉到跟他们的关系要比

---

[1] Dunayevskaya, *Philosophy and Revolution*, p.208.
[2] Ibid., p.210.

跟萨特更深密。为了介绍20世纪50年代至60年代爆发的非洲革命，她曾在1962年对西非作了一次为期较长的访问，此次访问主要关注当时影响广泛的非洲社会主义内的人文主义分支。虽然她有关非洲的作品在话题上十分广泛，[1]但是在这里我将专注于《哲学与革命》中的一章，即"非洲革命与世界经济"，在此作者热情饱满地引用了反殖民主义斗争领袖塞古·杜尔为非洲统一体作出的判断，号召非洲团结，并将其视为"在本质上是基于广泛团结和群众合作、毫无任何种族和文化对立、毫无狭隘利己主义和特权的一种新人文主义"。然而，法农作为非洲社会主义人文主义最重要的理论家脱颖而出，"没有人能够像法农那样可以更加具体和全面地审视非洲革命"。[2]

为了切合其有关黑格尔绝对否定性作为新起点的主题，杜娜叶夫斯卡娅同样引用了法农对非洲反殖民主义斗争的说法，称其为"对作为绝对观念提出的原初构想的不完全的肯定"。[3]与此同时，她还为法农批判欧洲人文主义的观点植入了抽象普遍性的铭文，这章的部分铭文可以读作："让我们就此离开欧洲吧，离开这个到处都在说人，却处处都在谋杀人的地方。"[4]正如她提到的，法农始终是一名辩证的人文主义者，但无论如何，他也始终呼吁基于为非洲和全世界求得革命性统一的"新人文主义"。

这些在20世纪50年代末60年代初许下的愿望大部分都没得到落实，与此同时，许多非洲共和与自由派运动此时都面临着新殖民主义和冷战政治带来的外在危机，以及存在于领袖和群众之间的深层内部矛盾：

---

[1] 她呼吁西方和非洲的马克思主义人文主义者联合起来，参见 "Socialismes Africains et Problèmes Nègres par Une Militante de l'Humanisme Marxiste", *Présence Africaine: Revue Culturelle du Monde Noir*, No.43(1963), pp.49–64。

[2] Dunayevskaya, *Philosophy and Revolution*, p.214.

[3] Ibid., p.215.

[4] Ibid., p.213.

即便存在即时性的群众运动和使哲学与革命、理论与实践相互结合的新人文主义开端，与此同时，基于这种结合的新人文主义不局限于思想家中，群众自身也急需这种人文主义，我们仍不得不悲痛地面对当前窘迫的现实处境。这是因为，当这些革命在十年之内就重新打造了整个非洲，它们也迅速地来到难以抉择的十字路口。因此，虽然这些都是土生土长的革命运动，不带有任何资本，并仅依靠自身的力量、热情和理性，而不依赖于"东西方"实现自身的政治解放，但是一旦革命获得权力，它们将外在地保持一种"中立"的姿态。[1]

部分类似杜尔这样的革命家由于站在东方的立场上而获得了苏联的支持，而塞内加尔的桑戈尔，则为弗洛姆的《社会主义人文主义》撰写了一篇文章，由此站在包括前殖民国家法国在内的西方队伍中。杜娜叶夫斯卡娅再次冒着抽象普遍性的风险评价此种现象："桑戈尔总统侈谈非洲社会主义，这个国家自获得独立以来，自身几乎没有经历过任何本质的经济改变。桑戈尔不仅在外交事务上，同时还在其他方面过于紧密地追随着法国的步伐。"[2]

除了法农的社会主义人文主义是特例以外，在众多社会主义人文主义分支中，杜娜叶夫斯卡娅似乎与来自东欧国家的马克思主义人文主义哲学家们有着最为密切的联系，许多这类哲学家似乎都与她共同出现在弗洛姆1965年的《社会主义人文主义》中。在1953年至1970年，东欧国家中几乎所有的运动都打出民主社会主义或人文主义社会主义的口号，最为明显地体现于1956年匈牙利事件，以及1968年发生的"布拉格之春"事件，后者自称为在"带有人文主义面孔的社会主义"中的某种试验。事实上，即使20世纪80年代形势一

---

[1] Dunayevskaya, *Philosophy and Revolution*, p.217.
[2] Ibid., p.243.

转,在以约翰·保罗二世为代表的右翼天主教主义影响下,波兰的团结工会运动爆发,它也无法掩盖此前阶段的社会主义人文主义。当然,事实如此,这并不是否认东欧剧变影响重大,那种在根本意义上表现为反人文主义的意识形态本不应该受到支持。

为支撑她的国家资本主义理论,杜娜叶夫斯卡娅也极富热情地支持所有东欧国家的运动,且经常召唤全球左派像支持别处的反殖民主义和反资本主义革命运动一样,支持东欧的运动。在《马克思主义与自由》一书中,她把1956年的匈牙利事件视为此后苏东剧变的前兆。但正是在《哲学与革命》中,她才得以用最大的篇幅来讨论当地的马克思主义人文主义哲学家,同时又把"布拉格之春"事件当作这一时期最大的反斯大林主义运动。

杜娜叶夫斯卡娅认为科希克是最重要的马克思主义人文主义思想家之一,正如她所说,科希克"在1963年出版了最为重要的哲学著作,即《具体的辩证法》,它重新提出了有关个人的问题",同时还直言"反对存在于生活和思想中的'教条主义'之共产主义的倒退主义,即便在这个过程中,他使用的是抽象的哲学术语"。[1]不久之后,她1974年批判阿多诺的《否定的辩证法》,在德国"象牙塔"哲学家与科希克和法农之间进行比较,在她看来,这些哲学家都面对出现在各自社会里的新自由主义冲动作出了回应。[2]此外,东欧马克思主义人文主义者在否认萨特存在主义的过程中,也指出了马克思主义思想中的个人问题。

杜娜叶夫斯卡娅还为强调克服脑力劳动和体力劳动的区分而想起另外一名来自捷克斯洛伐克的马克思主义人文主义者伊万·斯维

---

[1] Dunayevskaya, *Philosophy and Revolution*, p.219.

[2] Raya Dunayevskaya, *The Power of Negativity: Selected Writings on the Dialectic in Hegel and Marx*, pp.186-188.

塔克，[1]以及《实践》(*Praxis*)期刊的创办者，同时也因其汇聚了众多独立哲学家的南斯拉夫哲学家米哈依洛·马尔科维奇。马尔科维奇在批判辩证法是如何遭到斯大林主义理论家误用的同时，也维护了辩证的人文主义的视角。其中谈论到一个关键性问题：既然斯大林已将苏俄的革命政权转变为国家资本主义的政权，那么为什么他依然还要公然开辟一条革命路线，而不是转而选择托洛茨基此前预测的改良主义和公开的背叛？正如杜娜叶夫斯卡娅写道："马尔科维奇希望我们注意到，'辩证措辞的使用可以在方法上创造一种连贯性的印象，事实上，这种方式充其量只是随后各种过往政治构想和政治决定所经历的理性化转变，这也就是为什么斯大林主义者不以否定之否定的方式否定整个辩证法的原因'。"[2]因此，斯大林主义者可以基于革命政治并不是呈直线的发展态势，而是具有辩证特征，为他们的各种曲折和转向而辩护：1936年的反法西斯主义、1939年与希特勒的协议，以及1941年希特勒进攻苏联之后的再度反法西斯主义。在随后的时间里，就在赫鲁晓夫作了关于斯大林的秘密报告之后，苏联的理论家紧接着说明，"当然"我们并没有犯错，而是发展必然是辩证的，比如它会充满着多种多样的矛盾性。

虽然马尔科维奇、斯维塔克，甚至科希克经常用抽象的概论来提及人性、自由以及类似的主题，但是他们无法针对自身的社会提出独特的马克思主义分析方案，例如，我们是否可以用种族来划分人口，使一部分人群为统治者，而另一部分为被统治的人群。在杜娜叶夫斯卡娅逝世后的几年内，巴尔干半岛战争在20世纪90年代爆发，此时马尔科维奇与科希克都没有充分地应对挑战。塞尔维亚的民族主义有着极度强烈的敌意，但是马尔科维奇却迅速为此种民族主义进

---

[1] Dunayevskaya, *Philosophy and Revolution*, p.261.

[2] Ibid., pp.269−270.

行辩护，其观点接近于时任塞尔维亚领导人的斯洛博丹·米洛舍维奇。尽管如此，他仍然继续使用人文主义和普遍主义的普遍性言辞，并借此谴责波斯尼亚人与科索沃人在种族、宗教上的分离主义。科希克避免了此种深层的倒退现象。然而，1999年科索沃战争爆发，他立即指责美国的轰炸事件，而没有提及在塞尔维亚政权的统治下，科索沃民众所遭受的压迫。

从深层的意义上讲，杜娜叶夫斯卡娅的马克思主义人文主义属于黑格尔的范畴，依靠黑格尔绝对观念作为新开端的观念。[1]从这种意义上说，她支持马克思在《资本论》中指出的所需的"抽象力"。[2]与此同时，无论是在个人与国家的较量中，还是在种族与性别的特异性问题上，杜娜叶夫斯卡娅始终坚持黑格尔所说的具体普遍性，与此同时也尝试回避经验主义和身份政治所带来的双重危险。

结　　语

以上历程带我们进入社会主义人文主义传统中的某些自由与创造性的层面。与此同时，我们也发现部分形式的社会主义人文主义和马克思主义人文主义过度局限于抽象普遍性的领域内。正如我们所见，这对于弗洛姆来说确实如此，对于萨特来说，形式虽然不同但情况也是如此。当然，如果单纯从哲学的层面上说，科希克的《具体的辩证法》回避了此种问题，但是他并没有在使辩证法具体化的条件下，通过应对生活中的真实挑战来充分发挥其社会主义人文主义。只有法农和杜娜叶夫斯卡娅成功地发展了社会主义形式的人文主义，并且就种族和殖民主义的问题展开争论，使得两者坚持普遍性信

---

[1] 尤其参阅Dunayevskaya, *Philosophy and Revolution*, charpter 1。

[2] Marx, *Capital*, p.90.

念和认可差异性。然而，在20世纪60年代有关社会主义人文主义的
国际范围内的广泛讨论中，相对而言，在像弗洛姆和萨特这些人的巨
大影响面前，杜娜叶夫斯卡娅、法农和科希克所拥护的社会主义人文
主义分支被边缘化了。这导致马克思主义人文主义者在20世纪60
年代之后受到福柯派学者的抨击，以致他们无法处理具体形式的反
抗，并最终受困于对"人"的概括性看法之中。

同样，这种发展路径也近乎终结。批判哲学家和行动主义者是
时候再次考虑反对全球资本主义的社会主义人文主义，它能引领我
们进入一个使得男性和女性最终能在个人和社会层面上发挥自我决
定性的新型的自由社会。只要我们避免再次陷入抽象普遍性中，我
们就可以适当地运用由萨特、弗洛姆和东欧的马克思主义人文主义
者提出的全球解放理念。据此，我们尤其需要近距离审查那些由杜
娜叶夫斯卡娅、法农和在很大程度上由科希克提出的社会主义人文
主义形式，这些形式都可以使得普遍性以特殊性的面貌呈现。此外，
我们还需要从后结构主义近几十年来就语言、监狱、帝国主义文化遗
产或者性别与性存在问题提出的社会批判中汲取有效观点，并批判
性地把它们应用于21世纪的马克思主义人文主义中。

但是对于这些目标，我们与它们之间的距离似乎比一百年前
还要遥远，那时，至少许多工人和思想家都公开想象着将会成为真
实可能性的社会主义未来。如今，随着苏联高度集权的社会主义
模式的终结，[1]我们需要探寻其他社会形式来替代资本主义。带
有循环特征的福柯式反抗理念也与上述事实相呼应。所以说，我
们目前面临的问题是哲学上的深层问题。从广泛的维度上说，我
们所背负的不仅是资本主义，或是三十年的新自由主义，还有左派

---

[1] 参阅Kevin Anderson, "Raya Dunayevskaya,1910 to 1987, Marxist Economist
and Philosopher", *Review of Radical Political Economics*, Vol.20, No.1(1988),
pp.62-74。

的意识形态机器。

　　因此，我认为，我们不仅需要批判早先激进人文主义的许多局限性，与此同时，一旦我们开启行动模式，将由某些真正具有远见的视角引导当今革命、反资本主义和民主运动朝着积极的方向发展，并获得自身地位的巩固。实际上这也相当于普遍主义，它不仅推崇策略上的普遍性，同时还根源于人类渴望解放的未来，将废除对资本主义和国家的盲目崇拜。

3. 后殖民主义是一种人文主义

◎ 罗伯特·斯宾塞

人类历史上存在着某种类似报应的东西。历史报应的规律就是,锻造报应的工具的,并不是被压迫者,而是压迫者自己。

卡尔·马克思《印度起义》(1857)[1]

本章旨在展示马克思主义人文主义传统的持久性与激进主义特色,以及它在论述有关"后殖民"世界的文本和语境时所体现的传统价值。然而,在众多为后殖民主义所抗拒的名词中,人文主义通常占据其一。1947年,马丁·海德格尔(Martin Heidegger)撰写了名为《关于人文主义的书信》的文章,文章影响广泛,声称"任何人文主义都是形而上学的"。[2]这句话高度概括了近三十年来,主要的文化理论分支是如何看待人文主义的。显然,它们中的大部分观点都要归功于海德格尔的"形而上学之解构说"。早先"人"就被定义为内含本质的,也是特殊的、理性的和优越的。这样的看法"主宰着西方历史的命运,也决定了由欧洲人书写的全部历史"。[3]在英美学术

---

[1] Karl Marx, "The Indian Revolt(1857)", in Robert J. Antonio(ed.), *Marx and Modernity*, Oxford: Blackwell, 2003, pp.190-193.

[2] Martin Heidegger, "Letter on Humanism", in *Basic Writings*, ed. David Farrell Krell, London: Routledge, 1993, p.226.

[3] Ibid., p.232.

界，后殖民理论固步自封，这在很大程度上是因为它对人文主义资源的大规模排斥。虽然他们或许认为海德格尔已在某一方面超越那些苍白无力的后殖民理论家，但是难以否认他们也长期深受以阿尔都塞为代表的反人文主义哲学家的影响，尤其是米歇尔·福柯。例如，比尔·阿什克拉夫特（Bill Ashcroft）、加雷思·格里菲思（Gareth Griffiths）和海伦·蒂芬（Helen Tiffin）共同编撰了《后殖民研究：关键概念》一书，他们撰写了该领域受到最广泛阅读、最频繁重印的三篇导读与序言。书中强调指出：曾有假说认为，"人类的生活和经历存在固有的特征，不会受到当地文化条件的影响，这种观点后来成为帝国霸权的关键特性"。[1]除此之外，他们还撰写了第二版的《后殖民研究读本》，并再次作出此种断言。与此同时，他们还令人诧异地声称："哪怕是人类生活中最'本体'的特征也是瞬时和偶然的。"[2]这样的说法真的可靠？全部事物的本质皆是如此？事实上，在这一领域内，还有许多高端学者都以盲目主观的方式来理解人文主义，例如，佳亚特里·斯皮瓦克（Gayatri Spivak）。她曾说，"帝国主义的主体与人文主义的主体存在密切的联系"。[3]据此，否定其中的一个也就是对另一个的否定。许多后殖民理论家就是通过这种方式来否定所有的人文主义，他们未曾想过，第一代反帝国主义行动派及其政治运动，也尝试过挽回（伪善的）资本主义帝国主义曾许下的解放全人类的诺言。由于资本主义帝国主义体系无法回避剥削与矛盾分歧的体制实践，解放全人类的目标无法实现。人文主义传统内涵丰富，并具有批判精神。其大部分是由明确反对帝国主义的思想家和活动家

---

[1] Bill Ashcroft, Gareth Griffiths and Helen Tiffin, *Post-Colonial Studies: The Key Concepts*, London: Routledge, 2000, p.235.

[2] Bill Ashcroft, Gareth Griffiths and Helen Tiffin, *The Post-Colonial Studies Reader*, 2nd edition, London: Routledge, 2006, p.71.

[3] Gayatri Chakravorty Spivak, *In Other Worlds: Essays in Cultural Politics*, London: Routledge, 1988, p.202.

们生产出来的，也正因如此，人文主义传统才要隐藏在标榜"本质主义"和"欧洲中心主义"的稻草人身后。

　　实际上，爱德华·萨义德身为后殖民人文主义领域的开创者当之无愧，他没在反人文主义的声浪中湮灭。萨义德曾多次声称，他是不折不扣的人文主义者。然而，面对这样的承诺，他的许多后殖民主义继承者总陷入不安的沉默。如今，局势稍有不同。伊拉克战争及其具有毁灭性的后续事件，无疑惊醒了萨义德的追随者，以及阐释萨义德理论的后代学者。他们明白尼尔·拉扎勒斯（Neil Lazarus）曾说的"持续弥漫于后殖民时空里的帝国主义社会关系和这种关系不断固化的趋势"。[1] 在这种局势下，批评家们更倾向于萨义德用人文主义来批判帝国主义，并设想冲破帝国主义束缚的做法。简而言之，伊拉克战争十分清晰地表明，惨无人道的帝国主义计划并没有像后殖民主义的名称所暗示的那样近乎终结。相反，在帝国主义计划的引领下，美国霸权正寻求扩张（或者至少在延续），企业权力在延伸，国际管理机构遭到操纵。萨义德控诉那些侵略者打着所谓普世原则和社会转型愿景的旗号，入侵伊拉克。在"劳特里奇（Routledge）批判思想家"系列丛书中，比尔·阿什克拉夫特与帕·阿卢瓦利亚（Pal Ahluwalia）关于萨义德的论著第二版包含了同情萨义德人文主义的大段文字，尽管有些勉强。[2] 拉达克里希南（R. Radhakrishnan）对萨义德关键概念的释义也大多是褒扬的。[3]

　　早在十年前，布鲁斯·罗宾斯（Bruce Robbins）就指明："通常文化研究领域，尤其是后殖民研究逐步显现普遍性和人文主义的趋向。

---

[1] Neil Lazarus, "Postcolonial Studies after the invasion of Iraq", *New Formations*, 59(2006), pp.10-22, p.16.

[2] Bill Ashcroft and Pal Ahluwalia, *Edward Said*, 2nd edition, London: Routledge, 2008, pp.142-148.

[3] R. Radhakrishnan, *A Said Dictionary*, Oxford: Wiley-Blackwell, 2012, pp.42-47.

但是由于反人文主义的浪潮，其很迟才被发现。"[1]然而，我还想说，虽然萨义德的人文主义重新激发人们的兴趣，但是不完整的人文主义复苏没能维持多久。因为它没从根本意义上影响后殖民主义者所从事的工作。说起美国入侵伊拉克，我们就此谈论权利和责任，以及战争罪行和反人类罪行，这样的做法是理所应当的。这处于我们身为公民所应当履行的义务与活动的范围之内。但是这与人文主义信仰对我们批评家的职业生涯所发挥的指引与充分调动的作用全然不同。在本章中，我不是要说明我们都应携带饰以纹章标明"人文主义者"的身份证，也不要求我们在阐述每一个观点之前都要为人文主义的理念高唱赞歌，更不会呼吁我们要不厌其烦地多次使用"人文主义"的术语。然而，我想声明：除了批判性之外，后殖民主义还应该同时具备道德与政治上的适用性。因此，我冒着听起来过于滑稽的风险，强调后殖民研究尤其不应围绕触犯杂糅性（hybridity）的憾事展开探讨，而应该围绕反人类的罪行，以及对这样一些运动的道德和政治的追求，这些运动试图抵御这些罪行，并倾覆造成这些罪行的政治体制。我们的任务是理解殖民主义如何起源，又是如何遭到替换的。我们的职责是从当代的各种不公正现象之间构建某种联系，并从中考察造成这些现象的国家和阶级权力。我们的任务是以适当的方式强调各式文本在论述不公正现象，以及探讨打破这些现象的其他因素时所取得的成就。换言之，虽然萨义德的人文主义已不再像此前那般臭名昭著，但是人文主义的力量远没渗透到我们所从事的批判工作中，或对其产生任何启发。因为在最坏的情况下人文主义会让我们想起戴通草帽的男人，他告诉众人这样做那样做；在最好情况下人文主义也不过是在我们进行政治判断时，发现描述

---

[1] Bruce Robbins, "Race, Gender, Class, Postcolonialism: Toward a New Humanistic Paradigm？", in Henry Schwarz and Sangeeta Ray(eds.), *A Companion to Postcolonial Studies*, Oxford: Blackwell, 2000, p.567.

此时我们应坚守的信仰的奇特方式，所以人文主义不足以影响一个学科领域的首要方面。更可惜的是，这一领域也不再如它的后代所想象的那样，是广大解放运动中的一部分。如今的后殖民主义只不过是关注全球体系下开放的"阈限"（liminal）（表示勉强感觉到的）空间的微不足道的事宜，它既可以为全球体系欢呼赞叹，也更有可能因其被推翻而感到忧伤。

　　当然，也不难发现，人文主义的相关定义也可能是排他性和"形而上学"的。人文主义远非普遍权利和能力的代表。与此相反，它实际上仅是掩护自我利益的障眼法。太多不同种类的人文主义都排除，甚至诋毁那些被它们视作不完全的（或至少仍未成形的）人类群体。这种情况特别符合殖民国家的代理人与发言人做作地讲述人文主义的辞令。在小说《印度之旅》中，喜好格言的叙述者曾说过这么一句话："地中海人是标准的人类"，而穿过博斯普鲁斯和赫拉克勒斯之柱，人们却"近乎怪诞和畸形"。[1] 这样的思考方式是如此的傲慢可憎（当然，我们也得注意，故事的叙述者不是作者福斯特本人），以致安东尼·亚历山德里尼（Anthony Alessandrini）表示"要想在后殖民研究领域内发现有人心甘情愿地维护形式最传统的人文主义，是难上加难"。[2]

　　事实上，这是完全不可能的。但是细想之下，情况之所以如此，也是可以理解的。因为就拿我竭力维护的自由人文主义和传统人文主义来作比较，它们之间如同螃蟹与苹果的关系一样毫不沾边。所以，读者们千万别认为，我是如此愚昧，以至于拥护那种狂妄自大，最终演变为种族主义的人文主义。在这样的人文主义里，黑人犹如艾梅·塞泽尔（Aimé Césair）所讥嘲的"等待晋升的二级职员"。但是，

［1］ E. M. Forster, *A Passage to India*, London: Edward Arnold, 1987[1924], pp.270-271.

［2］ Anthony C. Alessandrini, "The Humanism Effect: Fanon, Foucault, and Ethics Without Subjects", *Foucault Studies*, 7(2009), pp.64-80, p.78.

正当我们要唾弃人文主义，认为它不假思索地支持欧洲白人优越时，却没有意识到，即使是人文主义，也有各色各样的形式，我们对它的了解远远不够充分。例如，马丁·哈利韦尔（Martin Halliwell）和安迪·穆斯利（Andy Mousley）就在他们的《批判性的人文主义》一书中展示了人文主义的非凡持久性和多样性。[1]除了他们之外，我还想到由大屠杀幸存者让·埃默里（Jean Améry）提出的"激进人文主义"[2]与卡仁·格林（Karen Green）的女权主义人文主义。[3]本书中，芭芭拉·爱泼斯坦罗列的社会主义人文主义更是多种多样。但是我认为更重要的是，我们应该把注意力集中在以特奥多尔·阿多诺、恩斯特·布洛赫、赫伯特·马尔库塞、萨特为代表人物的马克思主义人文主义。萨特曾在1945年发表了题为《存在主义是一种人文主义》的演讲，本章的题名正是对这场演讲的致敬。

我在此想要表达，由于近几十年来，人们拒绝承认人类主体具备固有的权利和能力，恰好呼应了阿多诺最为犀利的一句讽语：纵使哲学有百般功能，"其仍然容易使人愚昧"。[4]因此，我试图阐述我所认为的后殖民理论发展其本质性的反人文主义的有害后果，且尤其反对特别存在于马克思主义人文主义中的自由资源。如果我希望看到在一系列占据主导性却持续被质疑、至今深处困境的后殖民批评中，不论形式差异有多大，也不管争执多少，它们特有的几处共同点或前提假设都可称得上"反人文主义"，我想这听起来并非没有道理。但

[1] Martin Halliwell and Andy Mousley, *Critical Humanisms: Humanist/Anti-Humanist Dialogues*, Edinburgh: Edinburgh University Press, 2003.

[2] Jean Améry, *Radical Humanism: Selected Essays*, ed. and trans. by Sidney Rosenfeld and Stella P. Rosenfeld, Bloomington: Indiana University Press, 1984.

[3] Karen Green, *The Woman of Reason: Feminism, Humanism and Political Thought*, London: Continuum, 1995.

[4] Theodor W. Adorno, *Lectures on Negative Dialectics: Fragments of a Lecture Course, 1965/1966*, ed. Rolf Tiedemann, trans. Rodney Livingstone, Cambridge: Polity, 2008, p.19.

是,我并没有指例如霍米・巴巴(Homi Bhabha)和佳亚特里・斯皮瓦克这些思想深刻,且在政治和理论上都独树一帜的代表人物,其他大多数的评论家只会重复引用霍米・巴巴和斯皮瓦克创造的谚语。不过说到此,我要特别提及前者。当然,我之所以竭力强调霍米・巴巴不是明确的反人文主义者,相当重要的原因是他为弗朗茨・法农《全世界受苦的人》新译本所撰写的前言,在此,他令人意外地流露出对人文主义的同情之心。[1]我一方面表明了霍米・巴巴的人文主义类似于法农"新人文主义"那种暴力化的阐释;另一方面也想从大多数后殖民主义者身上识别出一种非尖锐反人文主义的立场或姿态。哪怕上帝也知道,反人文主义已常驻于后殖民主义中,甚至有的后殖民主义者不由自主地表露出反人文主义倾向。这就好像在说,想要成为后殖民主义者,就必须把个人的人文主义色彩抛之门外。仔细阅读有关后殖民研究领域的各大刊物,你会发现,无论里面的理论专题和文本分析如何精炼原创,也不论内容多么具备启发意义,它们始终潜藏着反人文主义的立场。虽然它们拥护差异理念,但是把平等作为代价,讨论有关文化"杂糅"的文本叙事,却无视矛盾与抗争持续迸发的现象,同时倾向于后结构主义原则及其表达方式,破坏了此前反殖民主义激进分子所宣扬的革命语言和革命信念。在这样做的过程中,许多后殖民批评家背弃或完全遗忘了人文主义语言的宝贵财富。也正因如此,他们没有探讨隐藏于这些文本与理论背后的更大现实,例如帝国主义、资本主义(帝国主义和资本主义不可分离),以及由帝国主义受害者发起的反抗斗争。

　　人文主义实际上如此令人不满,原因十分复杂。其既有可能因为人文学科在欧美高校体系内的牢固根基,也有可能因为高等教育

---

[1] Homi K. Bhabha, "Foreword: Framing Fanon", Frantz Fanon, *The Wretched of the Earth*, trans. Richard Philcox, New York: Grove Press, 2004[1961], pp.vii–xli.

领域所日渐袒护的激进新自由主义经济分配制度。仅说我工作所在的英国体系，近些年来，其大部分主要的学术自由和学术责任都淹没于企业管理的官腔套话中。其实众所周知，企业权力的话语和优先事项主导下的英国高校的发展现状，比如：班级规模逐渐增大；学术劳动力市场临工化；资金短缺，成本削减；学费格外上涨（不仅没有为学生节省费用，反而使学生变成负债累累、自卑怯懦的消费者）；可笑的是，学术研究因以"经济贡献值"为标准而走向扭曲。高等人文主义教育的目标是为了培养学生为文化与社会释疑解惑的能力，但上述种种状况使受困于危机中的机构人员偏离了高等教育的正确宗旨。[1]后殖民研究内的唯物主义批评家也长期抱怨，后殖民研究领域的关键代表人物，实际上是该领域本身，因其在权力社会中的优势地位而备受牵制。[2]如今的大学仍能锻炼学生的能力，让他们足够自信地以学识渊博、严谨踏实和最为重要的批判精神来思考各类文本，以及这些文本所揭露的社会现实。综上所述，如果不了解后殖民研究所关注地域在体制、地理和经济方面的地位现状，也就无从理解该领域内的关键概念。除此之外，我们自身也要更加清楚它的地位状况，乐意由内而外地探讨后殖民主义。如今我们面临一个更大的难题。如果后殖民研究不直接表述它对批判和解放问题的着重关注，那么它即将面临的最糟糕状况是，沦为孱弱人文学科"公司"内的一种地区办事处。最好的结果也不过是成为人文学科"公司"内的一个愤愤不满的子公司，它不满其所处的人文学科体系，但它偏爱的概念，对其所

———————

［1］ Priyamvada Gopal, "How Universities Die" , *South Atlantic Quarterly*, Vol.111, No.2(2012), pp.383–391; Stefan Collini, *What Are Universities For?* Harmondsworth:Penguin,2012; and Chris Lorenz, "If You're So Smart, Why Are You Under Surveillance?Universities, Neoliberalism, and New Public Management" , *Critical Inquiry*, 38(2012), pp.599–629。这些文章都是对此作出的包容性批判。

［2］ 参阅Aijaz Ahmad, "The Politics of Literary Postcoloniality" , *Race and Class*, Vol.36, No.3(1995), pp.1–20。

处的人文学科体系而言,就像是为数不少的玩具箭头。

说起"革命",人们可能习惯听到类似"阈限"(liminality)这样早已存在的术语,因此,如果你谈及这些概念,也就相当于暴露自己作为人文主义者的身份。这是因为,它们关涉体系和体系内的选择因素,经常被看作反殖民主义传统的象征,而不是对后殖民现实的延续。在本章中,我还将对比马克思主义人文主义与后殖民反人文主义的差异,希望至少可以借此证实:现有的后殖民理论不拥有任何挑战人文主义体系的雄心壮志;后殖民理论只想把理论批评工作与更大的抗争语境结合起来,从而取代显现于帝国主义与资本主义中的非人性因子。当然,这在很大程度上属于理论问题。在此我指的是,它主要围绕我们所从事的批判工作的意图与语境展开。我们中的许多人似乎都不由自主地谈及反人文主义理论,但在我看来,我们已经太长时间没有严谨且公开地讨论反人文主义理论的致命缺陷了。正因为帝国主义及其转变是后殖民研究的常见主题,我们才必须以适当批判和辨识的精神来重新讨论以此为话题的人文主义思考者。

尼尔·拉扎勒斯与拉希米·瓦尔玛(Rashmi Varma)曾论述,后殖民研究的"本质性的反马克思主义"[1]可以归因于它在20世纪70年代末期作为一项学术事业出现,那时帝国统治地位重新确立,以应对全球资本主义普遍的盈利能力危机。在随后的年代里,美国军事力量回潮,"第一世界"的反帝国主义政治运动遭遇挫败,"第二世界"国家最终僵化,并随之瓦解,大部分"第三世界"地区的社会与经济成果"卷土重来"。[2]正如恩斯特·曼德尔(Ernest Mandel)所

[1] Neil Lazarus and Rashmi Varma, "Marxism and Postcolonial Studies", Jacques Bidet and Stathis Kouvelakis(ed.), *Critical Companion to Contemporary Marxism*, Leiden: Brill, 2008, p.309.

[2] Neil Lazarus, *The Postcolonial Unconscious*, Cambridge: Cambridge University Press, 2011, p.9.

说，二战后的增长是一种"长波式"的增长。[1]然而，这一时期恰好见证了这种增长的止断与消散。与此同时，我们还目睹了人们为抛弃20世纪的变革目标而进行的反革命运动。总之，根据拉扎勒斯的观点，当时，后殖民研究的主要议题都受到同一时期种种挫败的影响。当然，帝国主义体系回返的气息，及其持久性和必然性并不体现于反革命运动所明显得到的拥护。拉扎勒斯和瓦尔玛认为，其主要见于后殖民研究领域对一系列"宏大叙事"的否定态度，其中包括解放、革命、社会主义、国际主义，还有他们想说的人文主义。

后殖民主义者的激进能量已转入认同的理念中，"目前对比重新配置的观念，认同的原则更占据优势"。[2]根据认同理念的说法，差异性比普遍性更为重要。但是与此前的反殖民主义思想家及反殖民主义运动不同，这种差异是建立于对社会和经济体系的认同之上。相比之下，前者却致力于废除这些体系的存在。所以说，在资本主义世界里不可逾越的思想界线也是后殖民政治必不可少的前提条件。同理，我们需要考量：潜藏于理论探讨和批判性阅读中的后殖民主义意识形态是否属于改良主义多元文化主义的范畴，而这种多元文化主义倡导对差异性的认同，或者主张以同样谦逊的态度来认可符合全球资本主义的文化"杂糅性"（部分学者甚至认为，文化的"杂糅性"受到全球资本主义的推动）。在众多后殖民理论家中，萨拉·苏勒里（Sara Suleri）是可以用来证明这一观点的最好例子（或者，也可以说是再糟糕不过了）。对她来说，即使是隐约带有反抗倾向的言辞也过于激进。苏勒里的著作《英属印度的修辞》（*The Rhetoric of English India*）告诉我们，抵抗"通过赋予权力的概

---

[1] Ernest Mandel, *Long Waves of Capitalist Development*, Cambridge: Cambridge University Press, 1980.

[2] Lazarus and Varma, "Marxism and Postcolonial Studies", p.312.

念比它应有的更大的意义, 排斥了'交换'的概念", [1]权力大概没有像我们通常想象的那么强大那么令人反感; 和权力"交换"我们可能喜欢做的事情, 而不是教条主义地抵抗权力, 更不用说推翻它了。正如人文主义在20世纪五六十年代的反殖民主义武装斗争中发挥着至关重要的作用, 我觉得, 对人文主义的否认实则也抛弃了后殖民研究的解放目标。而我在此倡导的人文主义威胁帝国主义体系的存在, 其不仅是针对且反抗帝国主义体系而设定的原则, 也为变革全球秩序提供蓝图。

因此, 我将要陈述的更加具体的观点, 不是反人文主义者的做法始终错误而人文主义的前辈学者们正确无误。我想表明, 后者试图将资本主义帝国主义体系理解为非人性化的体系, 这样的做法经过深思熟虑且颇具意义。据此, 他们是从帝国主义体系使其受害者非人性化的具体层面出发来得出这一结论的。除此之外, 他们还构想出非传统或新兴生活的相关理念, 虽然这些生活理念值得我们注意, 但我们也不能对其盲目信从。这部分观点和理解方式自然也必须经过细致审读、评估和更新。我想说, 除非理论带有明显的"反对"色彩而不仅仅属于"后殖民主义", 除非它密切关注在本章中谈及的思想家们是如何借更符合人性的非传统宗旨来对帝国主义进行道德和政治上的抨击, 否则就表明它属于"前殖民主义"这样的说法没有过于夸张。

不仅我在本章中构想的观点为进一步的争论提供素材, 而且我们也将以批判精神来看待马克思主义和反殖民主义的人文主义支持派所构想的理论, 这些理论正是本章即将要讨论的内容。我希望在展示这些理论的过程中可以让大家明白, 它们为我们可以从更大的

---

[1] Sara Suleri, *The Rhetoric of English India*, Chicago: University of Chicago Press, 1992, p.2.

范围内，思考此前为我们部分人所忽略的承诺与意图问题提供权威和有针对性的指导，即使我们无法保证指导必定准确无误。因为当我们选错想要学习的理论家前辈时，我们也就选择了错误的理论先导。后殖民研究不应被视作亚历山德里尼所说的"极为成功的后现代主义分支"，[1]说其成功主要是指它在可见度和持久性上所取得的成果，以及它在稳固的世界帝国主义体系的核心国家的高校中所占据的学科优势。相反，后殖民研究是要将自身视为马克思主义思想家及其政治运动在历经数年反抗帝国主义体系和争取人类解放的斗争后，所传承下来的丰富传统中的一部分。

但是，当我说起人文主义时，我主要暗指它的哪些方面呢？事实上，我所指的人文主义主要包括两大方面：第一大方面是后殖民研究特有的首要要素，主要是让我们相信，目前我们所说的人性在某种程度上仍未能实现。换言之，受到当今社会与经济体系的阻挠，萨特所说的人之所以为人的主要特征之一，也就是自我创造的能力得不到发挥。与此同时，这种体制还胁迫与控制人类主体的身心。即便人类本身具有多样化的潜能和各种各样的性格趋向，在这种体系的主导下，他们无法真正地做自己。要说人类主体应如何发展是他们自己的事情，与他人无关。人文主义常常会让人误以为，人类主体的规范标准是由殖民者、宗主国，或一切占统治地位的事物来把控指定，然而事实不应如此。就像阿多诺所说的，如果光从定义上来看，我们无法知道自由到底是什么。但是对比不自由时的状态，我们便有所理解。同样的道理，我们也不知道人类到底是什么，但是我们可以斩钉截铁地告诉别人，没有人性是什么样的一种状态。一个富有人性的秩序是不会对人类设定抽象且单方面的定义的，它只会从社

---

[1] Anthony C. Alessandrini, "Humanism in Question: Fanon and Said", in Henry Schwarz and Sangeeta Ray(eds.), *A Companion to Postcolonial Studies*, Oxford: Blackwell, 2000, p.448.

会中抽除最为暴虐的现象,这样的道理也相当于阿多诺曾发表过的一个有趣见解:"人只有在极度困乏时才能感受温柔,换言之,人们最想要听到的承诺是,再也没有人忍饥挨饿。"[1]简而言之,那些肚子空荡荡的男人们或女人们无法在生活中创造性地满足自我诉求。所以说,公认的后殖民人文主义如果没有它的第二大的更为深入的方面,它的第一大方面将变得毫无意义。而后殖民人文主义的第二大方面是要求人们认可普遍权利的存在,例如在摆脱饥寒交迫中获得自由。如果这些普遍权利无法得到实现,空洞的自由宣言将变得毫无意义且不切实际。由此可见,一个带有人文主义信仰的后殖民批评会触及权利的语言,也会受到人性学说的启发。当然,这不等于它想要模仿刻板严谨且正统的传统人文主义。相反,这是因为,从事人文主义后殖民批评的学者相信,人类只有根除具有毁灭性的非人性因素,才能实现其多样性和变幻莫测的潜能。

"西方"马克思主义的反殖民主义依据

爱德华·萨义德曾说,"大多数西方马克思主义理论,至少在它的美学和文化领域中都忽视了帝国主义的相关问题";他还说,甚至就连法兰克福学派的批评理论,"在触及种族主义理论、反帝国主义斗争、帝国内的反叛运动时都保持惊人的沉默态度"。[2]也许在反殖民主义革命运动的过程中,类似阿多诺、布洛赫和马尔库塞等人仍称不上行动主义者,但是萨义德所认为的另一位"西方马克思主义者"萨特也不是行动主义者的观点极不属实。事实上,萨特是实至名归的行动主义派。其实我们不能把忽视帝国主义的现象归咎于

---

[1] Theodor Adorno, *Minima Moralia: Reflections from Damaged Life*, trans. E. F. N. Jephcott, London: New Left Books, 1974, p.156.

[2] Edward W. Said, *Culture and Imperialism*, London: Vintage, 1994, p.336.

一些杰出的马克思主义者,比如罗莎·卢森堡(Rosa Luxemburg)、安德烈·贡德·弗兰克(Andre Gunder Frank)、萨米尔·阿明(Samir Amin)、保罗·巴兰,当然也包括列宁及创造马克思主义理论的恩格斯和马克思本人。萨义德在苛责这一问题时也谨慎地将他们排除在外。虽然这些马克思主义者为之努力的范围不限于美学和文化领域,但是他们拥有和萨义德一样的关注点。实际上,萨义德对法兰克福学派的描述也不准确。正如我们接下来会了解的,包括阿多诺在内的法兰克福学派成员不仅直言不讳地反抗殖民主义和新殖民主义,同时他们还针对统治的本质,以及能够积极解决殖民主义和新殖民主义矛盾的另一种统治方式来构想相关见解。在此,我并没有针对某一种固定的立场,而是说由众多思想家发展而来的思想传统,他们不一定一起工作,也不经常认同彼此的观点,但是他们所传承的传统都相信社会批评与人类解放的最终理想不可分割。

弗洛姆在1965年编著经典著作《社会主义人文主义》,他将马克思主义的资本主义批判同通过革命消除异化与非人性化社会的人文主义观念联系起来。得益于高度发达的生产力,人类将首次摆脱恐慌与贫穷,如何在这个世界中为人类创造更为公正和有意义的存在方式成为重要的伦理难题。弗洛姆在介绍这本著作时,称其是对这一伦理问题的冥思。[1]因此,马克思主义人文主义在实践批判的基础上,也为其增添了解放人类的召唤。也正是人文主义才使得英国左派的主要人物团结一致,其中包括威廉斯、汤普森,法兰克福学派以及苏联的异见分子。在斯大林逝世,赫鲁晓夫在苏共第二十次代表大会上作秘密报告后,国际形势趋于缓和,这些人的声音也开始隐约入耳。正如我们平时所见,虽然大部分人文主义术语在表达上细

---

[1] Erich Fromm(ed.), *Socialist Humanism: An International Symposium*, New York: Doubleday, 1965, pp.ix‒iv.

致入微,且十分辩证客观,但往往正是这些人文主义术语促使马克思主义者批判现存的社会和经济权力体系,并设想出异于这些既定体系的其他形式。除此之外,他们还将矛头直指苏联的僵化统治,以及资本主义,那些年它以不平等和看似繁荣的西方国家的人类潜力被抑制为代价实现的生产力的巨大发展,还有对殖民地以及随后的新殖民世界的持续性的超级剥削。

　　例如,恩斯特·布洛赫在《自然法与人类尊严》中表示,他在脱离民主德国后,试图理解马克思主义在转型期所经历的曲折。他在"众多的契约和契约人的形式"中再次把握人权的原则。[1]布洛赫还尝试构想出任何真正的社会主义都应正视的权利与标准框架。为了达到此目的,他建议我们应复兴作为法律和正义的道德根基而存在的自然法。布洛赫辩论道,自然标准饱含希望,甚至有些许乌托邦的成分。它独立于既定的法律、社会条件与机构组织而存在,却又可用作批判这些形式的标准规范。布洛赫的评论十分引人注目,还记得他说过,革命之所以爆发,都因为人类长期渴望"直立行走"(walk upright)。自然法则的精髓就在于其假定了人类尊严的基本需求:"无论是人,还是他的阶层(就像布莱希特说的),当他们发现脸上带脏物时,都感到不高兴。"[2]布洛赫十分认可,人类幸福必不可少的部分是自我发展或幸福生活(eudaimonia)的可能性。它不是一种消极权利,而是一种积极的权利,从它的定义来看,可以知道这种权利不是由他人来替自己决定的。然而,幸福的目标不是像英译字面意思传达的那样,只关乎人类幸福。人类的旺盛描述的是一种通过对他人付出,或者在思想、想象、创造力等方面充分发挥个体潜能、实现自我价值的状态。相对应地,布洛赫的自然法则"最为

---

[1] Ernst Bloch, *Natural Law and Human Dignity*, trans. by Dennis J. Schmidt, Cambridge, MA: MIT Press, 1987[1961], p.xxix.

[2] Ibid., p.203.

重要的旨意是要消除人类的堕落"。[1]如果没有此种明辨是非的标准，剥削就不会受到谴责，我们也无法预见一个性质不同的未来社会，更不会使它成为现实。因此，布洛赫的大部分研究都在探讨资本主义自然法则的排外性、迷幻性及其窘迫局势。他旨在展示，自然法则的隐性目标是要达成无阶级的社会状态。对于布洛赫而言，人性不是静止不动的，不是某种个体必须立志追求和被迫遵从的标准规范。[2]正因为人类是多样化、可变且能够自我创造的生物，任何具有真正激进意义的政治目标，无不要实现一种保证个体拥有决定自我生命意义，从而发挥各类个体潜质的自然权利的世界模式。

这也符合赫伯特·马尔库塞的观点，他曾用一句让人记忆深刻的话来描述政治，说它是"男人们女人们为活得像人而日日夜夜开展的斗争"。[3]社会主义将更加人道，因为它能够使男人们女人们不用受剥削，并且以最低限量的劳动和牺牲就能满足自我与社会的需求。因为他们可以自由自在地实现个人天赋与个性化的发展，所以他们所处的社会更符合人类的属性，例如具有创造性地实现自我的固有能力。马尔库塞的另一部作品《爱欲与文明》也阐释了同样的观点，因此在众多的以乌托邦想象为特征的马克思主义传统中，这本书是最具原创性且扣人心弦的文本之一。[4]它陈述的观点是，虽说所有的社会都是压制性的，都要求个体的满足和欲望应位于工作的准则（也就是"现实原则"）之下，但是社会的压制性程度各不相同。马尔库塞曾指出，弗洛伊德曾错误地基于促发人类为有限资源而竞争的资产阶级社会形式，推断出现实原则

---

[1] Bloch, *Natural Law and Human Dignity*, p.205.

[2] Ibid., p.192.

[3] Herbert Marcuse, *An Essay on Liberation*, Harmondsworth: Penguin, 1972[1969], p.88.

[4] Herbert Marcuse, *Eros and Civilization: A Philosophical Inquiry into Freud*, London: Abacus, 1969[1955].

只有一种形式。假如没有剥削性的社会关系，也不存在源源不断的经济增长需求，在这样的社会里，科技资源不断增长，将使剥削、竞争和高速增长的需求完全变得没有必要，资本主义导致的"剩余价值压榨"也将不复存在。在这样的社会里，男人们女人们即使仍然没有从压制中解脱出来，他们至少也摆脱了资本主义的"绩效原则"。根据这一原则，我们要为一个不为我们自身所控制的机器服务，它使人类的需求服从于资本积累这样抽象且毫无意义的目标。

在战后的三十年间，马尔库塞在美国执笔撰写了颇受关注的带有激进色彩的系列文本。在这些文本中，马尔库塞感慨在高度发达的社会里，服务与消费品的地位持续不断提升，但是却不必要地被强化。这些商品以牺牲人类性命为代价，来满足那些错误，至少是有限和具备毁灭性的需求（由于需求强烈且不断）。而相反这些需求只有在社会发生质的改变，并以追求和平、友好与美丽为原则时才能得到满足。马尔库塞还在《论解放》中讨论了"社会主义的生理基础"。大多数后殖民理论家在听到这个说法后，也许都敬而远之。[1]但是马尔库塞根本不会像他们想的那样，是某种天真的"本质主义者"。他也没有提到过，我们都应遵循人性的某种不变的理想。从他批判发达资本主义的愚蠢命令，到他用同样强烈的口吻来评价苏联社会主义模式的官僚体制，我们都可以发现，他的作品主要传达的重点是主体的解放。[2]自由是一种不再受到竞争绩效束缚的生活状态，也不再遭到消费活动和侵犯行径"第二本质"的驱使。[3]更重要的是，替换

---

[1] Marcuse, *An Essay on Liberation*, p.17.

[2] 道格拉斯·凯尔纳解释了马尔库塞是如何在不摒弃主体性的情况下设想其进步变革的。Douglas Kellner, "Marcuse and the Quest for Radical Subjectivity", in John Abromeit and W. Mark Cobb(eds.), *Herbert Marcuse: A Critical Reader*, London: Routledge, 2004, pp.81-99.

[3] Marcuse, *An Essay on Liberation*, pp.20-21.

掉"使全球的大部分地区都沦为地牢的体系"[1]可以实现更为平等的
资源分配，也可以减少这一体系从前在开展贪婪且有破坏性的扩张
运动时所耗费的精力。社会主义是一个以解放为目标的竞争舞台，
平等在此意味着个体可以自由地追求符合自身动态、多面本性的创
造性活动。一个公正的社会将把非必要性的压制活动抛之脑后，致
力于"普遍地满足人类的基本需求，使其摆脱懊悔与恐惧的心情"。[2]
它既会授予使人类脱离痛苦和欲望的消极权利，也会授予"创造性的
自我实现目标的积极权利"，也就是马尔库塞所说的"潜能的自由展
示"。[3]因此，对马尔库塞来说，美学不仅是远离世俗尘嚣的创造性经
验领域，它同时也为个体承诺了一种可供他们极致发挥创造力、想象
力、感受性和玩乐条件的存在形式。总之，人性化地活着也就是自由
地活着。阿多诺也有一句话："革命的目标是消除恐惧。"[4]

　　但是，这并非说，法兰克福学派的马克思主义者十分聪明地掌握
了发达资本主义的殖民主义和新殖民主义层面。我在别处谈及阿
多诺的作品时说过，[5]法兰克福学派的主要代表人物均特别强调：
"当今世界大部分地区的人类生活比我们想象的还要极度贫困。"[6]
但是，马尔库塞不认同部分地区的富裕会使得偏远的其他地区变为
地牢的说法，比如越南、刚果、南非和"富足社会"（密西西比、亚拉
巴马州和哈勒姆）里的贫民窟，[7]并认为口出此言的人是在"垢化"

---

[1] Marcuse, *An Essay on Liberation*, p.23.

[2] Marcuse, *Eros and Civilization*, p.115.

[3] Ibid., p.137.

[4] Theodor Adorno, "Letter to Walter Benjamin", in Theodor Adorno et al., *Aesthetics and Politics*, London: Verso, 1977, pp.120-126, p.125.

[5] Robert Spencer, "Thoughts from Abroad: Theodor Adorno as Postcolonial Theorist", *Culture ,Theory, Critique*, Vol.51, No.3(2010), pp.207-221.

[6] Theodore W. Adorno, *Can One Live after Auschwitz?A Philosophical Reader*, Stanford, CA: Stanford University Press, 2003, p.121.

[7] Marcuse, *An Essay on Liberation*, p.17.

现实。[1]然而，阿多诺、布洛赫和马尔库塞在质疑同时代的社会时所构想的其他可能的社会，是在非教条主义人文主义的启发下形成的。他们无时无刻不在强调解放的理念，以及对资产阶级文明的内在批判，斥责其无法实现自身理想。正如阿多诺所断言（我们也应特别提及）的，甚至就连在"亚洲和非洲"这样的地区，"人类文明也是非人道的，因为在这里统治者会不知羞耻地把部分群体标榜为野蛮人"。[2]虽然法兰克福学派无暇将这些观点更系统地应用于殖民主义和反殖民主义的社会语境，但这并不代表我们无法做到。

　　说到萨特，或许没有哪一个思想家像他那样遭到反人文主义者系统性的、嘲讽式的排斥。但是如果让我说，关于自由人文主义者如何推翻殖民主义、怎样诠释革命的新形式，我想也只有萨特的解释才最有力度。实际上，结构主义和后来的后结构主义都是根据萨特的存在主义来进行自我定义的。但是萨特的作品最具魅力之处，毋庸置疑也是其最实用和最适时之处是，其不仅强调人类主体的易变性，同时也认为人类主体不可缺少是政治活动必须维护的原则。萨特之所以是人文主义者，并不是因为他所代表的存在主义认为，人性内部存在值得颂扬或复兴的某种"本质"；而是因为他主张，人类应赢得塑造自我个性的自由和责任，同时人类的性格最突出的特点是偶然多变。此外，萨特的自由理念家喻户晓，离不开他对反殖民主义革命的维护。众所周知，萨特在阿尔及利亚解放战争和越南抗击美帝国主义的斗争中都给予了受压迫者大力的支持。反殖民主义革命的目的是，要建立一个让所有人都能够有意义，（因拥有自由而）有尊严地生活的生存环境。所以说，对萨特来讲，人文主义不是客观存在，而是要通过主动创造才得以实现的事物。

---

[1] Marcuse, "Political Preface 1966", *Eros and Civilization*, p.12.

[2] Theodor W. Adorno, *Negative Dialectics*, trans. E. B. Ashton, London: Routledge, 1996[1966], p.285.

因此，任何人都不能毫不负责地说，这种人文主义是欧洲中心主义的，因为它并没有断然要求，非欧洲的种族要按照欧洲人定义和准许的人性理想来生活。与此相反，这种人文主义声称，人不存在本质身份或个性。假如用一句悖论的句子来对此进行总结，也就是，萨特坚称，人类的本质是其摆脱本质的自由，从而收获自我创造的能动性。萨特的人文主义强调的是被剥夺者的能动性，而不是占有者的能动性。但是为什么这类人文主义构想对现存的后殖民研究来说是一种威胁呢？简单的回答是，它为解放的观念开辟了新视角。当此前的后殖民批评者满足于解构殖民国家，或者柔和地驳斥殖民国家的"差异"和"杂糅"理念，身为人文主义的后殖民主义会因殖民体系的压制性特征，及其限制和破坏人类潜能的现象而对其展开严厉抨击。同时，当这种类型的后殖民主义构思并预设取代殖民国家的其他形式时，它十分确信用来实现此判断的人文主义标准，也对推动自我发展的人文主义理想满怀信心。这是因为，人文主义标准和理想强调自我意志而非指令规范，注重主体的动态特征而非固定本质，由此也不容易受到欧洲中心主义的责难。这种人文主义使得我们能够分析后殖民文学文本。例如，可以毫不羞涩地探讨很多作品中描写的殖民主义与资本主义的压倒性的、非同一般的语境。我们期待有朝一日，人文主义同样可以说服我们不再忽视那些文本的能量，它们可以表达出那种通常是确定无疑的、更加公正、更加自由的人文主义思想。

当然，从萨特的著作《存在与虚无》可看出，人类主体是萨特早期哲学的重心。[1]萨特所指的主体和客观世界不可分离。这里的世界也不是可以被分成物化的主客体的二元化世界。在萨特的众多哲学文

---

[1] Jean-Paul Sartre, *Being and Nothingness: An Essay on Phenomenological Ontology*, trans. Hazel E. Barnes, London: Routledge, 1958[1943].

本中，我们学会的重要一课是，意识始终是带有目的性的，也就是说，意识是蕴含某种事物的意识，这和意识先于客观世界而存在，创造客观世界，并为其提供支撑的说法全然不同。也许意识会为世界增添某种意象，但是意识始终无法预知世界。同理，"我"或者"本我"是意识与物质世界相互交流的产物。萨特还认为，反思性的意识其实能够把握自我的易变特征，它会引起某种焦虑或"恶心"的晕眩体验。在体验完这种感受后，我们便能够（至少乐意地）接受剧烈的变动现象，从而有意识地脱离原本错误的内在自我，或者通过说服自己，我们的个性、身份和存在已在外界的定义下形成，来最终向心怀不轨、自欺欺人或虚情假意（mauvaise foi）的那个自我妥协（对此，萨特在作品中常常提及的经典例子有种族主义，尤其是反犹太主义）。因此，萨特的思想告诫我们，不管是人类历史，还是人类个体生命，其意义和目标都不是由某种超自然的造物主来决定的。所有的一切都悬而未决，也正如罗昆丁（Roquentin）曾在《厌恶》中所说："偶然就是最为本质的东西。"[1]

　　想要回避塑造自我或重塑自我的自由，是绝不可能的，因为自由已是构成我们真实存在，或"社会环境"的无法避免的一部分，[2]也就相当于我与生俱来所处在的身体与世界。萨特曾在《存在主义是一种人文主义》的讲座中，创造了一句标语"存在先于本质"。[3]人类既是自由的，也是因情况而定，具有象征意义的意识体。因此，萨特曾在他的早期作品中作出激进的阐发："如果我被放在一个社会环境当中，如战争，我将自由地改变活动范围，从而使战争成为我的个人战争，我必须全权负责的一场战争。"这句话实则表明了"人只是

[1] Jean-Paul Sartre, *Nausea*, trans. Robert Baldick, Harmondsworth: Penguin, 2000[1938], p.188.

[2] Jean-Paul Sartre, *Existentialism is a Humanism*, trans. Philip Mairet, London: Methuen, 1948, p.46.

[3] Ibid., pp.26-28.

自己塑造的人"。[1]我们还应明确，有关主体和意识的阐述没有任何
"玄学派"的意味。弗雷德里克·詹姆逊也解释道，《存在与虚无》中
的人类是一种虚无的存在："人类个体实际上是虚无的，无能的，无法
实现终极、最佳的稳固性和本体的充实。"[2]我们也不需要大肆宣扬，
我们支持萨特的真实性观点。萨特的真实性概念是我们长期接受训
练而蔑视的词语之一。

　　作为虚情假意（mauvaise foi）的反义词，萨特的真实性却和我们
所认为的真实性刚好相反。真实性不是指与既有身份或个性相符合
的某种状态，而是指主体自由却艰辛地脱离非真实性的一种不确定
状态。根据萨特1945年的讲座，人文主义有两种类型，包括非真实
性和真实性。萨特不认同第一种人文主义，认为"它是天真'荒诞'
的理论，旨在把人追捧为自身的最终理想和至上的价值"。[3]做出这
样的判断不具备前提条件："由于人类始终有待确定，一个存在主义
者绝不会把人类本身视为结局。"[4]有人傲慢地相信，人类是固定不
变的，也优于大自然和其他的动物。这种"狂热的人类崇拜"最终演
变为法西斯主义。第二种人文主义是萨特所推崇的人文主义类型。
其认为人类能在自主确定目标的基础上"超越自我"。我们"永远都
处在人类宇宙中"，[5]但是我们不会受困于自我主体中，而是能够创
造自我，并最终超越自我。存在主义之所以为人文主义，是因为它提
倡人类应是自身的立法人。如果一个社会能够保证并鼓舞有意识的
立法行为，那么它代表的是人类的发展："人只有在不断地超越自我，
不断地寻求实现自我解放或某种特殊潜质的目标，而不是对自己弃

---

[1] Sartre, *Existentialism is a Humanism*, p.28.

[2] Fredric Jameson, *Marxism and Form: Twentieth-Century Dialectical Theories of Literature*, Princeton, NJ: Princeton University Press, 1971, p.268.

[3] Sartre, *Existentialism is a Humanism*, p.54.

[4] Ibid., p.55.

[5] Ibid., p.55.

之不顾的情况下,才能成为真正意义上的人类。"[1]

20世纪五六十年代,萨特如此激昂地致力于自由马克思主义,以及爆发在阿尔及利亚、中南半岛地区及其他地区的反殖民主义运动,他自我矛盾地坚持绝对自由可能性的做法开始受到挑战,挑战来自对意识寻求自我,或是被迫行动的政治情境的再度重视。无论个体如何被塑造,他们始终有机会来理解和影响自身的生存状况,从而对其承担责任。这一时期的萨特哲学取得的最大进展是,其逐渐认同伦理行为(萨特在《存在与虚无》末尾部分承诺的,但却没有时间对其展开描述的伦理体系)[2]存在于个人对真实性的追求过程之中,同时也存在于佩奇·亚瑟(Paige Arthur)指出的,自我"从他者身上看到自由",[3]并为实现他者自由而帮助其去除障碍的能力。如亚历山大·泽文(Alexander Zevin)所示,为证实亚瑟的观点,萨特在20世纪五六十年代的作品没有过多地关注伦理,而是直接讨论政治话题。[4]从这一时期的萨特作品中,我们可以看到一个敏锐意识到去殖民化、冷战和美苏帝国主义等严峻全球局势的思想家。与此同时,他还认识到,在这种局势的驱动下为全面打破原有的社会和经济控制而开展的激进政治运动有着很好的展示机会,以及自身作为哲学家为帮助全球有效摆脱社会和经济控制所应承担的责任。因此,萨特哲学的伦理与政治目标没有局限于体现在自我身上的人类发展,它还包括体现在他者身上的人类发展。萨特哲学的创新之处在于,其热忱、勇敢且又坦率直白的人文主义信仰,始终坚信人类的发展是思想和政治行动的主要目标。这种人文主义绝不等

---

[1] Sartre, *Existentialism is a Humanism*, p.56.

[2] Sartre, *Being and Nothingness*, p.628.

[3] Paige Arthur, *Unfinished Projects: Decolonization and Philosophy of Jean-Paul Sartre*, London: Verso, 2010, p.69.

[4] Alexander Zevin, "Critique of Neo-Colonial Reason", *New Left Review*, 70(2011), p.148.

同于所有后殖民主义者都唾弃的指令性人文主义。与此相反，它的唯一价值体现于思想和行动都应为提升自由而服务的信念。

值得注意的是，对于萨特前期哲学的部分基本信条，马尔库塞已作了十分详尽的考察和批判。马尔库塞尤其反对萨特哲学的非历史性。萨特相信人类自由是不可侵犯的，这从马克思主义的视角来看是唯心主义的。它混淆了带有特定历史形式的人类存在和普遍意义的人类存在。[1]但是正如马尔库塞曾提醒我们的，人类还未完全实现自由。在完全物化的世界里，人类仅是物质客体："因而被折磨至死的反法西斯主义者为能'跨越这种境遇'必须保存道德和思想上的自由，但是无论如何，他们仍因备受折磨而最终逝去。"[2]更糟糕的是，在人类自决论的存在主义模式的背后，是一种竞争性的自我主张的资本主义意识形态：萨特"用激进主义和政治反叛的新外衣来展示旧的意识形态"。[3]

对于马尔库塞而言，自由只是目标，而不是现实。我认为由于萨特在其后期作品中承认在经济，尤其是政治上束缚主体自由的客观因素，这在某种程度上回应了马尔库塞对萨特前期哲学的否定。西蒙娜·德·波伏娃也曾探讨对女性自由的束缚，毋庸置疑，这为萨特能承认政治和经济束缚发挥了至关重要的作用。正如萨特最终在《辩证理性批判》的两卷书中所概述的，他逐渐意识到，自由是扭曲的，自由的实现遭到某种自然或人为因素（或无实用效果的因素）的束缚。马尔库塞提出的这些批评无疑迫使萨特在其后期作品中强调阻碍人类实现自由的门槛，并着重指明，自由不是让我们欢庆的事

---

[1]　Herbert Marcuse, "Existentialism: Remarks on Jean-Paul Sartre's *L'Être et le Néant*", *Philosophy and Phenomenological Research*, Vol.8, No.3(1948), p.311.

[2]　Ibid., p.331.

[3]　Ibid., p.335.这篇文章出现于马尔库塞1972年版的《批判哲学研究》(*Studies in Critical Philosophy*)，这篇文章首次发表于1948年，时隔多年马尔库塞附言赞扬了萨特使政治和哲学融为一体的举动。

实，还需要我们通过不断地奋斗来争取。马尔库塞的存在主义批判和阿多诺的《否定的辩证法》[1]至少证明了，我在本章中所倡导的是一种多样化的传统，而不是同一性或被集体拥护的哲学。

因此，我们接下来要讨论的是萨特的模范反殖民主义。就我而言，萨特如今之所以被我们视为典范，是因为萨特对去殖民化的承诺，是由他对公认的人文主义自由原则的忠诚所驱动的。关于萨特的去殖民化倾向，我认为它在很多方面都有所体现。比如，萨特反对种族主义和反犹太主义（也针对它们提出见解），《摩登时代》（他在1945年创办的杂志）在出版之初就呈现国际主义的发展趋向。他还引领了泛非洲主义期刊《非洲现状》（*Présence Africaine*），曾公然赞同黑人的品质特点（négritude），并在罗素法庭上为越南发声，同时还包括他对古巴革命运动的支持，对非洲，尤其是阿尔及利亚独立运动的拥护。他还在后期参与了地方主义运动与移民劳工的反抗斗争。据此，我要强调，萨特在哲学上的自由主张在他参与的政治事件中有所体现，两者之间的关系密切。泽文希望我们能够注意到，他曾认为"萨特哲学观念和反殖民主义之间存在着一种异花授粉式的互动"。[2]例如，1956年当阿尔及利亚战争达到高峰时，萨特的文章《殖民主义是一种体系》说明了以殖民地的身份来保住阿尔及利亚是绝不可能的事情。与此同时，文章也介绍了能改善当地民众生活现状的改革方案。贫穷，甚至饥饿都不是弊政，或正如加缪所认为的，自然灾害导致的偶然性结果。[3]事实上，阿尔及利亚沦为殖民地，也就意味着其领土必定遭到窃取，民众受

---

[1] Adorno, *Negative Dialectics*, pp.49-51.

[2] Zevin, "Critique of Neo-Colonial Reason", p.143.

[3] 阿泽戴里·哈道尔谈及加缪和萨特针对"阿尔及利亚危机"提出不同的解决方法。Azzedine Haddour, "The Camus-Sartre Debate and the Colonial Question in Algeria", in Charles Forsdick(ed.), *Francophone Postcolonial Studies: A Critical Introduction*, London: Arnold,2003, pp.66-67.

到压榨。一直到二战之后，这种压榨仍在延续，甚至情况加剧。只有当法国全面撤除驻扎阿尔及利亚的军队，阿尔及利亚人追求且顽强不息地实现国家领土的解放，当地的殖民压榨现象才能彻底终结。

自由是至高无上的价值。哪怕民族的自由不足以决定种族的自由，但是它始终都是必不可少的。因此，萨特才会对前比属刚果首任总理帕特里斯·卢蒙巴遭比利时特种部队杀害的事件十分感兴趣。[1]此时在刚果（金）以及非洲的其他大部分地区，凭借当地软弱而腐败的资产阶级，西方企业势力持续占据主导地位，殖民主义也早已被新殖民主义所取代。萨特全面研究卢蒙巴的职业生涯悲剧后总结道，没有人会平白无故地授予我们自我决定的权利，我们必须靠斗争来赢得自我决定权，同时自我决定权还必须是全面完整的，也就是说它在政治和经济上都要有所体现。随后，我们还需要认清，人文主义不是用来命名各种族被迫遵从的特定状态。比如在殖民主义者的手上，人文主义将变成虚伪的种族主义。法国殖民主义者之所以可以任意主宰其他种族，是因为他们没有赋予对方任何权利与独立的意志。伞兵可以在阿尔及利亚的地牢里对囚犯实施电击惩罚。这是因为，他们自称是最正统的文明，有权，甚至有义务操控他们所认为的半人或者非人群体的命运。"种族主义的功能之一就是，补偿资产阶级自由主义潜在的普遍主义：既然所有的人类都拥有共同的权利，那么不享有这些权利的阿尔及利亚人就不是人类"，即使其他族群对他们施加压榨与折磨，也都是合法无罪的。[2]在这个过程中，殖民者既强化了自身的地位，但同时也把自己变得非人性化。面对阿

[1] Jean-Paul Sartre, *Colonialism and Neocolonialism*, trans. Azzedine Haddour, Steve Brewer and Terry McWilliams, London: Routledge, 2001, pp.175−223.

[2] Jean-Paul Sartre, *Critique of Dialectical Reason*, Vol,1. trans. Alan Sheridan-Smith, London: Verso, 1991[1960], p.51.

尔及利亚人的奋起反抗,欧洲人

> 必须正视我们人文主义这突如其来暴露的丑陋面孔。正如你所看到的,它裸露着身体,极不雅观。它什么也不是,最多仅是充满谎言、为掠夺行径提供完美辩护的意识形态。……对我们而言,再也没有什么比种族主义人文主义更为始终如一,毕竟欧洲人只有在创造奴隶和魔兽的过程中才能体现其作为人的身份。[1]

但是,萨特通常都是挥舞着人文主义的旗帜来回应帝国主义的不人道现象,即便军队、政府和法国民众都对这一行为十分反感。其实萨特想教给我们的是,除非去殖民化受到包含主体的能动性和责任信念在内的人性范畴的指导,并且能将财产和权利考虑在内,否则它无法从根本层面脱离褫夺殖民受害者的自由、剥夺其权利与践踏其潜力的殖民体系。

因此,萨特对越南战争的批判也意义重大。据萨特所言,在越南战争中,美国政府的目的是避免其他国家试图通过反抗的政治运动来挑战美国的霸权或者基于美国霸权的全球体系。萨特愤愤不平地将这场战争称为大屠杀式的战争,它利用了越南农民军和美国侵略军在军事科技实力之间的悬殊差距。美军遭遇不折不挠的越南游击战,对平民和战士不加区分地展开扫荡式大屠杀。在力图从策略上稳固与扩展霸权地位的欲望面前,他们所有的道德内疚都消失得无影无踪:

> 美军也承认,他们有意识地开展这场战争,使得当地所有民众都

---

[1] Jean-Paul Sartre, "Preface" to Fanon, *The Wretched of the Earth*, trans. Constance Farrington, Harmondsworth: Penguin, 1990, p.21.

受到大屠杀的挑战和生命威胁，对此他们自觉有罪。当农民被机关枪击中，在稻田里死去时，我们所有人都很伤心。因此，无论是在理论上，还是在抽象意义上，越南人是在为所有人战斗，而美国军队则在和我们所有人作战。这不仅因为，大屠杀是人类普遍谴责的罪行，同时还因为，除了核战争对人类的威胁之外，大屠杀的威胁也在一点一点蔓延至整个人类。这种罪行每天都在我们眼皮底下发生，把那些不谴责它们的人变成了共犯。

在这样的环境中，帝国主义屠杀变得更为严重。因此，正在毁灭越南民族的美国军队其实是在毁灭整个人类。[1]

佩奇·亚瑟认为这段话表达的内容"过于紧张"。[2]但是，我认为它抓住了萨特革命性人文主义最为重要且最具吸引力的层面。其重点不在于美帝国主义通过将越南人变为可牺牲的亚人类来使他们无法效仿既定的人类标准。其实美帝国主义在这样做的时候，垄断了人类向往生活与自由的权利，从而阻止更为公平公正的世界到来。据此，阿泽戴里·哈道尔（Azzedine Haddour）曾说明，这里不存在任何"末世论"的原理。[3]萨特坚信，充分的自由在后资本主义制度下是保障其社会和经济秩序的必要条件，但是他并没有声明这些都是必要的后资本主义秩序。阿泽戴里小心翼翼地将这部分秩序归结为民主的范畴，将它们与苏联模式的社会主义区分开来。[4]仅从定义

[1] Jean-Paul Sartre, "On Genocide", in Peter Limqueco and Peter Weiss(eds.), *Prevent the Crime of Silence: Reports from the Sessions of the International War Crimes Tribunal*, London: Allen Lane, 1971, pp.364–365.

[2] Arthur, *Unfinished Projects*, p.162.

[3] Azzedine Haddour, "Introduction: Remembering Sartre", in Jean-Paul Sartre, *Colonialism and Neocolonialism*, trans. Azzedine Haddour, Steve Brewer and Terry McWilliams, London: Routledge, 2001, p.13.

[4] Jean-Paul Sartre, *Between Existentialism and Marxism*, trans. John Matthews, London: Verso, 2008, p.92.

而言,萨特的人文主义是声称人人平等的,也是自愿和普遍性的。

爱德华·萨义德的人文主义

没有文本可以像爱德华·萨义德的《东方主义》那样为后殖民研究建立起反人文主义的关怀作出更大贡献。[1]在20世纪70年代末80年代初,萨义德的研究有效地创立了后殖民主义的学科领域。可以说,迄今为止,后殖民研究仍被认为对人文主义持有偏见,包括人文主义修辞和人文主义信念。至少可以说,后殖民主义者始终不肯相信,主体具备既可以被否认,也能得到认可的权利,还有既有可能遭受压制,也可以获得培养的能力和需求,甚至主体的本性也可以被异化或得到实现。如果我说,这位作品通常被广泛理解为反人文主义的作家,事实上是人文主义传统坚定不移且十分有识别能力的维护者,这样的说法绝不带有一丝歧义,同时在《东方主义》出版前后,萨义德也多次提及他守护人文主义传统的承诺。本小节的目的是为了证明,不论萨义德的《东方主义》现阶段对某些学者来说是多么自相矛盾,可以确信,萨义德始终没有放弃人文主义批判的宝贵资源。萨义德的经典著作围绕文化与帝国之间的复杂联系展开,论述帝国文化与帝国暴力在所谓的后殖民世界中所施加的持续控制,事实上,无论如何,没有任何一个名词术语可以像萨义德自身所说的“人文主义”那样更适合用来概括其在创作这部作品时所借用的指导方法和指导理念。其实萨义德个人十分怀疑马克思主义。据我所知,他一方面错误地认为马克思主义忽略了帝国主义和反帝国主义因素;另一方面又十分正确地看到马克思主义起伏跌宕的历史进程。我希望大家可以发现,萨义德的全部人文主义作品,和我到

---

[1]　Edward W. Said, *Orientalism*, Harmondsworth: Penguin, 1985[1978].

目前为止已经诠释的人文主义传统相匹配，甚至从属于其中。可以确切地说，萨义德的作品不属于此前其通常被罗列进去的反人文主义传统，即便在某种意义上，也许就连《东方主义》本身也在不经意间把自己归为反人文主义派别。

当然，东方主义这个名词是萨义德用来概括西方国家对中东地区所产生的一系列偏见和印象的术语。由它形成的话语权力持续时间十分之久，从埃斯库罗斯（Aeschylus）到爱德华·摩根·福斯特（E. M. Forster），并从歌德（Goethe）延续到杰拉尔德·鲁道夫·福特（Gerald Rudolph Ford）。我们可以从《东方主义》看到，东方主义话语的形成不是源于西方列强实施的系统性殖民冒险，更不是源于那些冒险与资本主义密不可分，而是源于某种内在的文化忽视，或者"渴求权力的欲望"。假如该书的读者们没有认识到，东方主义既是一个没有主体的过程，也是一个不存在受害者和反对派的过程，他们这样的想法是可以被谅解的。然而这不是因为萨义德十分愚钝而没有考虑到东方主义的过程应该存在受害者和反对派，而是《东方主义》压根就对它们不感兴趣。它更多地关注话语效应的一致性和持久性，或中东地区的社会状况与东方主义话语所简略描述的中东状况之间有什么不同之处。令人感到意外的是，萨义德除承认中东地区的存在，并讨论遮蔽它们的东方主义话语外，就再也没有讨论过中东地区的其他方面。基于《东方主义》，萨义德1993年的《文化与帝国主义》增添了系统反抗殖民主义统治的内容，[1]可以说，没有这部分内容，较早出版的《东方主义》将不幸地让读者误认为，欧洲人对中东地区设定的理念无所不包，执行效力无懈可击，也难以挑战并改变，事实上，他们所处的地区几乎没有受过西欧长期或正式统治，也从未停止怨恨并不出所料地战胜那些强加于其身的东西。

---

[1] Edward W. Said, *Culture and Imperialism*, London: Vintage, 1993.

《东方主义》对殖民国家话语的深入描写和讨论，也为后殖民研究铺展开新的议程。在《东方主义》中，萨义德不把大多数针对中东地区生成的持久性"西方"观念视为意识形态，而是借用了福柯发明的术语，称它们为话语。其实萨义德一直都徘徊于葛兰西和福柯之间，也就是在霸权和话语权力这两者之间游移不定。当然，霸权暗指一整套用于维护特定统治制度的观念（主要来说，就是认为欧洲身份要比非欧洲种族与文化更为优越的观点）[1]。虽说这些观念易受外来的批判与变革（尤其当出于某种紧迫原因时），但它们始终是构成最终的暴力与压制体系的一部分。相比之下，话语是一个更为中立的术语，它既没有提及统治的概念，且在大部分情况下，都对话语所描述的现象来源和意图保持沉默。将东方主义解释为霸权的人往往溯源到客观存在的阶级权力制度。而那些将它描述为话语的人们则更倾向于揭示，东方主义是西方"认知"世界中的内在组成成分，因此也是无法根除的。

在《东方主义》中，福柯方法论的经常出现也遮蔽了萨义德相当谦逊却又更具政治倾向的观点，其主要来源于葛兰西和马克思主义传统，它们与意大利的共产主义互不分离。这就导致西方国家对中东地区的正统表征归属于意识形态范畴，当欧洲（以及随后的美国）对当地实施权力控制时，它不断发挥着至关重要且独一无二却也引发争议的作用。但是萨义德仍倾向于将东方主义表述为一种话语，而为实现此效果，关于"欧洲文化在后启蒙时期为了在政治、社会、军事、意识形态、科学方法，以及想象力上把握，甚至创造东方形象而设定庞大的观念体系"的断言也需要变得更为强大和广泛。[2]当然，我们推断，东方主义对东方的模样不是凭空捏造，但它所建构的东方

---

[1] Said, *Orientalism*, p.7.

[2] Ibid., p.3.

形象是一个连贯和可预测的整体，与现实的中东社会及其周边地区无限多样而复杂的社会的确呈现很大的差距。但是，以上构想违背了霸权的核心理念：例如权力是广泛渗透却易变的；它所产生的效果也是全方位的，但始终又是局限且带有争议的。然而，话语体系是"如此之庞大"，以至于我们不可能从中走出来和对其进行评估判断。

用萨义德的观点来说，话语权力是如此深刻，包罗万象，其隐性效力如此强大，又不需要招人厌恶的强制性力量，以致它常常忽略人类有组织的反抗权力的政治潜力（乃至明显的事实）。当然，众所周知，福柯最为著名的观点之一是，权力始终会衍生其对立面，也就是，"哪里有权力，哪里就有反抗，但是反抗从不身处权力之外"。[1]它是在权力的驱动下产生的。正因如此，其几乎也称不上反抗。这种类型的反抗仅是革命的弱小替代品。如果后者暗指不可逆转的对抗情绪，则前者就指对权力的依靠，或者和权力之间的共生关系。正如莫伊舍·普殊同（Moishe Postone）强调，反抗的辞令经常与无能为力息息相关，以此来证实那个据说遭抵制的体系，甚或真正要赞同该体系的变革。

先别说自身也遭到反抗的反抗理念，或者隐含于其中的反抗政治，反抗的理念带有某种包括批判、反对、叛逆和"革命"在内的固定形式特征。反抗理念通常表达一种深奥的二元化世界观，尝试使统治体系和能动性的观念实现物化。它几乎不建立在对根本改变潜能的反思性思考之上，这种根本改变既有可能在动态异质化秩序的推动下生成，同时也会受其压制。[2]

---

[1] Michel Foucault, *The Will to Knowledge, The History of Sexuality*,vol.1, trans. Robert Hurley, Harmondsworth: Penguin, 1990[1975], p.95.

[2] Moishe Postone, "History and Helplessness: Mass Mobilization and Contemporary Forms of Anticapitalism", *Public Culture*, Vol.18, No.1(2006), p.108.

反抗的理念颂扬能动作用，但对于受压迫者所应承担的能动作用类型不予评价。此外，它也不涉及策略和目标。其既没有指明正在遭到反抗的体系，甚至也没有公然正视这一体系的废除和取代，而是限制其本身取代正如在英语和法语中的词汇所暗示的反应性与防卫性的花招。所以比尔·阿什克拉夫特在解释后殖民"反抗"时，将其定义为用来"赶走外来侵略者"的"微妙"而不可言喻的"防守形式"。这种类型的反抗不是有组织的或协调的，或甚至不是有意识的反抗形式，也没有致力于像压倒或甚至反对它所抗拒的东西这般武断的行动任务。"难道我们可以在不公然'反对'的情况下挺身反抗吗？"回答显然是："是的，我们可以！"[1] 正如普殊同所认为的，这种回答明显透露出无奈的情绪。它隐喻的是生存和抗议，不是改革图新。事实上，普殊同把他认为的"左派现存僵局"[2] 归为人类对旧式反资本主义格言的抛弃，以及严谨程度较低的世界观，它无法辨识反抗目标，也无法质疑在通常情况下，分别表现为反叛和恐怖主义的政治与各式反抗运动采用的策略。实际上，人们在不分褒贬地赞扬反抗理念时，也将模糊不同政治行动方式之间的界限，最终造成鲁莽的政治判断。当然，我们后殖民主义者并非热衷于一切针对主导性的权力形式的反应，我们只是更喜欢那些蕴含着改造过往权力时所需要的道德和政治资源的反应。例如，普殊同曾说，激进伊斯兰主义也许是一种反抗形式，但是它称不上革命。它没有在真正意义上与独裁统治展开任何对峙，也没有针对主要的伊斯兰国家中日渐恶化的经济形势提出任何对策。相比这些，反抗形式更多地关注反犹太主义、厌女现象以及"纯净"社会的极权主义者的看法，这些现象都没有在左派的传统意愿名单上出现。由于普殊同并没有将反抗理念的受欢迎

---

[1] Bill Ashcroft, *Post-Colonial Transformation*, London: Routledge, 2001, p.20.

[2] Postone, "History and Helplessness" , p.102.

度归因于福柯作品广受推崇，他并没有进一步阐述，福柯自身也犯了政治误判的同样错误。正如本书中凯文·安德森所讨论的，福柯在发表于意大利《晚邮报》的文章中鼓吹那股劫持伊朗革命的伊斯兰力量。[1]

最终，反抗的理念没做什么而只是在适当的位置肯定了它打算反对的体系。但是具有讽刺意味的是，这一切都是福柯相信的人文主义的实践和理念的命运："为我们所描述并按请求去解放的人本身已经受到比他自己深刻得多的臣服的影响。"[2]在福柯的观念中，主体既是权力效应的结果，也是我们表达和行使权力时所采用的方式作用的结果。因为主体也是备受压制的主体，所以我们在自身的旗帜上刻上人文主义的标语，这也就表明，我们间接地承认和赞同压制现象的存在。事实上，福柯用一段优美诗意的文字，来告别人类主体是统一的并决定一切的定义方式（大多数曾被福柯用作反面例子来定义自身思想的马克思主义者都拒绝了这种定义方式），不仅如此，更重要的是，他还借此对人类主体性本身作出了否决：

如果自16世纪以来形成的知识体系在其产生之初就已消亡，如果此时我们无法知晓知识的形式将作何种变化，或其发展趋向作何预设，只能感受知识消亡事件的部分可能性，如果它们像古典思想的根基那样，在18世纪末就崩塌瓦解，那么我们可以肯定地推测，人就像在海边沙滩上勾勒出来的脸庞一样转瞬消逝。[3]

---

[1] 参阅由凯文·安德森和珍妮特·阿法瑞共同撰写的 *Foucault and the Iranian Revolution: Gender and the Seductions of Islamism*, Chicago: University of Chicago Press, 2005。

[2] Michel Foucault, *Discipline and Punish: The Birth of the Prison*, trans. Alan Sheridan, Harmondsworth: Penguin, 1991, p.30.

[3] Michel Foucault, *The Order of Things: An Archaeology of the Human Sciences*, London: Tavistock, 1970, p.387.

　　福柯厌恶主体转变和解放的前景，这给福柯的作品带来了消极影响。福柯任由自己放弃主体反抗统治权力的自由理想。正如彼得·迪尤斯在谈及与福柯有关的话题时说："带有激进目的的权力理论需要我们解释受权力支配或压制的群体和事物，假如没有这样的解释，权力必定变成无谓之物。"[1]在福柯的作品中，此种解释的重要地位体现于：《疯癫与文明》对冲动和自发性的表述、1975年《规训与惩罚》中的大众正义，以及福柯在后期作品《性史》中所论述的身体和欲望。福柯在后期发表的《什么是启蒙？》中，甚至呼吁大家以更为细致的方法来讨论人文主义和启蒙。在此之后，他就再也没有作出过类似的解释。据珍妮特·阿法瑞和凯文·安德森考察，[2]这是因为伊朗革命的结局，以及他支持伊斯兰主义转向招致广泛非议而落得个自讨苦吃的结果。

　　也许是因为萨义德意识到福柯作品中的这些缺陷，他在继《东方主义》之后的几个文本中，全面地评估了他所洞察到的福柯有关权力阐述的局限性。《介于文化和体系之间的批判》表明，福柯已十分有建设性地揭露了时常隐藏于理性和科学客观话语中的立场和暴力。但是福柯自身既没有阐明权力的来源，也没有强调其作品中权力的局限性和弱处。事实上，福柯已掩盖权力来源于统治阶级及其统治利益的事实，转而误导性地把权力描绘为"不带蜘蛛的蜘蛛网"，或者也如萨义德所说的，"不带任何苍蝇的蜘蛛网"。[3]福柯几乎从未正面提出：我们为什么实施权力，由谁来实施的问题。此外，福柯的作品普遍缺乏有关阶级、社会和意识形

[1] Peter Dews, *Logics of Disintegration: Post-structuralist Thought and the Claims of Critical Theory*, London: Verso, 1987, p.145.

[2] Afary and Anderson, *Foucault and the Iranian Revolution*, p.137.

[3] Edward W. Said, "Criticism Between Culture and System", *The World, the Text, and the Critic*, Cambridge, MA: Harvard University Press, 1983, p.221.

态之间的争辩内容。"与其说沉着冷静地审视权力的运用，福柯的作品更多地讨论我们之所以要赢取权力，以及使用和守护权力的原因。"[1]

福柯希望回避"权力的统治是无媒介的"这种粗略的观点，是可以让人理解的。他差不多排除了由相反力量构成的中心辩证法，它是现代型社会的根基，即便也存在显然完美的"技术官僚式的"控制和看似非意识形态的效率，它们似乎统治着现代社会的一切。我们没有从福柯身上注意到，他在某种程度上与葛兰西的做法相似，都从曾参与过政治运动的政治工人视角出发，分析霸权、各个历史阶段和关系整体。对他来说，即使有关人类行使权力的描述再过迷人，也比不上改变社会权力关系的行动。[2]

萨义德随后还认识到，福柯把权力描述成不可改变的，这导致他忽略了与话语权力的效果，以及与话语权力所依赖的社会和经济秩序进行政治斗争的可能性和可欲性——这与明显的现实（actuality）完全不同。

无论文本中如何表现权力，也不管优越文化视角下的权力如何，历史中的权力极少以准确无误、毫无争议的形式存在，更不是非物质化的。萨义德提醒我们，"权力不是以法语为母语的统一性区域，而是在不均衡的经济、社会和意识形态之间形成的复杂联系"。[3]此外，就是将权力的特征当作不可回避，就像福柯那样于事无补地（unhelpfully）把权力再现为一种施加于精神而非身体的表演。借用苏珊·桑塔格的话，说权力成为话语，是一种令人窒息的

---

[1] Said, "Criticism Between Culture and System", p.221.

[2] Ibid., pp.221-222.

[3] Ibid., p.222.

陈腐见解。[1]虽然福柯学术著作涉及的范围没有如此广泛,还称不上欧洲中心主义,他也没有为存在(和空洞的统治措施相对的)直接对身体施暴问题的状况出谋划策,尽管直接对身体施暴始终是我们用以实施权力的主要手段,其大多数都没有出现在他作品直接涉及的区域,而对于历史性地掌握许多这类权力手段的民族,比起其他方面,福柯对它们的历史更感兴趣。当谈及权力是如何在殖民和后殖民世界中生效,这种主张低调的权力形式和暴力行径紧密缠绕的看法,则很成问题。如果我们不承认殖民国家的缺陷、暴力在殖民国家中的必要地位,以及它容易遭遇道德批判和政治变革的事实,我们将不太可能准确地对殖民国家进行论述。这不仅是萨义德在某种程度上全面摒弃福柯作品的原因,而且也是我认为后殖民学术界应抛弃福柯的某些特色观点,转而关注其他更能启发人的前辈学者的原因。对萨义德而言,福柯作品中最令人惋惜的弱点,既包括其在不经意间表现出的狭隘主义,也包括福柯认为权力是全面渗透、不可改变的想法趋向。由于这些缘故,福柯甚至无法认同革命性历史变革。[2]由此可见,不论他是否称得上评论家,一旦做评论工作,就有义务对权力进行描述,同时解释其存在,追溯其根源,批评其效果,以及谋求其解除。

　　我已费力地对萨义德为何摒除福柯作品中的反人文主义方面作出表述和解析。接下来,我要进一步准确无误地从显性人文主义视角出发,并用精准的术语来阐释萨义德是如何在随后的作品中展示殖民国家的权力行使过程,以及民众如何针对殖民国家开展革命性反抗运动,同时还将阐述萨义德之所以这样做的原

---

[1] 桑塔格最初的构想主要针对波德里亚就第一次海湾战争发起的争论,并在此过程中提到,“说现实成为景观,是一种令人窒息的陈腐见解”。Susan Sontag, *Regarding the Pain of Others*, London: Hamish Hamilton, 2003, p.98.

[2] Said, “Criticism Between Culture and System”, p.188.

因。但是在此之前，我们需要注意，他前期作品启发的信念并没在其后期作品中得到延续。就福柯而言，权力是无处不在和持久的，但同时伴随其存在的还有同样无处不在且永恒存在的"反抗"。对于这两者，福柯都没有作出任何价值判断。他的作品仅停留在对两者的相互关系作出描述，而没有包含任何关于解放的视角。与此相反，在萨义德的作品中，也许是因为受到人文主义信念的启发，萨义德以极为不同的方式将权力视作一种历史现象（而非形而上学的现象），认为它是可以命名的一种体系，这种体系既会受到批判，也会因那些旨在反抗和积极变革与替换权力的政治计划而无法长存。

众所周知，《东方主义》在庞大的后殖民研究中所发挥的影响力：《东方主义》不仅有效地创立了后殖民研究体系，而且其特有的方法论和政治思想也为后殖民研究起到塑形的作用。这本著作在触及殖民话语时，显然夸大了其持久性、涵盖范围和思想深度，遮蔽了殖民主义的起源和意图，没有说明任何反殖民主义计划。直到其后期作品，萨义德才开始探讨反殖民主义行动的相关问题。由于反殖民主义信念影响深远，至少在其前期作品出版之时，就在实践中取得惊人的成果，萨义德对它们不予重视，甚至仅把它们归为"反抗"行动的做法实在无礼。从很多方面讲，后殖民理论的原罪都源于其对"殖民话语"的采用。根据后殖民理论，殖民话语是隐含于礼仪陈规、行为套路，呈现为开放、无主体且不可回避的现象。就算许多文本使殖民话语"杂糅化"，或者使其呼应"差异性"的特征，我们从根本上削弱殖民话语势力的可能性几乎不存在，更无法将其推翻。"颠覆"殖民话语的徒劳行动使我们持续处于工作状态之中。由于后殖民批评家普遍怀疑类似阶级这样的分类，难怪我们极少听到他们提及资本主义。

实际上，后殖民研究习惯引用全球化和杂糅化的非敏感修辞来遮蔽仍持续存在的帝国主义统治形式。除出奇地对资本主义保持沉默（即使我们无法在不涉及资本主义的情况下充分理解帝国主义现象，但是自20世纪70年代开始，他们就对资本主义闭口不谈），后殖民主义者还对"欧洲中心主义"感到恼怒（这是一种想法），但是却没有践行现存的帝国主义形式（这同时也是一种极为残酷的做法）。虽然后殖民研究领域内的部分著名批评家相信，这个世界不是由资本主义帝国主义来塑造和解释的，而是由类似"欧洲中心主义、种族主义或民族主义"这些更具文化性或"话语性"的元素来建构的，但是从艾哈迈德（Aijaz Ahmad）的《在理论中》（1992）开始，后殖民理论的左派就严厉苛责这部分批评家，对他们公然的唯心主义观念感到不满：

> 马克思主义遭到拒斥的明显结果是，如今我们必须较少使用阶级，转而更多地使用民族、国家和种族这样的概念来理解由殖民地和帝国构成的世界。同时，我们在看待帝国主义本身时，不可把它视作等级化和结构化的全球资本主义体系，而应当把它看作在贫富国家和东西方之间所体现出来的一种支配与占领的关系。同时，无论大家是否认可这种观点，我们始终要相信，思想（在大多模糊不清的表述中也统称"文化"，但文化通常指书籍和电影）而不是生活的物质条件（包含文化），决定了国家和人民的命运。[1]

欧洲中心主义、种族主义、民族主义，还有父权主义，正是因为它们通常被视为文化的范畴，可以以维护差异性和杂糅性的名义来加以反对。这种努力当然是值得赞赏的，但是并不完整或至少不充分。阿里夫·德里克（Arif Dirlik）称这种情况为"后殖民话

---

[1] Aijaz Ahmad, *In Theory: Classes, Nations, Literatures*, London: Verso, 1992, p.41

语中，文化身份问题的转向"。[1]由此造成的结果在理论和实践上同时得到体现。在理论上，资本主义帝国主义将因此从我们的观念结构中远离；在实践上，其大部分精力将投入使西方"杂糅化"或维护其差异性的行动中。论及杂糅化和差异性，资本主义的分类毫无意义，反资本主义的实践更是如此。为此，拉扎勒斯将这种现象定义为"后殖民无意识"。因为"模拟""迁移""杂糅""矛盾""贱民""阈限"或者"群众"这些名词术语都持有共同的设想：我们之所以开展反抗斗争，不是为了对抗资本主义帝国主义体系（即使人们经常误以为如此），而是存在于这一体系之内，甚至在其驱动下发生，所以后殖民理论家还尝试从它们中提取"反抗"的理念。

　　萨义德的全部作品无论是在方法论上，或是在政治信念上，都保持充满战斗性的人文主义特色。在众多的作品中，其前期出版的《东方主义》无疑是被公认为最为自相矛盾的一部作品。但令人感到欣慰的是，萨义德在后期作品中开始审视其在这部著作里提出的许多概念，甚至驳斥这部分概念。考虑到如今的后殖民理论家已将武器指向像福柯这样的后结构主义哲学家，这从反面表明，后殖民理论已过多偏离了这一领域初创之时在政治和思想上许下的承诺，也以同样的程度偏离了后殖民理论中最为原始的反殖民主义原则和信念。由于《东方主义》涉及福柯之处毫无必要且不协调，这本书的读者常常为此感到不解。然而事实上，正如拉扎勒斯所说，该书中的福柯只是一个名称代号，是为了使左派更能接受该书而提及的，因而也带有策略性的目的。不过这也在所难免，《东方主义》出版之时恰是福柯哲学风靡全球之时。然而，萨义德人文主义是以十分不同的方

---

[1] Arif Dirlik, "Rethinking Colonialism: Globalization, Postcolonialism, and the Nation", *Interventions*, Vol.4, No.3(2002), p.432.

式来展示东方主义"话语"的。除《东方主义》之外,萨义德其余所有的作品都公然和准确无误地借用人文主义观点来强调话语权力的局限性。他较早的作品在倡导巴勒斯坦同胞的权利和信仰时,讨论了哲学的"开端",他后期的作品探讨了音乐和美学的风格。当然萨义德也不是马克思主义者,或者至少像他承认的那样,对马克思主义的政治历程不甚了了。[1]但是萨义德渴望同时涉及"蜘蛛网、蜘蛛、苍蝇和蜘蛛网的弱处",我认为他在这一方面可以与马克思相提并论。在其较为后期的作品中,萨义德还尤为坚定地认为,权力话语的局限性是由人类统一性和人类自由导致的。许多第一代反殖民主义运动都以人类的统一和自由为目标,萨义德也赞赏反殖民主义运动取得的成果,为其失败感到哀伤,但也极其渴望再次点燃反殖民主义变革的激情。

即使萨义德早已放弃福柯理念,福柯的名字仍不断出现在后殖民学者的大部分作品中。简而言之,尽管如此,萨义德仍没将他的理论方法归功于福柯,而把它们归于人文主义思想实践的前提条件和原则。大多数的这些条件和原则都由那些近乎遭人遗忘的美国批评家提出,如:布莱克默(R. P. Blackmur)、理查德·波里尔(Richard Poirier)和莱昂内尔·特里林(Lionel Trilling),除此之外,还包括尤其是埃里克·奥尔巴赫(Erich Auerbach)和莱奥·施皮策(Leo Spitzer)在内的德国比较哲学家。[2]萨义德的后期著作之一《人文主义与民主批判》简要概述了人文主义实践中的两大认知

[1] Edward W. Said, *Power, Politics and Culture: Interviews*, ed. Gauri Viswanathan, London: Bloomsbury, 2004, pp.158−161.

[2] 接下来有关萨义德的讨论基于我在《萨义德和伊拉克战争》("Edward Said and the War in Iraq", *New Formations*, No.59(2006), pp.52−62)一文中对其作品《人文主义与民主批判》《从奥斯陆到伊拉克》的思考。参阅Edward W. Said, *Humanism and Democratic Criticism*, New York: Columbia University Press, 2004; and Edward W. Said, *From Oslo to Iraq* and *The Roadmap*, London: Bloomsbury, 2004。

对象。作者一方面隐晦而直接地假设，所有的人为事物（其不受自然科学法则的限制，也非玄学家所说的不变本质）都极易受他人的解析和改变。因为社会、教义、文本和自我的道德观念与思想都可获得重新思考和塑造，它们都是易于变动的人类工作之产物。然而知识却不是毫无争议或容易习得的。萨义德解析维柯的观点时，评论了这种思想易犯的错误、其热情而非被动的本质特征，以及其与个人兴趣和情境之间不可避免的相互关系。有关人类所构建的东西的知识始终都是不完整和瞬时的，其有待于协商、审视和修饰，因此人文主义又包含自我更新和针对思想持续发起的抗争。换言之，即"人文主义等同于批判"。[1]

　　事实上，这是一般的人文学科的特殊使命，它促使人们批判性地审视人为的社会环境和思想观点。换一种说法，人类之所以为人类是因为他们有批判性自我认知的独特能力，或者如莱奥·施皮策所说过的一句令人印象深刻的谚语："人类思想被赋予的力量是对人类思想的探查。"[2]借用萨特的话，独特（但不一定高尚）的人类能力使得我们"建立区分于物质世界，具有独特价值模式的人类王国"。[3]如果你喜欢的话，这种人类能力也可称为意识或意识中的意识。由此可见，萨义德人文主义的认知概念是自我批判，其认知对象源于自我批判的世界主义道德和智慧。人文主义者对局限性思考方法的批判，使人性因其整体性而获得新的普遍的尊重。如果说自我批判是人文主义尝试的两大极端中的一端，那么另一端则指自我批判扩充个人同情心、道德感受和政治职责的潜力。如果从人文学科应承担的责任（检视类似文本、观念和机构组织等人为现象）和人文主义要维护的权利的视角（正如塞涅卡的经典格言"人类之事，我都关切"

---

[1] Said, *Humanism and Democratic Criticism*, p.22.
[2] Ibid., p.26.
[3] Sartre, *Existentialism is a Humanism*, p.45.

中所包含的信仰,我们要相信每个人生命的尊严、平等和价值)来讲,
萨义德是人文主义的捍卫者。

在建立人文主义尝试的双重原则后,萨义德又在《人文主义与
民主批判》中进一步阐明了"9·11事件"和美国的军事回击中美
国人文主义所需要的特殊性质。起初,民主人文主义和热衷"人道
主义干预"的人所阐述的这一信条的狭隘版本则完全相反。然而,
它与个人为抵抗外敌而潜意识地维护自我文化的行为毫无关系。
这不仅因为,犹如萨义德竭力强调的,美国是由众多移民组成的社
会,从而至少在构想上,是一个多元化和包容性较强的国家;更重
要的是,人文主义活动本身就具备扰乱、质问和修整那表面确定性
的本质特征。这些确定性因素永远都抵抗不了受到人文主义细致
审查的自我认知与世界认知。人文主义的常见模式是批判意识,
或对既存真理的否定。作为一种不断兴起的质疑视角,人文主义迫
使对侵略主义的意识形态作充满战斗性的批判,并断然拒绝对远方
的苦难的容忍:

> 原则上讲,它意味着把批判摆在人文主义的中心地位,而这批判
> 是民主自由的一种形式,也是不断质疑知识与积累知识的实践。无
> 论是对在冷战后的世界形成的历史现实,还是对其早期的殖民地形
> 成,以及对如今最后尚存的超级大国吓人地向全球进逼,它都持开放
> 态度,而不是否定的态度。[1]

汤姆·米歇尔在诠释萨义德的观点时客观地评论道,没有批判,
人文主义往往对所谓西方文化的优越性盲目尊崇,但是如果没有人

---

[1] Said, *Humanism and Democratic Criticism*, p.47.

文主义,批判最多只是空泛的诡辩。[1]

　　纱丽·马克迪西(Saree Makdisi)则认为,萨义德包容性的人文主义离不开他对以色列和巴勒斯坦"一国两制论"的设想。在那里,和平存在的条件不是各族群、种族或宗教在差异和分离中体现的不同意识形态,而是一种能够承认"他者"为人类并享有权利的接纳行为。对于此种行为,做比说要难得多。对以色列人而言,他们的政治和军事实力更强,但他们也在最近的几十年间,因驱赶巴勒斯坦人,强占巴勒斯坦领土,以暴力统治巴勒斯坦地区而担负罪名。这使他们承担起缓解两国关系的更大责任。这里的和平,指下决心不再将巴勒斯坦人视为阻碍以色列对土地的专属权利和抢夺其资源的麻烦,而是将他们看作寻求公正协议的伙伴。如果站在巴勒斯坦人的立场上看,和平意味着双方都要抛弃几百年来导致宗教分歧的狂热思想,以及试图借助武力来战胜对手的幻想,转而和以色列方相互协商,在西方发起运动,要求对纵容以色列非法占领行动的政府施加压力,同时剔除本国非民主的短期领导层及其缺乏想象力的政策。借用马克迪西的话:"所谓的巴勒斯坦,也就是为表达新型人类定义而抗争的巴勒斯坦。"[2]萨义德也说:

　　巴勒斯坦人的真正优势在于他们坚持把人类当作细小的事物来看,为了实现宏伟壮丽的计划工程,细小的东西有可能被人清除。所以巴勒斯坦人死死地守护着那片叫巴勒斯坦的小片领地,或者和平的理念。巴勒斯坦人的和平既不是把人类变为非人类的计划,也不对势力均衡的地缘政治抱有幻想,而是期盼其未来的社会能够拥有

────────────

[1] W. J. T. Mitchell, "Secular Divination: Edward Said's Humanism", *Critical Inquiry*, Vol.31, No.2(2005), p.463.

[2] Saree Makdisi, "Said,Palestine and the Humanism of Liberation ", *Critical Inquiry,* Vol.31, No.2(2005), p.443.

不仅对巴勒斯坦人，而且是对整个犹太种族都真诚奉献的人们……最后，终将带来巴勒斯坦与以色列和平的是最简陋和最基本的工具，也就是自觉、理性地为人类共同体利益而奋斗的反抗斗争。[1]

人文主义＝批判性思考＋人类统一性理想

结　语

类似萨特和法农这样的学者都面临着同样的意识形态，也就是西方人文主义和权利话语，它们将大多数人口都排除在人文主义的标准之外。正如罗伯特·扬（Robert Young）在为劳特里奇版的萨特文集《殖民主义和新殖民主义》所写前言中辩护道："我们所需做的，要么是一并废除有关人文主义的全部概念，要么采取另外一种更为积极的方式，即表达一种新的反种族主义人文主义。相比传统的人文主义，新人文主义是包容性的，而不是排斥性的，它是由支持新人文主义的大多数人群所共同创造的产物。"[2]但为什么这第二种方法没得到广泛支持呢？佩奇·亚瑟（Paige Arthur）注意到20世纪70年代法国对萨特及其马克思主义思想的疑虑。她提到新哲学家（nouveaux philosophes）简单粗暴地将苏联模式等同于极权主义，以及同样过分简单地将第三世界中的专断体制归结于反殖民民族主义的各种原初目标。反殖民民族主义也针对发生于1968年5月的革命浪潮，以及这一事件所引发的社会运动表达了反对的立场。类似贝尔纳－亨利·莱维（Berhard-Henri Lévy）这样的思想家也因重新审

---

[1] Edward W. Said, *The Question of Palestine*, New York: Vintage, 1992[1979], pp.234-235.

[2] Robert J. C. Young, "Sartre: The 'African Philosopher'", in Sartre, *Colonialism and Neocolonialism*, p.xvii.

视冷战而备受好评。无疑，反马克思主义行动属于人类从更广的范围内敌对启蒙和解放宏大叙事的一部分举动。正如我们所见，这也是兴起于这一时期的后殖民理论这门学科的学术风气的一部分。然而，启蒙和解放的目标对于迷惘的西方学术界来说似乎已经过时，但它们对世界其他地方的思想家和政治运动仍然具有影响力。在那些地方，伴随着新殖民主义开展整顿措施的浓厚氛围，全球解放的目标丝毫没有丧失其紧迫性。帕特里克·威廉（Patrick Williams）表明，正因为太多的评论家无法超越将人文主义简单等同于令人不满的启蒙理念的局限性看法，才导致其忽略赛泽尔、法农和萨特等人提出的见解，或者很容易就将它们混为一谈。[1]

　　但是，我始终认为，我们应对后殖民理论体系的未来满怀希望。因为，虽然我此前因海伦·蒂芬混淆"普遍人性"和帝国主义的行为而批评她，但是就连她也在近期出版的一本关于后殖民研究及其社会环境的作品（与格拉哈姆·哈根［Graham Huggan］共同撰写）中承认，如果人文主义什么也不提，只是专横霸道地阐述西方世界比其他任何地方都要优越，那么它就不会连续几十年源源不断地受到前辈学者们的注意。其实，与本章努力证实和解释的内容一致，蒂芬和哈根也试图说明人文主义传统的持久性，并在称赞"后殖民人文主义"的过程中暗示了理论和批评工作的未来趋向。对坚称后殖民人文主义的人们来说，"历史上'人类'必要的去殖民化所带来的不是后人文主义，而是泛人文主义。它保证我们从更广泛的范围内理解用跨文化统一性及其成果来定义的人类，而不是在文化独特性和与生俱来之特权的安逸理念里寻求庇护"。[2]

---

［1］Patrick Williams, "'Faire peau neuve': Césaire, Fanon, Memmi, Sartre and Senghor", in Charles Frosdick and David Maurphy(eds.), *Francophone Postcolonial Studies*, London: Arnold, 2003, pp.181-191.

［2］Graham Huggan and Helen Tiffin, *Postcolonial Ecocriticism: Literature, Animals, Environment*, London: Routledge, 2010, p.208.

只有在现今,当帝国主义"反恐战争"再次来袭,咄咄逼人的新自由主义计划恶化了长期以来本来就不公平的局势,后殖民研究才开始在理论和批评的工作中,具体参与到压迫和解放的人类维度中。公然蔑视国际法,并显然在企业欲望的诱惑中发动侵略战争的入侵者,已经在不经意间败坏了后殖民主义之本质性设想的信誉。据此设想,我们是在殖民主义之后,而不是处在殖民主义的动乱之中。但是无论如何,让我们同意保留"后殖民"一词,只要我们不把它解释为一个描述性范畴。这是因为,它的那个历史或时间的前缀容易引起误会,让我们错误地认为去殖民化的任务已经完成,或者至少也让我们觉得,这个世界的不平衡现状仅是已消逝结构中的一部分,而不是隐含着变革和解放的目标或信仰。

我已不断地重申回归马克思主义解放维度的重要性。就算马克思主义的自由派分支如此不受重视,也不能全怪反马克思主义者。在勃列日涅夫及其继任者的领导下,苏联等国逐渐衰落,在"第三世界"与西欧,分别发生的革命运动和劳工运动遭到打击和压制性的固化,此时马克思主义的许多分支未能真正地审视和改良自我,最终只是埋没于随后到来的后马克思主义中。但人文主义马克思主义能够抵挡这样的厄运。苏联之所以产生斯大林主义,是因为他们无法在他们继承的国家中更改集权化的统治措施,甚至无法抵挡住强化这些措施的欲望。除非或直到左派找到摆脱强制性措施和操纵的方法,否则他们将无法克服这个传统。同时这些强制性措施和操纵也正是整个马克思主义体系所试图要解除的事物。因此,我想要证实的主要观点为,从马克思主义内的多元化传统(而非反抗马克思主义的理论和政治传统)来寻求指导解脱强制化统治模式的自由民主的价值观,这是最有希望的。

如果有人想要从以上所述各大思想家的作品中找到有关静止、统一、以自我为中心或自我决定性的主体观,那么他将徒劳无功。实际上，那些作品中的人类主体是动态的，将随着历史的发展而不断变化。正如阿多诺所说："也许我们不知道什么是绝对的好，也无法理解绝对的标准是什么，我们甚至不知道人是什么、人类或人性又是什么，但是我们却十分熟知非人类是什么。"[1]同时，人性还包含反抗的原则，以及转型的动因（an agent of transformation）。所以，后殖民主义的人文主义不单建立于人文主义价值观和人类生命互相平等的构想之上。与此同时，它之所以称为人文主义，也因为带着严格批判性的眼光来审视所有狂妄自大的人文主义。自从18和19世纪人文主义观念获得复兴之后，它便开始迷惑整个世界。例如，以约瑟夫·阿瑟·戈比诺（Joseph Arthur Comte de Gobineau）为代表的种族主义人文主义，为欧洲列强辩护的殖民主义人文主义，以及乔姆斯基在21世纪提出的"新的硬推人文主义"。[2]我之所以对这些人文主义感到不满，是因为它们普遍错误地认为，地方性与自定义的人性适用于所有的人类。如果引用萨义德的语句，我可以将它称作丢失思想内涵的政治人文主义，是狂妄的毫无自知之明的普遍主义。

虽然学者们普遍厌恶"后殖民"这一词语，但是许多从事后殖民研究，同时反对其首要观点的唯物主义批评家们，都想要通过激活反殖民主义传统留给人们的记忆来重新使后殖民主义的批评与政治立场锋芒毕露。就如贝妮塔·帕里（Benita Parry）曾评论道："反殖民主义传统刚好也以马克思主义人文主义为基础。"当人文主义和普遍主义"被虚伪地用来掩盖资本主义剥削与殖民主义不法行径时，反殖民主义的传统将会猛烈地抨击人文主义和普遍主义的腐朽败落"。但是无论如何，它始终"不会否认人文主义和普遍主义着重倡

---

[1] Theodor W. Adorno, *Problems of Moral Philosophy*, ed. Thomas Schröder, trans. Rodney Livingstone, Stanford University Press, 2002, p.175.

[2] Noam Chomsky, *The New Military Humanism: Lessons from Kosovo*, London: Pluto, 1999.

导的伦理潜能，或者唾弃把这些理念用于解放人类的用途，毕竟被殖民世界中的所有理论家都渴望实现未曾实现过的理性、正义和人人平等的启蒙思想"。[1] 也许帝国主义曾利用过人文主义，但是这并不能证明所有的人文主义都带有帝国主义倾向。

关于人权话语，我们常常提到的评论是，塞缪尔·莫恩（Samuel Moyn）的非政治化。[2] 人权话语暗示，甚至有时公然表明，正是权力促使权利最终丧失，也导致其受害者在不同的方面遭受磨难。在这一话语中，并不存在任何审视权力变革或替代统治权的视角。约迪·迪安（Jodi Dean）也对此补充说明道：权利话语还在范围上缩小了可让受害者获得认同与救济的政治主张。[3] 总而言之，人们必须表明自己的不足和脆弱，从而使那些最先给他们造成伤害的既定权力承担补救的责任。当然，问题的体制性特征和解决方案的全面特点也从此被掩藏起来。例如，"巴勒斯坦人的困境"通常被视作"人道主义危机"，就好像他们是灾难的无辜受害者，自身命运由变幻莫测的外界力量来处置。少数话语是平等理念向前发展的表现，它不是保证体系完整的消极形式。如果我们没有解决现实世界中大部分人群不公平的问题，那么尊重人权的行为，尤其是《世界人权宣言》中记载的激进的社会和经济权利（包括工作的权利、体面的薪酬、最低收入和福利保障等权利）将无从实现。正如布洛赫经典的谚语说道："如果剥削不结束，人权就不会真正得到保障；而如果人权得不到保障，那么剥削就不会真正结束。"[4]

---

［1］ Benita Parry, "Liberation Theory: Variations on Themes of Marxism and Modernity", in Crystal Bartolovich and Neil Lazarus(eds.), *Marxism, Modernity and Postcolonial Studies*, Cambridge: Cambridge University Press, 2002, p.134.

［2］ Samuel Moyn, *The Last Utopia: Human Rights in History*, Cambridge, MA: Harvard University Press, 2010.

［3］ Jodi Dean, *Democracy and Other Neoliberal Fantasies: Communicative Capitalism and Left Politics*, Durham, NC: Duke University Press, 2009, p.5.

［4］ Bloch, *Natural Law*, p.xxix.

后殖民主义越发认识到人文主义构想的重要性，我就愈加相信，后殖民主义者将会开始明白马克思主义传统的针对性及其说服力。或者换种更简单且更为贴切的表达方式：后殖民主义将更具备马克思主义特征。因此，我重复那本关于后殖民研究学科状态的重要论文集编辑们的召唤，展望针对当前境遇的变革性的甚至乌托邦的其他方案："我们目前所经历的全球化形式受到政治家、军事战略家、金融和工业大亨、原教旨主义教士和神学人员、胁迫人们身心的恐怖分子，简言之就是当代世界的主宰者的支配，那么我们身为人文主义者向后殖民世界提供何种形式的全球化的蓝图呢？对此可以质疑甚至可以阻挡。"[1]

后殖民主义者应意识到这一全球体系强大的规模和持久性。自全球体系独立存在以来，它就时常成功地中断和倾覆反殖民主义运动所取得的成果。除此之外，后殖民主义者还需要定义这一体系，并恳求对它进行变革。说到底，后殖民批评是由道德与政治投资引导的一门学科。

我要求自身完成的任务是，证明自由派人文主义，或爱德华·萨义德所说的民主人文主义，与欧洲中心主义的排他性的、目的论的版本没有任何共同之处，同时后殖民主义者也合理地针对后者进行了驳斥。后殖民主义之所以是人文主义，是因为人文主义赋予我们用来批判帝国主义体系的修辞，以及给我们带来抵抗帝国主义体系的指引与动力。人文主义还丰富了我们用来指责以牺牲人类潜能、需求，甚至生命为代价的社会和经济组织形式的词汇。人文主义还促使我们能够从进步的反帝国主义中识别出反动的，甚至带有法西斯主义的反帝国主义。我们需要更加清楚地认识我们的敌对方，它

---

[1] Ania Loomba, Suvir Kaul, Matti Bunzi, Antoinette Burton and Jed Esty, "Beyond What? An Introduction", in Loomba et al.(eds.), *Postcolonial Studies and Beyond*, Durham, NC: Duke University Press, 2009, p.13.

既是资本，也是帝国主义形影不离的朋友，两者都隐藏于"西方"和"帝国"这类抽象的指示名词中。除此之外，我们要以更加自信明确的态度来对待我们的目标。去殖民化是带有意图且坚持不懈地利用人类地位和主体自由的一种现象。迄今为止，这种自由还受来自地方性的暴政，和那些国家调解的致命威胁，它们虚伪地打着普世人权的旗号向前殖民地进发。关于人道和权利的观念也曾被用来证明剥削和控制的合理性，现今还存在"人道主义干预"的流行说法。但是，除非这些理念承诺主体的自由，否则它们听起来毫无新意，也无法真正战胜霸权。向来，只有在违背而非遵守时，人文主义原则才会得到更多人的重视。事实上，人文主义原则遭人误用的程度如此严重：如果不是从过去几个世纪以来，各种学者群体不断加入对人文主义的界定过程，这些人文主义的原则将会被误用，以致失去其原本应该具有的意义或可能已具有的意义。无论如何，人文主义始终是反抗和变革的唯一可行性的根基。马克斯·霍克海默曾哀叹道："倘若我能想出一个比人道还漂亮的词，那是多么可怜的狭隘标语，常常被那些缺乏教养的欧洲人使用，只可惜，我无能为力。"[1]个中原因是，再也没有比人文主义更好的词语。

---

[1] Max Horkheimer, *Dawn and Decline*, London: Seabury Press, 1978, p.153.

4.酷儿理论、团结性与身体的政治化

◎ 戴维·奥尔德森

　　正如芭芭拉·爱泼斯坦在第一章所评论的,用于区分社会主义人文主义的特点之一在于,确信人类具有"特定的需求、能力和限制这些能力的因素"为特征的本性。由于特殊性和局限性是用来定义人类的标准,从其反对派的立场来看,也正是这样人文主义才显得保守。与此相反,酷儿理论将重心放在反规范性上。[1]它倾向于表明,规范的设置是人类产生的途径,从而使我们局限于规范性的范畴内,或把我们从统一性中排除,从而向反规范性的方向发展。据此,规范性就是保守主义的。

　　但是,我所辩护的人性是动态的。诺曼·杰拉斯(Norman Geras)特别排斥阿尔都塞提出的说法,即马克思否认人性的观念。相反,他说明,马克思极其拥护人性的观念。[2]正如杰拉斯所解释的,人性存在于我们所具有的需求和我们通过不同的方式来满足这些需求时所拥有的人类能力。因此他暗示,人类的人性可以用来解释社会和文化的巨大多样性,这也是反人文主义者经常用来驳斥上

---

[1] 它所受到的挑战很大程度上来源于收录在刊物《差异性》专辑中的文章。*differences: A Journal of Feminist Cultural Studies*, Vol.26, No.1(2015), ed. Robyn Weigman and Elizabeth A. Wilson: *Queer Theory Without Antinormativity*.

[2] Norman Geras, *Marx and Human Nature: Refutation of a Legend*, London: Verso, 1983.

述观念的根基。正如杰拉斯所理解的,人性因此也必然是抽象化的,但其却是十分有效的抽象概念。[1]由此可知,在任何一个可能的社会里,人性的最终"实现"都不存在,但是社会可以而且必须对此负责。这是因为,它是我们实现任何需求或发挥任何潜能的基础与途径。

我对这一立场的拥护也在暗示,我并不把人文主义视作反人文主义用于自我呈现时所需要的天真和简单的二元对立面,而认为其正在恢复由强制性社会或话语建构竭力驱除的辩证观点,就好像这样做可以有效地发挥某种进步的政治功能。正是因为我们具备体力和智力,我们才得以建构我们的社会,而不是仅仅由我们所处的社会来建构。正如萨特在描写个人主体时说过,"我们不是一块泥团,重要的不是人们如何塑造我们,而是我们如何看待他者对我们的塑造"。[2]萨特过度关注像圣热内(Saint Genet)这样特殊的人物,这会导致其过于看重存在主义的自由,但是这样的观点尽管十分抽象,它也是有效的。

除此之外,还有更为复杂的问题有待我们把握,即这些人性特征在塑造我们所处的社会时,也会与我们渐行渐远,成为让我们无法歇息、获得我们所需要的安全感与满足感的对抗力量。正如物质世界里显性的局限性一样,我们自身的局限性也不会在资本主义现代性的条件下得到认可。在资本主义现代化体系中,"一切坚固的东西都烟消云散了"。[3]甚至就连我们的愉悦,尤其性需求带来的快感,也许为了能够刺激生产和使得这些过程合理化也被无情利用。从赫伯

[1] Geras, *Marx and Human Nature*, p.115.

[2] Jean-Paul Sartre, *Saint Genet: Actor and Martyr*, trans. Bernard Frechtman, Minneapolis: University of Minnesota Press, 2012[1952], p.49.

[3] 马歇尔·伯曼(Marshall Berman)在《一切坚固的东西都烟消云散了——现代性体验》中探讨马克思和恩格斯所强调的资本主义的活力。*All That is Solid: The Experience of Modernity*, London: Verso, 1983.

特·马尔库塞的立场看，这些需求之所以是错误的，并不是因为它们不"真实"，而是因为它们把我们与它们所在的体系捆绑为一体，而不是指引我们对它们作出变革。对他而言，正确与错误是表示目的论的名词术语，而不仅是对事实是否如此的实际描述。[1]由于这个原因，虽然错误需求所占据的优势使得马尔库塞为单向度的人感到忧伤，但是它们仍然是鼓舞主观能动性的批判性术语。

所有这些都让我们注意到有关形式和形成的问题，也就是物质的和社会的形式的动态性及其带给我们的局限性，以及两者之间的关系。也正如我所强调的，虽然这些联系是物质上的联系，但是我们也可以从具有重要意义的象征性方式理解这些联系。例如，我经常提及身体政治或者社会身体，但是实实在在的身体通常被理解为表现出"理想的"一般条件的品质，属于健康和活力、纪律和一致、适当的性别领域、种族完整性，或者否定意义上的颓丧。哪怕有关身体的包容性的理解多种多样，但是体现出的模式却鼓励与"恰当的"社会功能相互联系的价值。例如，我们可以看看英国在处于严峻时期的工作伦理。显然，对于残疾人群而言，能够自己劳动而不是"依赖"福利补贴对他们的尊严非常重要。他们中有许多人因为受到惩罚性的能力状态评估而感到耻辱。

在酷儿理论中，主体的形成也是权力约束主体的过程。在种族和政治上表现进步的行为基本都与这一过程的解体有关，其主要以永远都无法全部实现的去主体化模式来实现。正如朱迪思·巴特勒（Judith Butler）在《身体之重》中所说："主体存在于排斥和贱斥（abjection）的力量中，它可以生成主体的构成性的外部，也就是贱斥化的外部，但事实上，贱斥化的外部又以帮助主体辩护自我存在的根基

---

[1] 马尔库塞在《单向度的人》里概述了这些术语。*One-Dimensional Man: Studies in the Ideology of Advanced Industrial Society*, London: Routledge, 2002[1964], pp.6–8.

而潜藏于主体的'内部'。"[1]因此,巴特勒倾向于把人文主义的形成过程视为人类的积极定义。这是因为,在这个过程中,人文主义最终贱斥那些无法达成其标准的群体。因此,她所专注的伦理和政治方案旨在扩宽表征的范围,这样也许可使贱斥体(the abject)"被辨识",从而满足"易辨性"(legibility)的需求。这一过程必然也就包括瓦解构建于内外之间的分界线的过程。尽管其看上去更多的是一种空间的解构,但是由于其关涉主体的发展,它也可以是线性时间解构的过程。

　　本章内容更多的是在探讨巴特勒的作品。正是由于巴特勒的观点鲜明而重要,本章将巴特勒作为酷儿理论的代言人,并深入阐述其酷儿理论。关于巴特勒在政治问题上提出的大部分有见地的评论,我对其表示认可,如言论的自由,或以色列/巴勒斯坦的政治。但无论如何,我认为她倾向于反人文主义的坚定立场很有问题,甚至让人不解,这不仅导致其不必要的非一致性,同时还暗示某种政治意图。因此,本章首先反思巴特勒在伦理和政治上的观点与理念,随即进一步为她思想理念中的优先考虑事项建立重要的语境,其在20世纪60年代及之后曾受到左派再定义的影响。这也就包括我们后来才准确认识到的"身份政治"。接下来,我将把性别的自主化作为一个范畴来考察,不仅是在宽泛意义上,而且是在酷儿理论及其活动内部,作为巴特勒通过对这一建构性称谓的研究而作出突出贡献的那些身份政治的一种变体形式。最后,我将会公开探讨有关政治经济及其"酷儿化",从而提出一整套不同的政治优先考虑事项(political priorities),而那些从最为广泛的层面上解析性欲概念的人对这一优先考虑事项贡献颇大。我的目标是要证实需要一种比反人文主义术语中的目的性更为强烈且更具连贯性的政治。

---

[1] Judith Butler, *Bodies That Matter: On the Discursive Limits of "Sex"*, New York: Routledge, 1993, p.3.

政治、伦理、霸权

　　近期,巴特勒表明:"对我而言,酷儿理论是广大抗争行动的一部分。"[1]尤其是最近,这种看法持续存在于整个酷儿理论的领域。虽然我因为酷儿理论表达希望拥有能接纳左派的包容性策略,而在某种程度上欣赏这一理论,但是与大多数人相比,我并不十分赞同酷儿理论中的部分观点。这是因为,正如本章所明显反对的,酷儿理论在理论维度上过于指令性:任何附属于酷儿理论的观念都要求我们遵循后来为大家所知的后结构主义理论,无论其是德勒兹和德里达首先提出的后结构主义理论,还是经过福柯或拉康变异衍生的后结构主义理论。我们甚至还会说,酷儿理论是最先经过后结构主义理论系统化培训的理论,它为我们指定特定的思维方式,使我们可到达某种能够用"激进"等词语来解释的状态,尽管酷儿理论也如我在本章第三节中提到的,在某些具有重大意义的层面上超越了学术领域的范围。因为我本身不赞同后结构主义理论,所以我在回应巴特勒的评论时会提出老套的目的论问题,即为什么而抗争的问题。

　　当然,这也是困难的开端,因为此种问题意味着抗争也许具备最终的目标或一系列目标。由于目标是规范化的,因而它也暗示了排斥性和制定目标之人的"威权"性情,所以大部分酷儿理论家都十分抗拒类似如此的结论。如果目标的缺失意味着我们失去巴特勒对明显具有非凡独特属性的斗争的理论指引,那么酷儿理论家与其他的后结构主义者有可能问:那么谁来决定某事物是否合理,而在这个过程中,谁又会沦为非法的范畴?最重要的是,酷儿理论注重的是排斥性,也就是说,从这个意义上讲,酷儿理论是反应性的理论策略。

---

[1] Sara Ahmed, "Interview with Judith Butler", *Sexualities*, Vol.19, No.4(2016), p.11.

那么，明显是在与权力作斗争的抗争行为自身也需要获得认同吗？所有的塑形模式之所以好，仅单纯因为它们皆为"新"的模式吗？当然，这明显是浪漫地站在抗议或反对国家的立场。但是在已促进撤销经济管制规定，以及将个体自由等同于市场自由的新自由主义时代，上述说法的危险性尤其严重。例如，大卫·哈维（David Harvey）把福特主义和凯恩斯主义社会的"镶嵌型自由主义"与在新自由主义统治下主动铸成的非镶嵌型"全球化"和撤销管制规定的自由主义作比较。[1]在我看来，至少可从直接的字面意思得出，合理化抗争的一个重要方面应该是捍卫现有民主问责的国家责任和对市场的控制并将其进一步扩大。简而言之，也就是为获得更多约束力而抗争。

然而，在巴特勒对其加以批判的众多不同的机构中，在大多数情况下，巴特勒的批判对象指向国家。例如，在《一触即发的话语》中，作者巴特勒带着怨恨色彩对国家管制进行了强有力的批判。在此，巴特勒认为国家是与充满争议和多元的市民社会相反的保守性机构。因为国家会将已加强的权力用于自身的意图，所以她认为，把责任转交给国家是十分危险的举动。此外，审查制度是一种生产性权力的形式：可以说，它通过决定什么是可言说的来积极地塑造主体。[2]正如其他人争辩道，巴特勒在该书中展示了相互排斥的国家观念，但是在有关权力的问题上却保持一致的观点。[3]类似地她还有将市民社会浪漫化的倾向，因为在她所描述的市民社会里，我们不需要认可模糊定义领域的构成，就能够实现对这些术语在行

---

[1] David Harvey, *A Brief History of Neoliberalism*, Oxford: Oxford University Press, 2005, p.11.

[2] Judith Butler, *Excitable Speech: A Politics of the Performative*, New York: Routledge, 1997, p.133.

[3] Paul Passavant and Jodi Dean, "Laws and Societies", *Constellations*, Vol.8, No.3(2001), p.381.

为表述上的（performative）再定义。埃伦·梅克辛斯·伍德（Ellen Meiksins Wood）曾认为，市民社会根据它们和国家之间互相对峙的关系，在概念上集合了不同的机构组织。在这个领域内，公共与私有的结合也是资本主义所特有的，而构成它的权力关系却往往遭人忽视。[1]据我所知，这种相比国家更倾向于市民社会的理念，有助于解释为什么巴特勒把伦理置于政治之上，甚至把政治定义为一种伦理，而这也是我接下来即将讨论的话题。

巴特勒之所以如此信任市民社会，是因为在此，她观念上的"激进民主"可以蓬勃生长。"激进民主"这一术语最早出现在厄内斯托·拉克劳（Ernesto Laclau）和尚塔尔·墨菲（Chantel Mouffe）两人共同撰写的后马克思主义处女作《领导权与社会主义的策略》（1985）中，但是其后来更普遍地为后结构主义左派所使用。"激进民主"是理想化的抽象概念，但同时也是众多评论家就如何将它理论化而产生分歧的根源，在此由于篇幅所限，我不对此多作阐述。[2]但是为了达到事半功倍的效果，我引用了莫亚·劳埃德（Moya Lloyd）针对巴特勒理解激进民主的方式而简短概述的语句：

与其他的后结构主义激进民主派相似，巴特勒强调民主活动的分裂特征而非其理性特征，认为权力关系是社会必不可少的组成部分，其中也包括民主社会，而且不把激进民主视为自由民主的替代物，而把它当作就"自由主义关键词"，如平等、自由、公正、人道"不断进行争论"的过程，从而使得这些词语变得激进化的过

---

[1] Ellen Meiksins Wood, *Democracy Against Capitalism: Renewing Historical Materialism*, Cambridge: Cambridge University Press, 1995, pp.238-263.
[2] 为了更具批判性地考量广泛渗透于传统中的"社会失重状态"（Bourdieu）和我们对权力约束效应的低估，参阅 Lois McNay, *The Misguided Search for the Political*, Cambridge: Polity Press, 2014。

程，由此也使得它们"更具包容性，更加动态化和更加具体"……
因此，激进民主在结构上是开放性的过程，而不是呈目的论发展的
过程，激进民主的不可实现性也是支撑这一概念体系的根基。[1]

　　激进民主之所以被认为具有开放性特征，是因为它在原则上相
信，这一概念体系所基于的社会秩序和社会规范必须包含某种形式、
话语以及社会上的排斥因素，由此生成渴望获得认同的多种需求。
因此，巴特勒在更广泛层面上的议程也就集中于社会公正的形式，但
是这里的社会公正不指向特定的社会转变，因为在她看来，确定性最
终产生的是可取的抗争。

　　国家的塑造权力使其成为巴特勒的批判对象，不仅通过设置限
制来实现，同时也因对公民进行界定和规范而变得具有生产性效力。
与此相反，激进民主的重点在于其非规范化的潜能。巴特勒的自由
语言通过指代"能力"的名词来表示，如存活率、可言说性，甚至那些
遭到国家排挤的群体的可哀悼性（grievability）。巴特勒在2000年同
厄内斯托·拉克劳和斯拉沃热·齐泽克之间的辩论可以透露些许她
对于此种问题的态度。在此，她认为，所谓的普遍性已借助"不可言
说性"和不可被代言的准则排除某些民众。"不可言说性"，同时也
意指贱斥，特定的语言功能和语言之间的层级结构使它们不可通约。
她通过对比目前普遍性原则发挥效力的方式，来提及用翻译的过程
取代语言上或话语上的特定排斥性。这一翻译过程"没有指向单一
的目的地，而是介于语言之间的移动，从移动本身来寻找自身的目的
地"。她预示，翻译过程的效力"不仅削弱国家作为首要媒介的优势
地位，通过这种媒介，普遍性被表达出来，同时能重新建构形式主义

---

[1]　Moya Lloyd, *Judith Butler: From Norms to Politics*, Cambridge: Polity, 2007, p.148.

遗留的人类轨迹，作为表达本身的条件，居左的就是左派"。[1]

我们或许可以通过设想巴特勒希望借此表达的内容，来更为细致地探讨她的观点。显然，霍米·巴巴（Homi Bhabha）是影响她对这种翻译的思考的主要人物。[2]虽然巴特勒没明确指明霍米·巴巴作品的哪些方面对她意义重大，但是她一定想到过霍米·巴巴关于第三空间的阐释，即便第三空间与他诠释的其他理论术语有所重叠。霍米·巴巴曾解释，空间是杂糅化的产物，"也是翻译与协商活动的'内交界处'，是挂有文化符号的内嵌空间……我们在探索第三空间时，也许可以避免单级政治，也能够从中抽取另外的自我"。[3]与其他有关激进民主的说法一致，第三空间同样也是抽象化的概念。

在20世纪后期有助于扩大空中旅行的最大推动力，要数标志这一时代的由玛格丽特·撒切尔提出的打破货币流通操纵防线的新自由主义政策。这是她在1979年担任英国首相以来的首个行动方案，此方案还对其他英联邦国家施加压力，要求各国满足该政策的需求。[4]有人认为这种理想化运动和流动的现象不利于发挥民族国家所认同的统治权力，因而这种设想极容易被视为对新自由主义全球化的积极解读，但是其背后隐藏的事实是，这种运动取决于国家的行动。正如斯图尔特·霍尔（Stuart Hall）曾经说过，这种保守主义仅是构成"威权民粹主义"的一部分，除此之外，它还包括"重新获得恢复的新自由主义，即自我利益、竞争性个人主义、反政

[1] Judith Butler, "Competing Universalities", in Judith Butler, Ernesto Laclau and Slavoj Žižek, *Contingency, Hegemony, Universality: Contemporary Dialogues on the Left*, London: Verso, 2000, pp.178-179.

[2] 参见Butler, "Restaging the Universal", *Contingency, Hegemony, Universality*, p.21。

[3] Homi Bhabha, "The Commitment to Theory", in *The Location of Culture*, London: Routledge, 1994, pp.38-39.

[4] 柯林·利斯（Colin Leys）在以下作品中强调了货币管制的终结。*Market-Driven Politics: Neoliberal Democracy and the Public Interest*, London: Verso, 2001, pp.8-79.

府主义"。[1]

　　如果巴特勒阐述的政策实质上是针对政府的,那么这绝不是因为她相信左派获取权力的潜能,毕竟她关于"居左的就是左派"的说法就相当于反形式主义。因此,毫无悬念,她的"政治"干预用于打破施加于文化认同的规范化限制,因而她重视能够针对某些主体的合法化与非法化作出意指表述的过程。在年幼阶段,人的性格表现出脆弱性的特点,这是主体化过程未得到巩固的结果。巴特勒在有关"暴力、哀悼和政治"三者关系的文章中指出,文化认同是在幼年脆弱促发下形成的伦理问题。因此,无论个体在面对他者的存在时呈现何种发展态势,其抱有潜在的开放姿态。其中隐藏着一种自主性的魅力,与海德格尔描述的"可以在旁静观,也可置身事外,或者回归本我"的灵活处境相似。正是由于这种魅力的营造,才有可能出现不会在理性分析中产生的文化认同。原始的人格脆弱普遍存在于所有的人群中。由于文化认同也就是改变既定规范,使得弱势群体在规范的再定义中获得认可,这种基于脆弱而被启发的文化认同在本质上是一种伦理现象。这种理念得以成立并不由于个体自主性获得认可(即使巴特勒承认自主性认同是政治中极为重要的内容)。与此相反,它建立于个体化被削弱的过程之上。[2]不难发现,巴特勒拒绝将以上思维习惯描述为人文主义,部分原因在此。但是,对于我们自身结构个体化的过程,她所作出的阐述仍不清晰。劳伦·贝兰特(Lauren Berlant)或许正是因为对此因素有所考虑,才对巴特勒的作品作出伦理目的论的批判。[3]

---

[1] Stuart Hall, "The Great Moving Right Show", *The Hard Road to Renewal*, London: Verso, 1988, p.48.

[2] Judith Butler, "Violence, Mourning, Politics", in *Precarious Life: The Powers of Mourning and Violence*, London: Verso, 2004, pp.19-49.

[3] Lauren Berlant, *Cruel Optimism*, Durham, NC: Duke University Press, 2011, p.182.

　　巴特勒的文章对其否认人文主义的事实作出进一步的阐释，试图挑战美国联邦政府针对可哀悼性作出的限制性规定。她在文中质问道："如果说阿拉伯人在当代人文主义作品中已被西化，那么他们又是在何种程度上被排除于人类的范围之外？"在这一问题中出现了许多关键词语，它们都象征着从更宽泛的理论层面把人文主义视作是西方独有的，[1]并把美帝国主义力量视作是不可避免地处于那种传统的发展趋势中。但是就当巴特勒发表这些见解时，谁又会将像乔治·布什和拉姆斯菲尔德这样身居要职的人在很大程度上视为人文主义者？无论如何，我认为他们并不是人们所谓的人文主义者。

　　巴特勒的疑问也引起人们对其他问题的思考，它们都围绕人类、阿拉伯人与穆斯林三者之间存在的联系展开。虽然某些非人性化纲领传播甚远，但是除了真正的种族歧视者，没有人会反对后两者也属于人类范畴的事实。有关人类范畴的狭隘解读尤指将人类视作西方认知中的人类，而出现在各大教派和族群当中的身份认知，如阿拉伯人、穆斯林，又或是基督徒、犹太人、无神论者、西方人、日本人或澳大利亚人等，都体现在民族、宗派或者宗教层面上狭隘的统一性理念。在阿拉伯或穆斯林社会中，左派在实际行动中表达出的团结力量被视为进步的社会力量，左派在面对传统的教派准则时所作出的判断恰好隐含于现实的团结行动当中。对我而言，可以毫不避讳地说，在现实社会中存在两种需要加以区分的人权观，其中一种是意在维护人权的理念，且必须体现于实际行动中，而另一种是以加丝比·普尔（Jasbir Puar）的"同性恋民族主义"观念[2]为例的借助女权主义和同性恋的人权观来进一步推进站在种族主义和帝国主义立场上的行动议程。

---

[1] 蒂莫西·布伦南（Timothy Brennan）在本书的导言为此观点提供了总结性的反思话语。

[2] Jasbir Puar, *Terrorist Assemblages: Homonationalism in Queer Times*, Durham, NC: Duke University Press, 2007.

在巴特勒的文章中,有许多问题尚未获得解答。这些问题主要涉及建立于主体角度之上的伦理认同与国家机构采取的政治认同之间的关系。也就是说,面对巴勒斯坦人所处的近乎残酷不堪且相当窘迫的困境,我也许会感到十分同情。但是如何将这种同情心转化为有效的行动力是我们急需解答的疑难问题。显然,要想回答这一问题,我们需要理解这种行动即将引起的强大镇压力,从而也需要思考,即使处于政府以及高于政府的机构管辖之下,可供我们来影响这些机构力量的方式是什么,政治认同包括哪些形式。

然而,该文存在另外一个令我困惑不已的问题,那便是:为何某些人通常会认为过于牵强的宽容态度让人倍感愤怒?这种宽容程度尤其体现于,尽管以色列和巴勒斯坦人在实力对比上表现出巨大的不平衡性,并且针对后者的种族屠杀战争在加剧这种不平衡性,双方却可以在最大程度上收获同等的重视。除此之外,为何我们中的部分人在了解完宽容原则的重要性后仍保持民族或族群统一性的理念?毕竟,要知道,这种将同情心当成即时性感受的人文主义是极其天真的。显然,这些问题的最终答案与我们所持有的积极社会化的观念有所关联。这种社会化观念得以形成的原因是,我们同时介入各种意见不同的族群或组织当中。在这个过程中,我们既习得良好的处事习惯,同时也形成了采用批判性眼光看待问题的习惯,并学会质疑用于定义敌人,尤其是我们特征的权威规范。在权力的作用下,社会化走向主体化的理论瓦解是令人叹息的谬误。正因如此,像雷蒙德·威廉斯(Raymond Williams)这样的理论家才会发起辩护,希望无论是残余的,还是新生的,又或是正占统治地位的社会构造与社会价值可以重新获得认可。[1]在此,我随后即将讨论另一个重要的

---

[1] Raymond Williams, "Base and Superstructure in Marxist Cultural Theory", *New Left Review*, No.82(1973), pp.8–12.

群体，即亚文化社群。

巴特勒承认，有关亚文化社群的部分问题在一定程度上再次回应了贝兰特此前作出的评论。她强调，这是因为那些因艾滋病这类情况而遭受苦难的人具备潜在的能力，[1]可以使得他们在关注其他人群的弱点时忘却自己正在忍受的痛苦和磨难。然而，她此处的阐述不仅仅是唯意志论的表现。通过这种方式，她暗指弱势群体所具有的潜能，其中包括背离陈规的群体，同性恋者以及反叛者，这些人群也许都带有明显的左派立场。我在此暂不讨论，是否有必要通过体验边缘人群的痛苦处境来获得同情他者的能力。我的出发点在于集中探讨弱势群体的具体组成，以及他们对身份认同的渴求。正是这些人群最终促成巴特勒为之发声的立场。通常情况下，巴特勒所作的辩护都围绕弱势群体展开，他们既是激进民主运动的发起者，也是激进民主运动的主要对象。

巴特勒将激进民主理解为自由主义关键词的再定义，这种理解方式实际上也是在说明它们在结构上被施加定义的既成事实。因而它渴望实现的是激进化的自由主义，而非使其遭到替换。如果说民主激进化过程的形成条件是强化的个人主义，以及被部分人称作后福特制资本主义所带来的不连贯且迅速的变化，那么这似乎很让人信服（虽然我更倾向于将后福特制资本主义称作新自由主义与自由资本积累的合体）。齐泽克在批判巴特勒和拉克劳的政治学说时已提出类似的观点：

> 正是这种带有"解辖域化"（deterritorialisation）动态元素的当代全球资本主义为"本质主义"政治的衰败，以及新多元化主体的繁衍创造了条件……我的目的，不是为了指出经济（或者说资本的逻辑）在某种程度上是"限制"霸权争夺的本质主义之锚，相反，它可以作为霸权争夺的积极条件，并为推动"广义的霸权"（或者激进民主）不

---

[1] Butler, "Violence, Mourning, Politics", p.35.

断发展创造特定背景。[1]

　　我曾预料到这一说法,也对此表示赞同,与此同时,在由激进民主提案启发下的辩论中,关键名词在意义上的转变得益于此说法。葛兰西认为,霸权的实现形式是使广大群众信服有关阶级统治在本质上等同于普遍利益的说法。在拉克劳与墨菲的叙述中,与此形成对比的是,对霸权充满渴望的是那种抽象意义上的左派,他们已经放弃阶级在社会主义斗争中的首要地位的各种幻想,但是仍然寻求对社会性(the social)自发产生的各种社会运动进行"发声"。[2]在这一观点上持坚定态度的人也就意味着无法认可大卫·哈维曾为新自由主义争辩的现实状况,新自由主义实际上是包裹于主体自由名义之下的政治计划。虽然这一政治计划重新塑造了上层阶级,但是其仍意在恢复上层阶级的权力。拉克劳和墨菲在该书及其他与激进民主相关的阐述中过于强调抽象指定的"社会性的"概念,[3]以致掩盖了其中具有实现效力的社会意图。

　　新自由主义计划的推广不仅仅依赖于言说及其主体意志的形成,同时还借助暴力和强制力规范的形式。齐泽克的观点暗示,文化认同需求的持续增长不是源于停滞且保守的社会政治形式,而是由市场的动态特征产生的。[4]此外,对于资本主义政府,以及跨越政府

---

[1] Slavoj Žižek, *"Da Capo senza Fine"* in Butler et al., *Contingency, Hegemony, Universality*, p.319.

[2] Ernesto Laclau and Chantal Mouffe, *Hegemony and Socialist Strategy: Towards a Radical Democratic Politics, London*: Verso, 1985.

[3] Harvey, *A Brief History of Neoliberalism*, pp.19-38.

[4] 这更加明显地体现在温迪·布朗(Wendy Brown)的文章《残缺的依附纽带》(Wounded Attachments),齐泽克的观点也来源于此(虽然他没有完全公正地评价它的复杂性);参阅*States of Injury: Power and Freedom in Late Modernity*, Princeton, NJ: Princeton University Press, 1995, pp.56-61。我在本章中从不同的角度回顾了布朗的观点。

界线的国际组织，如欧盟、国际货币基金组织、世界银行而言，它们的
功能就是为了保证市场的正常运行。这些机构并不简单的是保守性
的；实际上，将其视为明显具有这样的特征的看法是错误的。此说
法是可信的，这是因为这些组织所强调的市场并非作为一种道德的
力量存在，它有着通常为包括马克思在内的左派力量所充分认可且
尊崇的进步、反传统、非自然化（denaturalising）的性质特征（同时，如
何合理地利用市场资源也是我们正在努力解决的难题。

虽然酷儿理论在许多方面证实了齐泽克有关解辖域化观点的合
理性，但是它们通常在术语运用方面与齐泽克所采取的德勒兹式术
语存在差异。借用卢卡奇理论进行论述的凯文·弗洛伊德（Kevin
Floyd）认为，出现于19世纪末期以及20世纪的欲望物化表现不可
避免地导致同性恋解放运动的诞生，其被认为是进步的政治运动，
并由此带来了有关自由的崭新需求。[1]朱迪思·哈伯斯塔姆（Judith
Halberstam）认为，拉德克利夫·霍尔（Radclyffe Hall）在小说《寂
寞之井》（*The Well of Lonelines*）中阐述的双性同体"倒置式理念"
证实了"幻想性别转换现象的存在，以及基于价值交换而形成的物
欲……对于斯蒂芬而言（斯蒂芬是霍尔小说的主角），这种转换通过
变换衣着的行为进行"。[2]根据苏珊·斯特赖克（Susan Stryker）和
桑迪·斯通（Sandy Stone）的专著，此种跨性别理论可以追溯至唐
娜·哈拉维（Donna Haraway）发人深思的后人类"赛博人"神话。
据此，人类是杂糅的，且从更广泛的意义层面来说，也是机械化的。
同时，作者声称，处于这种状态的人属于"后性别社会中的生物"。
因此，必须承认的是，他们是"军事主义和男权资本主义的非法后

---

［1］ Kevin Floyd, *The Reification of Desire: Toward a Queer Marxism*, Minneapolis:
University of Minnesota Press, 2009.

［2］ Judith Halberstam, *Female Masculinity*, Durham, DC: Duke University Press, 1998,
p.106.

代,也更是国家社会主义的非合理性产物"。[1]赛博人潜藏反叛的能力,以及本章提及的其他身份。因为他们具有反抗创造他们本身的威权形式的潜能,所以其反叛的能力和身份都来自在这一过程中产生的非法性特质。然而,温迪·布朗直接回应哈拉维的说法并评论道:"自由主义、资本主义和秩序话语……都安置于欲望的结构中,正是它激起与身份相关的说法,就好像说私生子的心理状况并非完全与其家庭身份无关。"[2]

因此,在身份构建的动态环境中,激进民主履行的文化认同理念得到落实,同时有关建构这种身份的理念也在弗洛伊德、哈伯斯塔姆以及哈拉维等人的观点阐述中获得证实。出于某种与我之所以撰写此章相似的理由,后结构主义者、支持酷儿理论的学者以及激进民主主义者集体承认,他们属于反目的论学派。但是无论如何,他们似乎十分笃定,正如事物在新自由主义和多变性资本积累上所表现的那样,它们可以一直处于不确定的发展态势。它们不会受制于系统性矛盾,即使其已导致近期愈加频繁发生的经济冲击。这些经济

[1] Donna Haraway, "The Cyborg Manifesto", in *Simians, Cyborgs and Women*, London: Free Association, 1991, p.151.桑迪·斯通是唐娜·哈拉维的学生,也是下述文章的作者。"The Empire Strikes Back: A Posttransexual Manifesto."(参见 Susan Stryker and Stephen Whittle(eds.), *The Transgender Studies Reader*, Vol.1, New York: Routledge, 2006, pp.221-236)苏珊·斯特赖克强调并支持"跨性别身体是非自然的",把这种非自然的身体等同于弗兰肯斯坦的魔鬼("My Words to Victor Frankenstein above the Village of Chamounix", in Stryker and Whittle, *Transgender Studies Reader*, p.245)。不属于这一立场的突出例子有杰伊·普罗瑟(Jay Prosser)的《第二层皮肤》(*Second Skins: The Body Narratives of Transsexuality*, New York: Columbia University Press, 1998)。这部作品一开篇就批判巴特勒,认为"不仅仅是掩盖我们身体经历的服饰,就连我们对身体的理论构想也从根本上由它们构建形成,并接受它们的改良"(第96页)。有意思的是,杰奎琳·罗斯(Jacqeline Rose)曾暗示,该书在跨性别研究中被视为是保守的。("Who Do you Think You Are?", *London Review of Books*, Vol.38, No.9 [5 May 2016]:www.lrb.co.uk/v38/n09/jacqueline-rose/who-do-you-think-you-are.)

[2] Wendy Brown, "Wounded Attachments", in *States of Injury: Power and Freedom in Late Modernity*, Princeton, NJ: Princeton University Press, 1995, p.62.

冲击有可能在未来进一步加剧。[1]其巨大潜能包括，可能生成与激进化变革的自由民主构想不相符合的"反抗"模式。不少类似奈杰尔·法拉奇（Nigel Farage）、玛丽娜·勒庞（Marine le Pen）以及唐纳德·特朗普（Donald Trump）这样的人物擅长利用此种危机带来的某种政治能量，但是都出于险恶的目的。这种危险存在已久。大约二十年前，蒂莫西·布伦南在批判当时被主要推崇并在现实中得以践行的世界主义理念时警示：

> 民粹主义的和右翼的（美国）民族主义从下层产生，抨击大型企业和政府在不关心美国民众利益方面的合伙关系，要求美国内部重新树立敌视外来人口的爱国主义情怀，通过把白人"主流"的特权摆在首位，来实现美国的独立和与众不同，从而保证美国的优越性。[2]

在我看来，左派阵营最急迫的任务似乎是，要建立一个能够为如此强大而且不断延伸的反全球化提供其他的连贯模式（这些模式在很大程度上已通过我的间接说明被充分界定，虽然从这点来看它们大多数还是相互矛盾的）。我接下来要讨论的就是，这些反全球化的纲领如何形成。

身　份　政　治

有关激进民主的阐述在理论上可归功于后结构主义的差异优先

---

[1] 大致参见 David Harvey, *Seventeen Contradictions and the End of Capitalism*, London: Profile, 2014, and Wolfgang Streeck, "How Will Capitalism End", *New Left Review II*, No.88(2014), pp.35-64。

[2] Timothy Brennan, *At Home in the World: Cosmopolitanism Now*, Cambridge, MA: Harvard University Press, 1997, p.308.

化原理,但是差异优先化这个术语本身却是抽象且毫无意义的,它也许可以指代任何事物。其所涉及的具体优先因素由20世纪60年代的各大浪潮来决定,主要包括新左派的革新、变迁及其后续事件,以及反主流文化运动。拉克劳的思想主要在其与阿根廷社会主义者以及随后的欧洲共产主义左派的联盟中产生。相比之下,巴特勒与其他学者的联盟则不那么正式,同时更具备渗透于美国语境中的激进主义特征。[1]在此,我更加倾向于后者,是因为激进主义在全球范围内给政治想象带来的巨大影响,尤其是通过从有威望的学术机构中诞生的理论。极其讽刺的是,这些机构都是美国统治全球的象征,而美国的全球霸权则是上述理论经常抨击的现象。[2]

虽然新左派的影响力在现阶段不断扩散,但它最先诞生于西方。这是一种无组织的现象。艾伦・辛菲尔德(Alan Sinfield)在最先谈及英国社会里的新左派时,就把它描述为一种亚文化:它的组成人员大部分来自中产阶级,因此虽然工人阶级常常被认为与新左派有着千丝万缕的联系,但是实际上新左派在经济和文化上都与工人阶级存在根本性差异。然而,新左派却常常要判断工人阶级对其商业主义的看法。对辛菲尔德来说,亚文化不一定是根据青年人、音乐品味或阶级来定义,而是基于边缘化或争端。既然不一定产生于阶级、性别或种族中的政治鉴定建立在亚文化的基础之上,那么它就具备积极的潜能。[3]但要成为亚文化,也就代表着,此类文化范畴要限制渴望通过言辞来改变世界的政治运动。其暗示着,我们要

---

[1] 在本小节中,我总结、延伸,并在某些方面调整了戴维・奥尔德森在下述作品中提及的看法。David Alderson, *Sex, Needs and Queer Culture: From Liberation to the Postgay*, London: Zed Books, 2016, chapter 3.

[2] 在本小节中,我总结了奥尔德森在下述作品中全面指出的部分观点,并对其进行扩展。Alderson, *Sex Needs and Queer Culture*, especially pp.152-183.

[3] Alan Sinfield, *Literature, Politics and Culture in Postwar Britain*, London: Continuum, pp.293-301.

与我们自身进行交流。新左派的理论（包括本章在内）限于小范围的特征似乎也证实了这一观点。毕竟，大部分新左派的论述都围绕高等教育展开，只有少数是和在种族、性别或性存在上体现为工人阶级的群体产生具体联系。当然，许多涉足学术的学生都会选择也许对其一生都有所影响的观点。从严格意义上讲，这也是一种传播方式，我在接下来的内容中也会对此作简单概述，但是不管怎么说，学生始终是趋向不同社会地位的多元化群体。他们大多数都渴望"提升"自己的地位。

在美国，有些许影响力的新左派受到四种因素的塑造，而承认这四种因素对新左派的影响十分重要。第一大影响是战后的反殖民主义运动，主要由弗雷德里克·詹姆逊（Fredric Jameson）提出。左派已在更广泛的层面上运用了反殖民主义运动的自由、自我决定性和自主性语言，并将它们应用于各个不同的领域。[1]反殖民主义运动由此也构建了一种供其他政治运动来理解自身抗争行动的语言。在这种情况下，其合理性在很大程度上被视为理所当然。这也触发了某种关于在全世界范围内，政治计划的普遍性都可得到推广的幻想。第三世界推崇民族的自主性，而西方国家则主张主体的自主性，而要在这两者之间形成统一性，似乎十分尴尬。例如，支持同性恋的社会主义者在20世纪70年代初探访古巴，却在返回的途中遭遇有关部门宣布的"恐同症"回击，这使得部分同性恋主义者更加坚定地致力于自身的身份抗争。[2]

第二大影响则是最早从20世纪50年代中期开始的黑人民权运

---

[1] Fredric Jameson, "Periodising the Sixties", in Sohnya Sayres, Anders Stephanson, Stanley Aaronowitz and Fredric Jameson(eds.), *The Sixties Without Apology*, Minneapolis: University of Minnesota Press, 1984, pp.180-186.

[2] 参阅收集于以下著作中的文件: Karla Jay and Allen Young(eds.), *Out of the Closets: Voices of Gay Liberation*, New York: Jove, 1977[1972], pp.205-250。

动的典型和中心地位,同时包括自20世纪60年代中期开始的更具自主性的"黑人权力"斗争。我们很难高估这种斗争对美国左派政治想象的重要性,其不仅把种族看作一种优先性,而且看作其他政治抗争和政治动态性进一步发展的模范和试金石。1972年,丹尼斯·奥尔特曼(Dennis Altman)在把同样的抗争形式应用于同性恋解放运动时,抽取了一个十分明显的类比:"正如詹姆斯·鲍德温曾写过,同时承受白人和黑人的美国人的负重是黑人种族的命运,而同时解放同性恋者与异性恋者或许也将会是同性恋群体的命运。"[1]此种类比不断衍生并且引用的频率也在持续增加。朱迪思·鲁夫(Judith Roof)关注到,有位同性恋女权主义者在20世纪70年代初期,就在女同性恋中的男性角色与汤姆叔叔的人物形象之间作比较,[2]同时对激进女权主义者贾妮斯·雷蒙德(Janice Roymond)的陈述表达了愤慨。

第三种影响因素则更为复杂,其与利用某种十分自信的新左派来替换和蔑视旧左派的做法相关,但是这也导致了这种新左派的不成熟。这种创新精神贯穿于各种行动中,它们明显承认,某种更为宽泛,甚至更加系统的事物正在遭受挑战。即便某种体系缺乏特殊性,这也被认为是一种优势。语言作为某种对感觉和直觉本身具有优势的特定感受结构,再次成为重要的因素。这是一种经验性政治,它与新左派在年轻人和大多数特权阶层中的形成有关。例如,莫里斯·艾泽曼(Maurice Isserman)和迈克尔·卡津(Michael Kazin)把20世纪30年代的共产主义、社会主义同托洛茨基主义运动比作一种情感与道德上的直白陈述,前者的优势是其分析性、观念和口头表达上的纯熟,而后者的陈述在学生争取民主社会组织(Students for a

---

[1] Dennis Altman, *Homosexual: Oppression and Liberation*, London: Allen Lane, 1974, p.154.

[2] Judith Roof, "1970s Lesbian Feminism Meets 1990s Butch-Femme", in *Butch/ Femme: Inside Lesbian Gender*, London: Cassell, 1998, p.30.

Democratic Society）中得到阐发。通常描述为"承诺"的真实性是新左派渴望表达的政治与个人价值观，这种品质的基础是，个体"乐意将身体贡献于前线"。[1]如果传统的左派具有严格的理论意义，甚至具有教条主义特征，并且明显关注狭窄范围内的社会主义政治，那么新左派则采用一套具有某种不确定性的名词术语，但始终与美国政治原则保持一致："激进主义"之所以取代实质性承诺，是因为，"社会主义"被认为是无法在政治话语中实现的社会形式，[2]而"民主"则因为成为可参与式的而变得激进化。

学生争取民主社会组织的纲领文件《休伦港宣言》蕴含许多独特的因素。其最为关键的遗产是措施和目的的合并，但是两者之间并没有直接等同：参与式民主既是学生争取民主社会组织的原则，也是该组织的最终目标，即便这是基于更广泛的层面。《休伦港宣言》积极倡导社群和共识的价值，但是学生的实践活动也经常存在分歧。具体表现为学生争取民主社会组织内的不同分支可以对组织中心的决策表示怀疑，他们还有权基于其怀疑的对象作出最终的决定。因此，蒂莫西·布伦南感慨地认为左翼的文化主义在20世纪70年代后就缺乏他所说的组织想象力，这不无道理。[3]但是，早在20世纪60年代，社会目标更为坚定的时期，这些通常表现为无政府状态的无政府主义思潮就已被预想到了。然而，矛盾的是，正是这种反阶级化情绪的散播，导致进步劳工政党控制了学生争取民主社会组织，使其最终与"气象员派"分离，从而致使整个组织最终在

---

[1] Maurice Isserman and Michael Kazin, "The Failure and Success of the New Radicalism", in Steve Fraser and Gary Gerstle(eds.), *The Rise and Fall of the New Deal Order 1930-1980*, Princeton, NJ: Princeton University Press, 1989, pp.225-226.

[2] 例如，参考 James Miller, *Democracy is in the Streets: From Port Huron to the Siege of Chicago*, New York: Simon & Schuster, 1987, p.54。

[3] Timothy Brennan, "The Organizational Imaginary", *Wars of Position: The Cultural Politics of Left and Right,* New York: Columbia University Press, 2006, pp.147-169.

1969年彻底瓦解。[1]

广泛渗透的激进主义精神促进了20世纪60年代行动主义的"人格主义"，众多学者普遍认为后者受惠于前者，而行动主义中的"人格主义"明显展示了一种新感性，其在政治行动中起重要作用。不仅仅只有女权主义才认为个体也属于政治的范畴。这种新感性的一大重要性在于，它造成和承认矛盾的潜在可能性升级。这也尤其表明，身份政治是强调排除或边缘化某部分选民的手段，除此之外还包括一些隶属的小群体，甚至某些个体，他们因某种特定的经历、生活方式或情感态度而遭无视或诋毁。为了对后者深表内疚，我们就必须谴责排他性和威权主义。正因为如此，尊重差异性的需求最终呈现为忽视其自身优越地位之多种视角所作出的积极修正，同时也有其产生宗派主义和迎合个人主义的负面倾向。难点在于我们应如何区分两者，在这两者中，谁有可能是主宰因素？

第四大影响在于身份政治之所以产生的消极基础。正如温迪·布朗曾说，正是美国中产阶级"明确象征着，非阶级身份为证实他们被排斥或受到伤害而参考的理想标准"。除此之外，白人、男性和中产阶级的理想模范通过其家族和财富水平推动资本主义实现自然化。基于上述原因，温迪·布朗提出，身份政治的功能既包括其对资本主义批判的掩盖，同时也包括其维持"阶级的不可见性与不可言说性"。[2]

这是让人十分信服的观点，但也许回避了左派更难以接受的另外一个对立面。毕竟，猛烈抨击很少被明确定义的"中产阶级"是十分容易的事情。然而，这一观点背后掩盖的是，在20世纪60年代占据主导地位的设想，也是经常出现的社会现实，即工人阶级的

---

[1] 参阅柯克帕特里克·萨莱的解释。Kirkpatrick Sale, *SDS*, New York: Vintage, 1973.

[2] Brown, "Wounded Attachments", p.61.

白人男性是被同化和保守的，爱国主义的、支持战争的、异性恋的和种族主义的，最近他们还被整合到福特制资本主义的工作与消费体制中。赫伯特·马尔库塞在其最具影响力，至少是最具特色的作品《单向度的人》中重点突出了"蓝领工人和白领工人的归并统一，商业和劳工领域内各种领导权的统一，不同社会阶层中业余活动和信念的统一合并"。[1]当欧洲左派要求继续坚守社会主义，甚至马克思主义传统时，美国很大程度上缺乏这些传统因素，尤其是在20世纪50年代的麦卡锡主义迫害之后。实际上，特奥多尔·罗萨克（Theodore Roszak）为强调这种差异而特地使用了"反主流文化"这一术语，通过反对社会主义和认识到工人阶级总是选择站在主流体制一侧来表明美国左派的优越性。其实真正的希望掌握在接受过教育的青年人手上，他们抱有批判的态度和精神，因扎根于高校而远离政治体制的约束，最终可以影响历史的发展。[2]当然，这部分选民不可能推翻长期界定不清的体系。尽管如此，假设确实存在着一个有待反对的连贯实体，而此设想挫败了这样一种观点，即我们在挑战这一连贯性整体的过程中，可以打击更为广泛的对象，由此与其他自封的激进派达成而非达到互相认可程度的统一。

但是，不管怎么说，布朗的阶级和我关注的阶级有所联系。1972年，丹尼斯·奥尔特曼主张，"黑人骄傲"（Black Pride）、新左派、反主流文化者，以及男性同性恋等不同群体反抗由新教徒的盎格鲁-撒克逊裔美国人主导的霸权，应具有联合、统一的誓言。然而，他也犀利地指出，"虽然黑人至少会站在家族之外的视角来批判白人族群的行为，但是向内发起抨击的年轻人，尤其是那些反叛性最为强烈的年

---

［1］Herbert Marcuse, *One-Dimensional Man: Studies in the Ideology of Advanced Industrial Society*, London: Routledge, 2002, p.21.

［2］Theodore Roszak, *The Making of a Counter Culture: Reflections on the Technocratic Society and Its Youthful Opposition*, Berkeley: University of California Press, 1968, pp.1-5.

轻人群竟然是上层中产阶级，他们要么是新教徒的盎格鲁-撒克逊裔的美国学生，要么是犹太人。因此他们大多释放了自身的敌意与不安全感"。[1] 年轻的激进派也挑战了产生于家庭的权威，家庭是最为基本的社会化途径，这种反叛形式也成就了这一时期的另一个关键特征，决定了归于性别自由（sexual liberation），尤其是酷儿理论类性别自由的特殊意义。家庭也被视为一种以（潜在的）专断的父亲为首的微型国家。

在上述这些观点中，身体的作用极为显著。此例中正是种族肤色成了排他性的标志，但也是一种自发的分化手段，实施者挖掘了马尔库塞在《论解放》中所描述的"新感性"，也就是拒绝白人工人和中产阶级男性所象征的自我规训。这是美学上的抗议，也正如罗萨克所强调的，文化因而可以通过设想不同的现实原则而增添新的意义。马尔库塞描述道："现实必须是经过发现和投射的现实。我们不能够再透过构成事物的法律和秩序来看待事物。"[2] 他还认为，反主流文化叛逆应包含"转折中的反叛势力"。[3] 这是基于人性具有转变潜能的人文主义观，它不再容忍"既定生活方式的攻击、暴行和丑陋"。[4] 这是因为，人性所包含的历史性需求会遭到更改，随后偏离那些由马尔库塞所说的绩效原则（换句话说，借助异化和剥削来实现的大众生产，以及维持大众生产的消费主义）决定的需求。

然而，新左派从未实现马尔库塞所发现的潜质，一部分原因在于，大部分新左派和马尔库塞对现阶段发生的事件抱有不同的看法。面对反革命占据先机的事件，马尔库塞改变了他的观点，在20世纪

[1] Dennis Altman, *Homosexual: Oppression and Liberation*, London: Allen Lane, 1974, p.159.

[2] Herbert Marcuse, *An Essay on Liberation*, Boston: Beacon Press, 1969, p.39.

[3] Ibid., p.48.

[4] Ibid., p.5.

70年代变革后的处境中，为恢复（自我）规训观念、现实主义和目标进行辩护。他曾告诉我们："是的，我们应按自己的意愿行事，但我们也是时候应该明白了，真正起到作用的是那些（无论如何无声地）证明男性和女性的智慧与情感能够超越其自身的事物。而在此，男人们和女人们不再仅仅局限于行使个人的意愿，而是能够不受压榨地在这个社会上生存，并为此效力。"[1]（这里强调的效力仅为马尔库塞意义上的效力。）与此同时，马尔库塞还坚称，到目前为止，新左派已通过激进化的形式使自身孤立起来，这既是因为大多数人对社会主义理论感到陌生，同时也是因为内中论述的自由社会令人难以置信。"因此，解放也看似一种威胁；或者说，它已成为禁忌。"[2]

　　新左派的亚文化机构组织仍停留在高校领域，与20世纪70年代的悲观情绪相呼应的主要理论分支，渐渐成为反人文主义的结构主义和后结构主义。也许从象征意义上讲，福柯试图在《性史》第一卷（1976年出版并在1978年译成英文）中，打破马尔库塞"弗洛伊德－马克思主义"的影响，他在很大程度上也表现得十分成功。在这个过程中，新左派强调主体的观点获得保留，但是他也对此观点作了否定性调整，认为这里主体也必定受到意识形态或权力话语的束缚和牵制。此外，特殊的美国语境也决定了"法国理论"的政治化解读。正如弗朗索瓦·屈塞（François Cusset）总结道："如果说德里达或福柯解构客观性的概念，那么美国人不会使用这些理论来反思语言的隐喻力量或话语建构，而是寻求实现更具体的政治结论：客观性等同于'白人男性的主体性'。"[3]随着理论和政治的淡出，另一支针对新教徒的

---

[1] Herbert Marcuse, *Counterrevolution and Revolt*, Boston: Beacon Press, 1972, p.50.

[2] Ibid., p.31.

[3] François Cusset, *French Theory: How Foucault, Derrida, Deleuze & Co. Transformed the Intellectual Life of the United States*, trans. Jeff Fort with Josephine Berganza and Marlon Jones, Minneapolis: University of Minnesota Press, 2008, p.131.

盎格鲁-撒克逊裔美国人发起的挑战也接踵而至，同时从更广泛的西方角度来看，霸权也需要我们接受此种有关客观性的理论批判。

　　我已用了大量篇幅来回顾反主流文化与市场之间的关系，但更为复杂的领域内始终存在一种自觉意识，即"年轻"是市场的物化形式。[1]问题是，政治信念是否也会受到使其得以实现的条件的限制。随着20世纪70年代左派的衰落，60年代释放的反叛精神和欲望不可避免地体现于愈加"自由灵活"的市场中。1982年，丹尼斯·奥尔特曼在《美国同性恋化》中预示了所有关于女同性恋和男同性恋同化，或者同性恋规范性的更为新近的观点。[2]该书的基调与他此前对解放的关注明显不同，其在很大程度上欣赏同性恋者作为都市潮流引领者的表现，及其就此为世界规范构建的更为轻松的性态度（sexual attitudes）。

　　然而，反主流文化的倾向仍在继续，在20世纪60年代仍然是一个强势"神话"，对左右两派来说具有不同的作用。也许部分人会认为，我把同化概念用于酷儿理论的方法无法识别酷儿理论内在的异议潜质。也许事实正是如此，但即便这样，我也不能对此过于自信。反主流文化的理念也许可以被视为波希米亚传统的一部分，伊丽莎白·威尔逊（Elizabeth Wilson）就曾回溯过波希米亚传统的整个发展历程。看似毫无根源的社会现象却有着确切的历史背景。其主要可以追溯至19世纪初期的法国，当时的都市环境混乱不堪，部分人群发现自己与其所处的社会环境不相适应，或者可以说，"解辖域化"（deterritorialised）。这部分群体来自"资产阶级的反对派分支……由于其保留一定的文化价值，又被称为'文明群体'"。[3]甚至当他们

---

[1]　参见 Alderson, *Sex, Needs and Queer Culture*, pp.172-173。

[2]　Dennis Altman, *The Homosexualisation of America*, Boston: Beacon Press, 1982.

[3]　Elizabeth Wilson, *Bohemians: The Glamorous Outcasts*, London: I. B. Tauris, 2003, p.22.

与声名狼藉的人群接触时，也持有同样的价值态度。反叛个性和精神优越感的浪漫结合持续存在于这种持久的波希米亚神话的改造中。亚文化的发生也可归功于波希米亚传统，或许它还在有意识或无意识的情况下推动了马尔库塞所称赞的，弥漫于20世纪60年代的年轻人之中的感性再教育的意识。至于波希米亚风气则始终停留在文化抗议的层面，并且脱离了看似合理的总体社会变革运动，波希米亚人群最终成了布尔迪厄发起的控告的牺牲品，后者指控他们，称其"借用另一种文化的名义来质疑他们所处的文化，从而充当文化先锋的传统角色，并在此基础上，帮助文化游戏持续运行"。[1]

在某种程度上，白人工人阶级的范畴不是这种文化游戏召唤的物化的产物，它在20世纪60年代并没有成功地以反对派的立场来呈现。此时芭芭拉·爱泼斯坦记录了当时普遍存在的把工人阶级妖魔化为独裁者的现象，尤其是在电影中。[2]苏珊·福卢迪（Susan Faludi）则细述了这些文化态度带来的影响，连同越南战争的挫败、劳动力的"女性化"特征、性别的商品化以及去工业化和新自由主义对战后男性气概理想的影响，都进一步加深了我们经常讨论的"男性气质危机"。[3]西方也出现了类似的现象，尤其是本章最后部分即将讨论的后帝国主义的英国，它们加强了地缘政治衰败、经济重构与男性意志力受到侵蚀之间的联系。在变动的社会环境中，产生于女权主义的对性别的政治关注，实质上也是对此种社会环境作出的回应，或者在后者的促进下产生，而我将在接下来的章节对这部分内容展

---

[1] Pierre Bourdieu, *Distinction: A Social Critique of the Judgement of Taste*, trans. Richard Nice, London: Routledge, 1984, p.251.在此，布尔迪厄专门将文化描述为艺术，但对我而言，开启这一领域，转而从更为广泛的意义层面来解读文化似乎更为合理。

[2] Barbara Ehrenreich, *Fear of Falling: The Inner Life of the Middle Class*, New York: Harper Collins, 1989, pp.97–143.

[3] Susan Faludi, *Stiffed: The Betrayal of Modern Man*, London: Chatto & Windus, 1999.

开论述。

如果说"新社会运动"是产生于20世纪60年代的身份政治，那么我认为这样的说法问题突出。正如我们从奥尔特曼关于女同性恋和男同性恋自由的评论中所看到的，我们之所以渴望自由是希望能够使得人类性存在（human sexuality）发生更加广泛的变革，其他的斗争也抱有类似的普遍性目标。从这种意义上讲，它们并不比目前盛行的、仅仅寻求代表劳工阶层局部利益的各种工会组织形式中对阶级的关注更具有内在的同一性。不同之处在于，由于阶级团结的结构化与多数主义的力量，它在满怀雄心壮志地宣称社会主义理念时，也代表了一种似乎合理的推动变革的能动作用，而为实现20世纪60年代社会运动的普遍理念所应承担的责任则转交于边缘化的少数群体来完成（甚至从德勒兹的观点来看，妇女的权力只是相对遭到剥夺，而不是处于数值上的劣势地位，她们也被看作少数群体）。如果普遍主义信念为差异性政治所替代，那么酷儿理论激进主义无论如何仍忠于20世纪60年代的愿望，也就是抵制同化于白人（工人阶级，假定为异性恋者，一般来说具有反动倾向的）男性在外表上所持续传达的刻板印象。现在我要转而讨论有关这种激进主义的一个维度。

性别的自主化

在20世纪60年代爆发的"第二次女权主义浪潮"中，人们开始论述性（sex）和性别（gender）之间的差异。[1]前者是解剖学上的定义，主要用来区分男性和女性之间的生理差异，而后者是基于前者的二元化特征，主要用来指代男性的阳刚特质和女性的阴柔特质。根

---

[1] 为了从更新的视角批判此种毫无益处且带有误导性的时代划分和潮流，可以参考 Lynne Segal, *Why Feminism?*, Oxford: Polity, 1999, pp.9-37。

据女权主义的观点，虽然二元化差异表面上以固有的自然形式呈现，但事实上，这是一种灌输于个体且具有指令性传统的区分模式。这种强烈的社会化过程导致人们在生活中把这种差异内化为人类固有的特征。实际上，男性和女性都对他们的性别地位感兴趣，并从中获得快乐。更为关键的是，女权主义者在阐述性和性别的差异时，意图不在于解释身份的不同模式，而是要让我们注意到，并由此挑战为使女性隶属于男性而采用的意识形态手段。

经常被引用的性与性别之间的差异由盖尔·鲁宾（Gayle Rubin）提出，他认为，性与性别的差异体系建立于列维-斯特劳斯在人类学中强调的女性范畴之上。它也是在由弗洛伊德与拉康精神分析提出的现代性条件下论述而成的。根据这种思考方式，性别是"性存在的社会关系层面的产物。比如，亲属关系体系建立于婚姻之上。它们由此把男性和女性转变为'男人'和'女人'，其中的任意一半只有在和另一半相互结合时才算得上完整"。[1]因此，鲁宾构建的是一种（异性的）性存在体系，而不是性转化为性别过程中必然存在的劳动分工；女权主义呼吁"一种推翻传统亲属关系的革命"。更为重要的是，只有在现代性的条件下，亲属关系的冗余作为社会组织的原则才能最终促成革命的实现。这是从过去传承下来的巨大遗留物。[2]虽然鲁宾没有公然表明，但是他极其有效地让我们关注到潜藏于性别中并在资本主义中产生的进步动态因素，由此鲁宾强调社会变革的更大潜能，在此，亲属关系已被强有力地消除。

---

[1] Gayle Rubin, "The Traffic in Women:Notes on the 'Political Economy' of Sex", in Rayna R. Reiter(ed.), *Toward an Anthropology of Women*, New York: Monthly Review Press, 1975, p.179.鲁宾随后把性存在和性别分开，并认为性存在是用来分析政治干预的范畴和焦点。"Thinking Sex: Notes for a Radical Theory of a Politics of Sexuality", in Carole S. Vance(ed.), *Pleasure and Danger: Exploring Female Sexuality*, London: Routledge & Kegan Paul, 1984, pp.267-319.

[2] Rubin, "The Traffic in Women", p.199.

　　性别对许多人来说都是十分熟悉的概念,但是它的多义性非常强,因为性别的日常使用已近乎让我们误认为它与性的概念相似,甚至等同。就连对两者理论上的差异了如指掌的人们也混淆使用这两个概念。例如,我们通常提及,要在学术座谈小组中实现"性别平衡",这不是指要在表述男性和女性的气质时实现平等的状态,而是为了保持男性和女性之间的同等地位。当政府相关机构让你填写表格说明自身性别时,他们不是想要询问你是有多么刚健。传统的"性别歧视"话语听起来十分陈旧老套,但为何会如此? 也就是说,在如今的现实生活中,我们不仅没能遵守传统的女权主义区分,而且习惯性地诋毁这种区分。此外,虽然基于上述概括性的女权主义说法,相比直接陈述本人的性别是男性或女性,我们更能理解衣服或活动本身就带有性的特征,暗示它们是为男人或女人保留或指定的,但是性别总会取代性,从来都不是性取代性别。严格地说,如果要直接陈述某人性别的话,这就相当于向对方描述某人裤子的具体颜色是什么。

　　实际上,目前的状况更让人困惑。虽然我们很有必要明确性与性别之间的区分,但是这种过于精确的区分已导致扩展化的性别范畴常常被消极地引用。甚至在所谓批判性话语领域内,消极的性别范畴也经常出现,其所指代的不仅是性,而且是意识形态或规范性、身份(无论是积极意义上还是消极意义上)、行为表述(这也是朱迪思·巴特勒的说法),以及本质(变性手术将人性的统一性转变为可以选择的性别)。但是我们常常无法理解,一个特定的性别定义意味着什么,又暗指什么。我不能确定,这种非连贯的普遍存在是性别的自主化(the autonomisation of gender)的原因,还是其产生的效应。或者说,有可能两者都是。我在这里所说的"自主化"指的是这一名词术语与"性"的范畴相互分离,以及性别取代性的一种倾向。

　　然而,我们可以说,优先使用这一术语的原因,不是对通常用

法的疏忽，而是源于多种原因。例如，琼·华莱士·斯科特（Joan
W. Scott）曾说明，在20世纪80年代，历史学界的头衔名称已将
"女性"替换为"性别"，从而使得研究更加学术化和"中立"。她
写道："似乎性别只适合社会科学中的科学术语，以致和（据说十分
强硬的）女权主义政治互不相干。"[1]这也说明，在使得学术界更为
体面的压力下，术语的转变也由此诞生，但是这样的说法也十分有
趣。这是因为，这种替换通常被认为是与反本质主义的第三次女
权主义浪潮的出现有关的激进化模式，它关注文化和表征，与现实
女性的物质条件和经验及其斗争截然不同。事实上，尤其是在20
世纪90年代，"女性研究"常常被调整或替换为"性别研究"，这种
情况引发极大的争议。[2]这种倾向也象征着，反人文主义在更大
范围内，且在理论上视个体为话语转变的工具。

　　其他的压力也导致了我们在研究上对性别的关注，其中包括资
产阶级对于男性气概的兴趣，其最先诞生于"男子的解放"。注重男
性气概的行为起初被认为是用来补充女权主义实践的自我审视模
式，[3]其从更大的范围内，与性别研究互相并置，并在随后变得更为
学术化，强调跨文化和历史性中显现的男性气概的多样性，由此区分
男性之间的差异。正如我们随后弄明白的，男性气概不仅仅关涉管
理男性和女性的"适当"领域，同时也同阶级和种族的形成过程互相
联系。因此，如在19世纪的英国，男性气概是帝国主义的完美典型，
这也就把殖民地指责为阴性词，而懒散的贵族精英也被描述为女子

---

[1] Joan W. Scott, "Gender: A Useful Category of Historical Analysis", *Gender and the Politics of History*, Bloomington：Indiana University Press, 2011, p.31.

[2] 对于其所涉及的部分想法，参阅Joan Scott(ed.), *Women's Studies on the Edge*，它也是刊物《差异性》专辑（*differences*, Vol.9, No.3［1997］）的主题。我2003年在曼彻斯特大学与其他学者共同开设了关于性别、性存在和文化的硕士课程。

[3] Andrew Tolson, *The Limits of Masculinity*, London: Routledge, 1987.该书对此作出了详细阐释。

气的。比如,对于赫伯特·苏斯曼(Herbert Sussman)来说,男性气概是建立于掠夺性男性特征之上的优越状态,其需要获得主体的自我控制。[1]苏斯曼援引克劳斯·特韦莱特(Klaus Theweleit)充满雄心壮志地对男性气概及其在纳粹原型、纳粹形式中的目的论话语进行一种德勒兹式的、进化人类学意义上的描述。这样的观点也把男性气概视为一种积极防御性的心理与政治辖域化模式。[2]男性气概——压抑——权威——法西斯主义:它们之间的连接具有反主流文化的特征,尤其对于德国的克劳斯与后结构主义者来说更是如此。

为了赞同与亚文化群体特别有联系的异议模式,性别研究的另一个分支从而产生。例如,20世纪70年代主张同性恋自由的男同性恋的男性气质常常带有讽刺意味。但是近期,艾伦·辛菲尔德(Alan Sinfield)和大卫·霍尔珀林(David Halperin)却对此看法表示不认同。[3]对于辛菲尔德而言,同性恋自由代表从先前基于性别的分化向基于性存在的分化的转变。在这种情况下,同性恋者通常被认为是女子气的,同时他们自身也会这么认为。这种见解源自跨性别的行动和理论。实际上,自从苏珊·桑塔格的《坎普札记》(Notes on "Camp",1964)发表后,坎普的人物角色就受到各种各样的剖析与支持,其他人也因此关注女性阴柔范畴的历史。类似强调坎普人物气质特征的做法也被用来恢复反对激进女权主义或者女同性恋女权主义观点的男同性恋和女同性恋之间的传统区分。根据激进女权主义或者女同性

[1] Herbert Sussman, *Victorian Masculinities*, Cambridge: Cambridge University Press, 1995, p.3.

[2] Klaus Theweleit, *Male Fantasies*, 2 vols, Minneapolis: University of Minnesota Press, 1987–1989.

[3] 参阅Alan Sinfield, "Transgender and Les/bi/gay Identities" in David Alderson and Linda R. Anderson(eds.), *Territories of Desire in Queer Culture: Refiguring Contemporary Boundaries*, Manchester: Manchester University Press, 2000, pp.153–158; David Halperin, *How to be Gay,* Harvard: Belknap Press, 2012, pp.69–81。

恋女权主义的观念，不论过去还是现在，性别始终是女权主义者试图回避的话题，性别认同则代表着错误意识的一种模式。[1]

因此，在大部分情况下，性别和异议性存在（dissident sexuality）之间的联系使得性别不仅被认为是权力获得一致性的领域，同时也促成了僭越（transgression）的积极模式。然而，我们仍要注意，一种强调由非自然化可能性形成的性别对立的观点与另外一种在亚文化传统内强调主体身份价值的观点之间存在的指引性分歧，前者或许潜在地消解在性和性别体系下产生的意识形态维度。因为这些身份都具有可逾越性，所以它们也许还能反常地收获另外的优势，由此也常常与波希米亚主义联系在一起。

在这一领域中，各种经历、分析和意图也掌控着逐步上升的紧张气氛。正如评论家经常发现，女权主义者渴望性别界限消失，这在传统意义上和试图威胁她们身份界限的雌雄同体的理想化状态相似。[2]雌雄同体范畴的真正问题或许就在于，它不仅没有为我们消除性别的视阈，反而为我们设想了一种含糊的普遍趋同性。但是雌雄同体观念的真正问题出现在，其以指令性的形式呈现，并且在我看来，它也试图对基于阶级的规范原则进行转移，那么我们就不需要说明，唯一合理的解决方法就是保留性别的范畴，至少可以通过使性别截然对立的倾向实现再定义来进行。如果我们要解释，为什么我可以把短发、强制性的人格特征和掌握摩托车驾驶技术的人视为有男性气概，那么没有任何一个理由比传统更适合用来诠释这种把行为风格与性范畴结合在一起的现象。本章并不试图针对此种问题作进一步阐释，如果要解释的话，这类问题可以称为：我们是根据什么样的主体特征来进行此种身份识别的？

---

[1] 可参考 Sally Munt and Cherry Smyth(eds.), *Butch/Femme: Inside Lesbian Gender*, London: Cassell, 1998。

[2] 例如，鲁宾提倡雌雄同体的理念。"The Traffic in Women", p.204.

　　因此，朱迪思·巴特勒在《性别麻烦》中极具影响力的观点，就是在这种使性别物化与普遍化趋势下发展起来的，也更加巩固了这些趋势。在这里，在塑造性别本身的历史和文化差异性中，性别作为多样化的元素有待我们审视。然而，此时对于我们中间许多仍沉浸于性和性别体系的人而言，她的观点与直觉相悖。巴特勒运用福柯所说的生产性主体化权力来解释性别，认为它也是众多权力中的一种。到目前为止，这一观点始终坚持的有关男性气质和女性气质的批判性探讨，已不仅仅作为一种意识形态而存在，而是一种形式范畴。巴特勒甚至还进一步采用解构的方式辩解道，性差异性的信念也许可以视作话语性别作用的结果。她表明："无论性或性别是固定的，还是自由的，这都是一种话语的功能。……其寻求为分析设定某种限制，或保证某种人文主义条令，使其作为性别分析的前提条件。"[1]从这句话的句式及其表达的观点可看出，有关性别的强调可促进我们毫无限制地思考自由（值得注意的是，这本书最初也出现在"思考性别"系列丛书中）。而不被理解为性别作用结果的身体却也为思想设定了（人文主义的）局限。

　　《性别麻烦》之所以是复杂，甚至时而令人感到迷惑的书，在我看来，在相当程度上是因为似乎其有效地论证了性别对性的殖民。《性别麻烦》最具影响力的方面在于，这本书强调性别是一种行为表述，也就是它在模仿的行为中形成。在这个过程中，既不存在原始的必要性，也不存在"内在的"必然性。但是基于此，巴特勒还进而借用和改编了尼采有关语法性观点的说法，也就是行动的背后有行使者。如此说来，无论个体的意图如何，性别始终会产生。由此，这也成了巴特勒的主要观点，她在书本中反复提及此观点。既然性别是在模仿或重复

---

[1] Judith Butler, *Gender Trouble: Feminism and the Subversion of Identity*, New York: Routledge, 1991, p.9.

的行为中获得效力的，那么性别秩序也就无法按照其自身的理念来重新创造性别本身。如果上述说法可以准确概括性别观念的大致现状，那么对我来说，我们最好把性别阐释为主观能动性，而不是某种有关社会进化的复杂理论：行使者——性别，也就是我们思考的对象本身没有消失，但是却因此变为非个人化的客观事物。

至少对于一名人文主义者而言，所有这些显得如此令人沮丧，不过我们可以因为她曾把性别形成过程视为一种理想的多元化的结果，而进一步强调巴特勒的观点带有乌托邦的维度。她写道："性别规范的丧失最终导致的效果将包括，性别结构繁复、实质性身份变动不定，以及有关强制性异性恋的自然叙事（the naturalising narratives）也被剥夺了其中心的主人公：'男人'和'女人'。"[1]在这本书中，她除了宣称我们要因男性和女性具有内在性的指令特征而将其解除之外，其他的观点完全与鲁宾在"女人交易"（The Traffic in Women）中的陈述保持一致。

对《性别麻烦》的解读可以证实，要想将主观能动性的观点传授给那些希望在采取自觉颠覆性别的行动中使用巴特勒理论的群体是十分困难的事情。近期，安娜玛利亚·雅戈斯（Annamarie Jagose）也发表评论："在最多二十年以后，在大多数酷儿理论的语境中，政治能够超越那种能动性主体的观念将不再是批判性的真理。"[2]尽管有一些文本在支持由部分行动主义者从主观能动性中获取的信息时，十分模糊且有争议。例如，巴特勒认为："批判性任务是……查找出社会建构促进下的反叛性重复，通过参与那些重复性的实践，来确认干预的局部可能性；同时也需要注意，这些重复的实践是构成身份的主要因素。由此我们可以展现挑战这些重复性实践的固有潜质。"根据上

---

[1] Butler, *Gender Trouble*, p.146.

[2] Annamarie Jagose, "The Trouble with Antinormativity", in Weigman and Wilson(eds.), *Queer Theory Without Antinormativity*, p.44.

述说法,大部分内容都取决于类似"查找"和"确认"这些动词。

　　难道我们不是已回归到巴特勒曾不断试图消除的意图和目的的领域中吗? 所以说,当她否认"自由意志和决定论之间不必要的二元对立"时,[1]她并没在剪除所有人都尝试解开的戈尔迪安之结,而是悄无声息地支持一种辩证的可能性:确切地说,我们主观能动性的选择已取决于社会的不一致性和彻底的矛盾性(处于此种不利条件的情况下,我会把话语和意义归为非一致性和彻底矛盾性的社会范畴)。这样的情况迫使我们思考和行动,从而作出艰难的抉择,牺牲或妥协,对于我们在采取决定时发挥的智慧,我们会感到开心,但同时也会懊悔或持续地对此表示不确信。

　　但是,在上述我所引用的句子中,关键部分是"批判性任务"。按照这说法,巴特勒再一次强调的是那些分析和思考,以及认可个体表现的真正多样性以及其作为部分构成的总体状况的理论家的著作。这样的解读可被合理阐释,是因为巴特勒期盼一种"可以确切地摆脱过往尘埃的"新政治(她在此指的是左派对既定对象具有利益的推测)。所以上述巴特勒的解读又存在合理性意义:"性与性别的文化结构……也许不断繁衍,或它们目前阶段的繁衍在建构合理生活的话语中也变得可行;而在这种话语下,原本性的二元对立主义混杂不定,二元对立的差异也变得非自然化。"[2]这样的说法也帮我们核实了齐泽克的看法,他曾陈述,巴特勒的想法近乎等同于认可"存在于现实的无限财富和抽象的贫困之间的经验主义差别,关于后者,我们也尝试借此来把握现实"。[3]但是,这仅在局部范围内把握了本章关注的重点。我们已显著地把经验主义和我目前所强

---

[1] Annamarie Jagose, "The Trouble with Antinormativity", in Weigman and Wilson(eds.), *Queer Theory Without Antinormativity*, p.147.

[2] Jagose, "The Trouble with Antinormativity", p.149.

[3] Žižek, "*Da Capo Senza Fine*", p.216.

调的理想主义结合起来。通过这样的结合，某种现实的无限财富也向我们显现，但在这个过程中，我们无法理解此种财富，对其进行识别，或也无法用话语的形式来创造这类财富。这种理想主义的经验主义，也揭示了有待我们对其进行象征化解析的复杂性，但是相比巴特勒的思想，此种经验主义更多地为不同类型的后结构主义作品所具有，它们试图揭露反叛身份的"差异性"，但也有使身份多样化的习性。此外，这种方式的运作是处于各种生产性的、"解辖域化"（deterritorialising）条件下才能发生，齐泽克围绕这些条件的讨论已引发关注，并对其形成补充说明。

　　正如其他人针对巴特勒在陈述观点时的强烈气势作出不同的批判，我在此也要特别批判巴特勒的观点。在众多的观点中，托丽·莫伊（Tori Moi）提出，有关性是性别建构的说法是理论层面上的解释。换句话说，这也回应了理论自身存在的问题；同时她还认为，对于女权主义者而言，采取这样的观点毫无必要。实际上，唯一重要的是，我们要否认生理决定论，也就是性决定性别的观点。此外，她还提出，那些认为很有必要把性归为性别建构的人也许暴露了他们的疑虑，也就是，如果我们证明性差异的存在，那么生理决定论也就迎刃而解。[1]无论这是否巴特勒的真实想法，对于那些支持其作品的性别酷儿理论的行动主义者而言，确实如此。除此之外，尤其他们还认为，男性和女性只能从规范而消极的二元对立观念来理解，并且这种二元对立的观念无法针对男性和女性作出个性化的阐释。

　　当人们认为莫伊的性和性别区分尤其适用于女权主义任务，也就是强调女性表征的局限性和本质主义特性时，她却认为，这种区分不利于我们对主体性的思考，转而寻求脱离借由性和性别之

---

[1] Toril Moi, "What Is a Woman?" in *What Is a Woman?: And Other Essays*, Oxford: Oxford University Press,1999, p.42.

间的区分来进行的广泛性解析，以厘清波伏娃在《第二性》中的观念。但是与此同时，她也重建了这本书同萨特、梅洛-庞蒂和法农之间的哲学联系。这些思想家对身体是静止的生理现象提出了科学上的反对观点。实际上，身体是一种动态的情境，在此，个体可以在更广泛的世界形势中实现自身的计划。对波伏娃来说，自然与文化之间的二元化关系，以及由此引申出的性和性别的二元化关系仅是被用来思考主体性的错误二元化关系。这是因为，这种观点所暗指的是，即便身体是动态不定的，我们同样也可以完整地将两者区分开来，正如莫伊所说："对于波伏娃而言，女性是可以通过她所在的生活现状来对自我进行定义的，而这个建构和重建的过程是开放性的：只有当死亡来临时，它才会终结。"[1]

我们借此重新考察了处于主观能动性范畴之内的意图。当然，这种建构和被建构的计划，最终取决于我们有关这个过程包含什么，以及在何种情境下，个体才能发现自我等一系列问题的意识和思考。在莫伊和波伏娃看来，我们可以积极地将身体构想为主观能动性的原因、可能性及其所受到的限制。但是，我们也需要注意，个体不是全然自主的。根据此观点，"性"不是施加于性别分析法的限制，而是受到传统性别规范限制的能动性原则（the agential principle）。

我在此阐明，《性别麻烦》的背景是在理论和文化争论中日益显著的性别问题，但是这本书却也需要基于性别效应来理解性别。如果女权主义曾经试图最终使得性别这一规范性的理论框架消逝，那么巴特勒在声明我们也许无法逃脱性别规范时也就强化了与此相反的趋向。因此，我们也只有通过固有的反叛模式才能对此施加压力。如果性别可以被视为性范畴的形成规范，那么它将获得更多的实质内容并成为优选的称谓。实际上，如果考虑到性别赋予主体无

---

[1] Moi, "What is a Woman?", p.72.

限价值，通过塑形过程使身体物质化，我们便可以认识到性别的重要性。[1]性别无处不在，它具有行动的双腿。

伊芙·科索夫斯基·塞奇威克（Eve Kosofsky Sedgwick）在其简短而深刻的文章里表明了这一点："天啊！乔治先生，你的男性气概一定让你感到十分安全。"塞奇威克指出，男性气概之所以和男性无关，是因为它是通过女性来实现的。男性气质和女性气质之间的关系也许是交替互补的，而不是彼此相反（也就是说，某部分人可以同时具备男性和女性的气质特征，就好像某些人内含的男性特征要比其女性特质更多[2]）。性别差异可以起到"门槛效应"的功能，借此我们可以从一种性别范畴过渡到另一种性别范畴。自我认同介乎我们肉体的本质和自由扮演性别的潜能之间（此种论证又让我们想起性和性别之间的区分）。换一种说法，塞奇威克关于性别的言论是不连贯的。或者说，她的这种做法也是由于其用文体和商品的形式来理解性别，而这些形式恰好导致性别听起来类似产权身份，同时也成为一种借助"陈述"来展现的性别。在这里，男性气概被理解为建立于男性和女性之间的权力结构，因为塞奇威克的首要前提就是想让我们"抵制……那种把男性气概更直接归属于男性，从而主张女性和男性气概之间的关系主要源自前者或多或少地受到男性的压迫的假设"。[3]然而，塞奇威克虽然表明了性别的不连贯性，但却没有要求解除性别的概念，因为她想进一步强调性别是复杂的、往往令人心悦的普遍存在。

目前普遍存在一个趋势，我们常常把有关性别的问题和女权主

---

[1] *Undoing Gender*, New York: Routledge, 2004. 该书收录的文章集中考察了使这种结构可以或者应该解构的各种方式。

[2] Eve Kosofsky Sedgwick, "Gosh, Boy George, You Must Be Awfully Secure in Your Masculinity", in Maurice Berger, Brian Wallis and Simon Watson(eds.), *Constructing Masculinity*, New York: Routledge, 1995, p.16.

[3] Ibid., p.13.

义所认为的首要目的分开。这也许因为，塞奇威克和其他学者在谈论性别时，都默认它们处于特殊的语境中（亚文化语境、学术语境和特权语境？）。在这些社会环境中，性别的从属关系不那么明显。例如，朱迪思·哈伯斯塔姆就曾举例说明，女性的男性气概是一个自发的传统，其独立于男性的男性气概而存在。不过，她努力使自己的阐述具备一致性，或者为阐明其例子而构想出令人满意的女权主义观。苏珊·卡恩（Susan Cahn）曾说，女性参与体育运动之所以受到限制，是因为人们将体育运动所需的技能设想为只适合于男性的，由此卡恩也进一步得出结论，这些体育运动的技能应重新定义为"人类"所拥有的技能。结合上述论点，哈伯斯塔姆果断认定，"延伸这些属性指涉的人群范围，使其包括女性的唯一办法，不仅仅是把它们归为'人类'的特征，而是将它们归为也包括女性在内的男性气概"。[1]这里强调的延伸明显削弱了自主性例子的论证力度，相比体育竞技中的男性气概，自主性传统所阐明的是更为普遍的事例。但是任何一个表明女性为了全面参与体育运动而显示自身拥有男性气概的例子，似乎都十分怪诞，并且夹杂指令性意味。为什么会如此？在亚文化语境中看似僭越的倾向，最终却属于更广泛层面所特有的极端保守的行为。这向我们提出了新的难题，也就是，我们要如何在社会变革计划的基础上来理解此种僭越现象。难道它不是在巩固此前就已完备的主导性定义吗？

德博拉·卡梅隆（Deborah Cameron）发现，"跨性别"的词语前缀证明：无论我们的想法如何，性与性别之间始终存在"恰当"的联系。她提出疑问：为什么我们要称社会身份为跨性别身份，而不是单纯的性别身份？她同时总结认为，这样的命名方式表现了女权主

---

[1] Judith Halberstam, *Female Masculinity*, p.272.

义的失败。[1]她的论点十分重要，证实了我们强调僭越的同时或许也限制了实现更广泛变革的潜能。[2]但是，我们更需要解释关于僭越这个特定术语及其他从跨性别政治中延伸出来的术语，尤其是在酷儿理论中跨性别政治所使用的术语词汇。

根据众多不同的资料记载，虽然莱斯利·范伯格（Leslie Feinberg）的《跨性别勇士》不是开创跨性别范畴的首部作品，但它无疑普及了这个容纳性很强的身份类别。这一身份类别用于描述那些"逾越、嫁接或模糊其出生时既定身份表达界线的"人群，它也涵盖了那些选择变换荷尔蒙组成结构或采用外科手术来改变性别的群体，但肯定不会预设这部分人的性别身份。[3]根据范伯格的这种断言，我们得出，性和性别之间的差异是人自出生起就受到"指定"的产物，而范伯格的诠释模糊甚至压垮了在性和性别，以及指定和表达两者之间存在的最为明显的多种区分点（该书别处说到的指定和表达也处于不断变化之中）。此外，"hir"和"ze"是范伯格常用来表述"她"和"他"的代名词。两者的应用让我们留意到身份形成的复杂性。同时，这也说明，范伯格自发意识到，用肤浅的非历史视角来解读过去存在困难，而这里的过去呈现最终将实现当代跨性别自由的合目的性的发展状态。

无论如何，范伯格的政治形态发生于本章此前讨论的语境中。根据这种政治形态，"她"的思考方式和行动有别于随后的各种思考

---

[1] Deborah Cameron, "Body Shopping", *Trouble and Strife: The Radical Feminist Magazine,* No.41(2000), pp.21–22.

[2] 关于僭越和变革的区分，可以参考 Elizabeth Wilson, "Is Transgression Transgressive?", in Joseph Bristow and Angelia R. Wilson (eds.), *Activating Theory: Lesbian, Gay, Bisexual Politics,* London: Lawrence & Wishart, 1993, pp.107–117。

[3] Leslie Feinberg, *Transgender Warriors: Making History from Joan of Arc to Dennis Rodman*, Boston: Beacon Press, 1996, p.x.关于这本书的意义，可以参阅Susan Stryker, "(De)Subjugated Knowledges: An Introduction to Transgender Studies", *The Transgender Reader*, Vol.1, New York: Routledge, 2006, p.4。

方式和行动。"他"在解释"她"的主体性发展时,把后者阐发为某种无论是生理上,还是行为模式上,从不遵循女性特质规范的某种个体,因而也怀着疑虑、敌意和嘲讽的态度来看待代表"她"的主体。在20世纪70年代经济窘迫时期,寻找工作成为"他"的主要经历,但同时也导致"她"忍受更为严重的歧视。"他"写道:"我在穿着打扮上越向女性角色靠拢,就越有更多人认为我是试图冒充女性的男性。"因此"他"使自己更男性化,从而胜任建筑工人的岗位。为此,"他"通过注射荷尔蒙长出胡子,以便增加成为建筑工人的概率。搬到纽约后的范伯格愈加频繁地参与政治工作,并加入了支持"她"推动跨性别政治的世界工人党(WWP)。

在《跨性别勇士》中,范伯格探究了跨性别表征范式的历史进程,从恩格斯的《家庭、私有制和国家的起源》(1884)中提取涉及"她"的历史背景,即代词"她"指示的女性群体之所以背负禁忌,是源于私有财产在历史发展中的产生和父系社会中保护私有财产的父权制的需求。"他"辩称,禁止性别模糊是阶级社会里女性附属地位作用的结果。所以,对于范伯格来说,跨性别身份和跨性别政治离不开更大范围内的政治经济维度。"她"的见解寻求在性别的跨文化表达中,构建一种连结跨性别表征、跨性别身份和跨性别经历的松散连贯性,以及通过扩展基于私有财产和家庭,并尤其借助西方帝国主义来对跨性别实行压制。然而,意味深长的是,范伯格没有设想,身份能够自主转变为进步政治(progressive politics):拥护进步政治是有意识的行为举措。"她"作为"反种族主义白人、工人阶级、世俗犹太人、跨性别群体、女性同性恋者和女性共产主义革命者"[1]的身份似乎旨在强调单一性和排他性的复杂特征。从部分人的观点来看,这些身份标识似乎也隐含了倡导矛盾性的主张。

---

[1] www.lesliefeinberg.net/self/(accessed June 2016).

无论范伯格在采用历史的眼光来阐明跨性别时存在多大程度的合理性，其主要魅力在于，这种阐释方式寻求利用流传度不广的"元叙事"[1]途径来实现其目的。与此同时，对于其阐释的可信度，我既不在乎，也没有足够的篇幅对此多加考量。至少，在美国的语境中，范伯格的说法作用于识别资本主义条件下白人盎格鲁-撒克逊新教徒的身份，伴随其中的也有性和性别体系，两者的区别始终作为政治追究的议题，也体现了在意识形态上跨越阶级分歧的特殊保守主义所施展的约束力。根据范伯格的识别及其限定，正是霸权决定了美国社会内部的"差异性"。至关重要的是，例如，"他"认为，我们有必要指明，其是"反种族主义的白人工人阶级"。

然而，正如《跨性别研究读本》的编辑们强调说明的，范伯格"特殊的历史理论没有引起众多跨性别群体的广泛支持，但是随着她的作品以强有力的方式呼吁跨性别民众还原其历史遗产，把这些知识应用于为实现更公正的社会而开展的当前斗争中"，[2]"她"的作品强有力地调动了支持其作品的忠诚热心和满怀感激的追随者。换句话说，"她"曾在作品中因倾向于同一性主张而忽略了系统性批判的工作，这也暗指了那些寻求恢复过往传统的人群。实际上，大多数批判都集中于"她"的女权主义跨性别小说《冷漠的像男人的女学者》（*Stone Butch Blues*）[3]中大体上呈自传特点的主体经历。因此，范伯格作品的受接纳度扭曲了作品中的主要政治意图。这也许和"她"的政党属性有所关联，同时也关涉"她"所代表的群体倾向于强化对

---

[1] 范伯格的解释明显反对鲁宾关于性和性别体系的起源与刻板规范的人类学阐释。

[2] 对莱斯利·范伯格的介绍，参见 "Transgender Liberation: A Movement Whose Time Has Come", in Susan Stryker and Stephen Whittle(eds.), *The Transgender Studies Reader*, New York: Routledge, 2006, p.205。

[3] 哈伯斯塔姆集中讨论了这部小说，并且在脚注部分为在《跨性别勇士》中的"笼统的概括"而懊悔。*Transgender Warriors(Female Masculinity*,p.291). 另参考 Jean Bobby Noble, *Masculinities Without Men? Female Masculinity in Twentieth-Century Fictions*, Vancouver: University of British Columbia Press, 2004, pp.90–141。

马克思主义的一种批评性的普遍看法。

由范伯格和性别酷儿理论家定义的跨性别范畴存在明显的重合。在某种程度上，两大跨性别范畴尝试扰乱二元化的区分方式，这同时也是他们理解男性和女性范畴的方式。然而，他们在其他方面也开辟并巩固了潜在于自身的二元主义。例如，倘若有人声称自己的性别观为非二元化的，那么这必定与那些在"性别表述"中被推断为二元化的人群形成对照。尽管如此，他们表现出的是偏爱这种描述方式的态度，甚至不会排斥这种定义。毕竟，用二元化模式来思考男女两性关系有违女权主义思维。四十年前，鲁宾曾在这一语境中察觉，"排斥性的性别身份远非关于自然差异性的表达，而是压制了男性和女性之间的自然相似性"。[1]这种看法在如今看来也呈现全新的意义。同样的说法也出现在"单性人"一类的术语中，其从字面意义看就加强了性和性别之间的规范性联系。它的假定条件是，只有标示"跨性别"的范畴才能打破性和性别之间的传统关系。

任何例子中的发展轨迹都是清晰的：对差异的更趋总体化的敏感程度，结合性别的自主化，已推动20世纪60年代强调"个体即政治"（the personal as political）阐释的各种倾向，将政治身份全部纳入身体。例如，支持性别酷儿理论的芝加哥学派在管理其安排的会议时，提出了"安全空间"的准则，表明了对于隐私近乎偏执的敏感：

征求身体接触的意见：在你触碰他人时，必须先经过他人的同意。

一次一个主角，一个麦克风：不打断他人发言是尊重他人的表现。

不要设想他人身份：我们尊重彼此的原则是不设想对方的任何事宜，包括其身份、性别或者其他事项。

拉斯维加斯规则：当你走出会议空间之后，会议上讨论的内容

[1] Rubin, "The Traffic in Women", p.180.

便不可向外界复述。

"哦"和"啊"：如果某人的话让你感到受伤害，你可以发出"啊"的反对声。他们接着便说"哦"表示歉意，意味着你们将在开会时或开会之后共同解决这个问题。

无论是在空间之内，还是在空间之外，都要尊重每一个人的代号指称。仔细查看成员名单，确保没有遗漏任何一个名字。

畅所欲言并负责任：表达你看待某一事件的观点时，可以尝试使用"我"如何如何之类的句式，表明这是你的观点和经历。[1]

通过引用温迪·布朗的论点，杰克·哈伯斯塔姆让我们将注意力转向跨文化发展的方式，反思和巩固个体应对社会行动主义的新自由主义压力。[2]但是这一问题始终指向理论。巴特勒声称性别关乎（非故意的）行为而不是存在，赋予了人们想望的性别多样化以能动的身份地位。对个体感受的探讨，成为跨性别范畴与其意图之间产生联系的唯一方法。

经济的酷儿化？

伊芙·科索夫斯基·塞奇威克在《偏执型阅读和修补型阅读》一文中承认辛迪·巴顿（Cindy Patton）关于艾滋病行动主义的特殊见解给予她的启示。这里最为重视的就是塞奇威克从中获得的启示，因为它"为我们能够从对错的固定问题模式转移至知识如何以行为表述，以及我们如何最大化地移动于知识的起源及其效果之间

---

[1] http://genderqueerchicago.blogspot.co.uk/p/gqc-policies.html(accessed June 2015).

[2] Jack Halberstam, 'You Are Triggering Me! The Neo-Liberal Rhetoric of Harm, Danger and Trauma, https://bullybloggers.wordpress.com/2014/07/05/you-are-triggering-me-the-neo-liberal-rhetoric-of-harm-danger-and-trauma/(accessed June 2016).

开辟新空间"。[1]在这里,我们要注意,象征固定性的理想化两极移动这种如今看来为大家所熟悉的空间隐喻又会发生何种变化。正如此时的思考被描绘为述行性的(performative),其又再一次成为自由的模式,也就是说,思考等同于参与世界话语建构时采取的既定智慧。基于此,塞奇威克进一步挑战了她称之为左派偏执分析的模式,与此同时,她还挑战了这些模式因设想世界由权力严格控制而消极导致的预知性世界。据此,任何事情都在我们的掌控之中。虽然塞奇威克明显在借用巴特勒极力推广的述行性概念来构建自己的论据,但是无论如何,她在解释偏执行为时,有大半内容是借鉴了巴特勒的《性别麻烦》。借助巴特勒从西尔万·汤姆金斯(Sylvan Tomkins)论述情感功能的作品中所发掘的这一区分,塞奇威克认为这是一种根据既定原则解释一切事物的强理论,并将其与仅对无法预知的潜能更为开放但似乎因此也更受欢迎的弱理论相互对照。

从公开的传统马克思主义立场上讲,唐纳德·莫顿(Donald Morton)认为这样的理解十分可疑。他暗示,这是塞奇威克"针对阶级斗争作出的反应:修补型阅读旨在模糊社会的敌对立场,动用情感表达'治疗'经济窘境留下的伤痕"。[2]从塞奇威克所辩护的视角看,此种回应也许仅阐释了逃离"偏执"的难度。然而,正如我在阅读这篇文章时发现,塞奇威克并没有真正提出我们能够或可以单纯抛开强理论。与莫顿相比,塞奇威克专注于表达强理论例子的历史条件,而这让我十分钦佩;毕竟除了当时的马克思主义外,她还研究

---

[1] 也可参阅Kosofsky Sedgwick, "Paranoid Reading and Reparative Reading; or, You're So Paranoid You Probably Think This Introduction Is About You", in *Novel Gazing: Queer Readings in Fiction*, Durham, NC: Duke University Press, 1997, p.4。

[2] Donald Morton, "Pataphysics of the Closet: Queer Theory as the Art of Imaginary Solutions for Unimaginary Problems", in Mas'ud Zavarzadeh, Teresa L. Ebert and Donald Morton(eds.), *Marxism, Queer Theory, Gender*, special issue of *Transformation: Marxist Boundary Work in Theory, Economics, Politics and Culture*, No.2(2001), p.25.

了其他的社会因素。她指出，在"排外的里根—布什—克林顿引领下的美国"，福柯对"世俗化自由人文主义"进行了最为严厉的斥责，认为"这也属于偏执的症状。在这种背景下，'自由'也只不过是忌讳的范畴，'世俗化人文主义'通常也被视为少数宗教派别"。[1]联系到特朗普要恢复伟大美国的计划项目，我们对于未来社会里任何一种人文主义的命运又可能作出何种论说？

我在结论部分应重新回顾我所认为的塞奇威克文章中潜在的价值。首先，我想反思的是J. K. 吉布森–格雷厄姆（J. K. Gilbson-Graham）（两者使用的是同一笔名）写出的这篇文章在政治经济领域的影响。他们自称同时为女权主义和酷儿理论而创作，但是他们不关注性存在或性别的问题，而是认可基于两者共有的哲学与方法论原则所实现的结盟关系。吉布森–格雷厄姆的目标最先在《资本主义的终结（众所周知的事实）》（*The End of Capitalism* [*As We Knew It*]，1996）中得到概述，其目的在于产生可能在广泛意义上被描述为关于经济领域诸活动和关系的各种去总体化叙述话语，以消解我们认为的"经济"：某种因范围广泛而无法更改，而且难以抵挡的全球现象，这些活动和关系也许在更广泛的范围内被描述为经济，也就是说，它们也许也是某种资本主义的产物。它们能够有效地摧垮，或者如我们更倾向于说的解构本体论和认识论。这两位作家的后续著作《后资本主义政治》（*A Postcapitalist Politics*）继续批判这种本质主义、决定论经济的"霸权话语"。他们声称，"我们已经想象出一种充满经济多样性的语言，这类语言也许可以提供区分和振兴新经济政治的多层意义与暗示的潜能"。[2]然而，它们重新定义霸权范畴的特有能力引起显著的效应，也就是实现政治领域内资本辩护

［1］ Sedgwick, "Paranoid Reading and Reparative Reading", p.18.

［2］ Gibson-Graham, *A Postcapitalist Politics*, Minneapolis: University of Minnesota Press, 2006, p.xxxiv.

者与批判者的统一。那些认为正是新自由主义才具备真正的霸权特征并需要外界反抗的人和那些实行新自由主义策略的人毫无两样。只有我们才真正需要女权主义和酷儿理论的修正，而不是那些右翼人士。[1]

为了遵循这些意图，吉布森-格雷厄姆进而在话语上建构或者解构其所处的社会，因而也再次结合了我们从巴特勒作品中观察到的在某种程度上保持立场一致的理想主义和经验主义因素，这两种因素都认可世界经济的多样性。他们在更进一步地考虑其计划在实践中的执行潜能之前，最先批判性地关注左派的主体化。他们在这个过程中留意到那些怀疑其作品观点的人所提出的大量意见，但是却对它们不予理会，而是用塞奇威克所说的偏执来判定这些批评家的观点。同时偏执也属于左派忧郁的表征，左派忧郁是温迪·布朗发明的本雅明式术语，用来指代"人们面临其过往政治立场时所表现的某种自恋情怀，以及超越任何当代政治动员、政治结盟或者政治变革的身份"。[2]布朗尤为突出身份政治和后结构主义内负效应引起的消极倾向，及其最终体现的保守主义。[3]

吉布森-格雷厄姆更倾向于解释他们自身和传统左派在感受性上的差异，他们在阐述的过程中引用了20世纪90年代关注去工业化过程的两部具有启发性的电影，分别为《牢骚满腹》(*Brassed off*)(1996年由赫尔曼执导拍摄)和《心想事成》(*The Full Monty*)(1997年

---

[1] 莉萨·亨德森(Lisa Henderson)从更为积极的视角围绕吉布森-格雷厄姆的作品展开论述，并认同对我在此的观点产生影响的统一模式。但是由于篇幅所限，我并没有对其展开直接的探讨。可参考 *Love and Money: Queer, Class and Cultural Production*, New York: New York University Press, 2013; 也可参考 "Queers and Class: Toward a Cultural Politics of Friendship", in David Alderson(ed.), *Queerwords: Sexuality and the Politics of Culture*, special issue of *Key Words: A Journal of Cultural Materialism*, No.13(2015), pp.17-38。

[2] Wendy Brown, "Resisting Left Melancholy", *Boundary 2*, Vol.26. No.3(1999), p.20.

[3] Ibid., pp.23-27.

由卡塔内奥执导拍摄）。第一部电影集中讲述了在1992年约翰·梅杰（John Major）为首的保守党执政的社会背景下，英国一家即将倒闭的矿场面临着财产分割，而矿工们即使处于危险窘迫的生活环境中，仍然拥有一支表现突出的铜管（管弦）乐队，在格里姆利小镇中，它是伴随当地人工业生活的文化支撑。由于工人们早期在1984年至1985年经历过罢工运动的失败，他们对矿场的发展前景十分悲观。因而，矿工的妻子们在维持矿场运营的运动中起到主导作用，但是她们的乐观精神却显得自欺欺人，由此获胜的是男性现实主义。

第二部电影作品在商业市场上更为成功，同时也不带有过多的政治色彩。这部影片将工业衰败看作事实，而不是把它作为过程。影片聚焦于前炼钢工人后来转业成为脱衣舞演员的经历展开叙述。最初他们抱着谋生的目的成为脱衣舞演员，直到最后经历了一个象征转变的晚上（正如科拉·卡普兰［Cora Kaplan］所指明的，"这不是一个解决贫困的途径，但却是他们身处窘况的表征"[1]）。在经历了这些之后，他们战胜了自己，尤其是影片的中心人物加斯（Gaz），通过克制他们对困境的怨恨（最终他们在扮演女性角色时，和解实现了男女之间更为平等的关系），以及发现了性别自由主义（正如剧团的两名成员宣称自己为同性恋者），把种族的多样性纳入他们的社会生活中。吉布森–格雷厄姆挑战了齐泽克对这两部电影典型的带偏执观点的影评：齐泽克曾争辩道，尽管影片中不同人物呈现不同态度，他们在共同强调主导当代工人生活的降低技能性和接受再培训的过程中，与同样的新自由主义条件联系在一起。[2]相反，吉布森–格雷

---

[1] Cora Kaplan, "The Death of the Working-Class Hero", *new formations*, No.52(2004), p.107.

[2] 我无法准确地找到吉布森–格雷厄姆为证明此观点所引用资料的出处，但是齐泽克同时评析了这些电影结局处的两个相反姿势，称它们为"失败者的行为"，可见于 *The Ticklish Subject: The Absent Centre of Political Ontology*, London: Verso, 1999, p.352。

厄姆聚焦两部电影在面对相同社会环境时所表达的不同倾向:《牢骚满腹》所表露的是被最强大的全能经济所击败的忧郁、悲观和男性气概的固有依恋,而《心想事成》挖掘的则是人一旦面对局限性和贫困处境时的潜能。

　　然而吉布森-格雷厄姆在解读这两部他们所喜爱的电影时,是受从《心想事成》的背景得出的有争议的抽象概念的启发。他们似乎认为,影片中的男人由某私人公司雇佣,[1]但是那时英国的钢铁生产采用国有化工业的形式,直至1988年撒切尔政府当政,它才转为私有化。1981年至1983年,伊恩·麦格雷戈(Ian McGregor)被委任为矿工行业工会主席,在其领导下,这一时期的劳动大军众所周知地遭到大量削减,而他之所以被任命为主席,主要在于他在打击美国矿工行业工会方面着实可谓毫不容情的经历。当他在英国钢铁业的任期期满后,撒切尔亲自任命他为全国煤炭委员会主席,主要负责起草关闭矿井的方案,这引起了1984年到1985年全国矿工联盟的罢工,结果加速了该行业随后的全部毁灭,而电影《牢骚满腹》就是以此为社会背景。自1978年起,仍在野的保守党就一直想办法与矿工的罢工对峙,那时作为国有化之前的矿场主家庭子弟,也为议会议员的尼古拉斯·里德利(Nicholas Ridley)就为解决撒切尔的盟友早已料到的他们的政策可能引发此类产业的罢工行动而起草计划。[2]在英国,去工业化和打击工会运动,也因此成为积极推行的国策并牵涉全球的参与者。这对于撒切尔主义典型的新自由主义计划至关重要。同时,电影《心想事成》还寓意深刻地让我们注意到英国经济的转向,也就是说,作为去工业化的后果,人们走向高度

---

[1] Gibson-Graham, *A Postcapitalist Politics*, p.16.

[2] 更多细节可参阅 Huw Beynon and Peter McMylor, "Decisive Power: The New Tory State Against the Miners", in Huw Beynon(ed.), *Digging Deeper, Issues in the Miners' Strike*, London: Verso, 1985, p.35。

不平等但普遍低工薪的服务业或娱乐业（请容许我此处仅全面引用两位作者的观点）。大获成功的这部电影，以及电影里描述的脱衣舞行业都标志了这点。电影《牢骚满腹》也正好呼应了这一主题：管弦乐队的生死存亡，取决于它们作为商业上的独立实体的能力。更不用说另一部以寓言手法处理1984年至1985年矿工罢工的电影《跳出我天地》（*Billy Elliot*）。[1]而《心想事成》中的男人们至少暂时是福柯所建议的那种优秀的企业家主体，他们是由新自由主义国家塑造的。[2]他们不会为异化劳动出卖自己的身体，而是将它们用于有报酬或补偿的，虽非飞扬跋扈却是无拘无束的表演，在自觉地展示其男性气概中实现某种程度上的解放。[3]

当然，吉布森-格雷厄姆陈述的以上观点并非毫无深度。习惯是形成的，其所产生的个性品质也许具有各个方面的限定作用，但是它也可以积极引导出有利于我们洞察潜藏的复杂难解变化的直觉意识。正是这部分直觉意识让我在阅读吉布森-格雷厄姆的作品时，认识到其在语调和情感态度上都与自助引导十分接近。它告诉人们要从自我中解放出来，重新开启每一天的新生活，始终满怀积极的态度，去除消极状态。曾有一段时间，撒切尔最重要的盟友诺曼·泰比特（Norman Tebbit）众所周知地劝导深处困境的失业人群重新找工作，在经济大萧条的环境里，不要慌乱生气，要重新闯出一片天地。

---

[1] 有关问题可参阅John Hill, "A Working Class Hero is Something to Be? Representations of Class and Masculinity in British Cinema", in Phil Powrie, Anne Davies and Bruce Babbington(eds.), *The Trouble with Men: Masculinities in European and Hollywood Cinema*, London: Wallflower Press, 2004, p.108。

[2] Michel Foucault, *The Birth of Biopolitics: Lectures at the Collège de France 1978–1979*, trans. Graham Burchell, New York: Picador, 2008, p.236.

[3] 朱迪思·哈伯斯塔姆认为，"少数群体（尤其是女性）的男性气概能够揭露主流的男性气质，称其为具备支配力、不会受伤害，且呈现暴力倾向的危险的荒诞说法"。(*In a Queer Time and Place: Transgender Bodies, Subcultural Lives*, New York: New York University Press, 2005, p.141).

格里姆利的人群没有消失，但是他们也缺少可以让自己振作起来的理由：在围绕诸如煤矿等工业建立起来的乡镇里，"经济重建"只是幻影，迟迟没有到来。与全世界其他群体所处的境况相似，他们同处于1984年至1985年的罢工事件中，雷蒙德·威廉斯曾评价这一社会背景，称它为"游牧资本主义，剥夺了人们实际生活的空间，迫使他们转移到其他地方（此前的地域适合他们生活［as it suits it］)"。[1]对那些任由游牧资本主义摆布的受害者而言，解辖域化（deterritorialisation）和再辖域化（reterritorialisation）的词语不足以抓住此类游牧资本主义的能动性或隐含于游牧资本主义中的复杂意义（这种资本主义是压榨剥削，还是致使人们失业？）。

实际上，我是在英国脱欧公投刚刚结束的时候写的这一章。英国脱欧公投在全球经济中引发了一系列冲击波，使得人们可以从整体上理解它。此时，到处都播报着代际、种族、族群、地域和阶级之间的争端，其扰乱人心，使人迷失方向（虽然用于强调这些分歧的数据反映并加强了我在此谈及的固化观念与偏见）。那些为此结果伤感落泪的年轻人，[2]相比其他人群而言仅占少数，但是年长一辈的群体全部都带着怀旧的情绪投票，希望能把大家带回到他们理想化的过去。成堆的谴责和耻辱因此被都市区域与媒体投向白人工人阶级（那些受尊敬的"本国支持英国脱欧者"在很大程度上回避选票复查），这使他们也逐渐意识到这种状况。与此同时，保守党报界因"大不列颠人"在英国可能濒临解体之际坚持民族的独立而对其大为赞扬。但是，同样的报社在近些年来却沉浸于用类似乞讨者和

［1］Raymond Williams, "Mining the Meaning: Key Words in the Miners'Strike", *Resources of Hope: Culture, Democracy, Socialism*, London: Verso, 1989, p.124.

［2］Toby Helm, "Poll Reveals Young Remain Voters Reduced to Tears by Brexit Results", *The Guardian*, 2 July 2016:www.theguardian.com/politics/2016/jul/02/brexit-referendum-voters-survey.

寄生虫之类的侮辱话语，来评价都市中产阶级内许多人群所表现的态度。正如欧文·琼斯（Owen Jones）指出的，许多在其他方面拥有社会自由的民众大多公然蔑视"教育低下"的群体。[1]但那又何尝不是呢？无疑，教育低下群体及其类似人群是造成种族欺凌与种族冒犯的主导者，据有记录的最近一则事件报道，自英国的脱欧投票结束后，关于种族欺凌和种族冒犯的事故以指数的速度增加了五倍。[2]数千名的游行者走上伦敦（难道除了伦敦之外，还有别的地方？）街头，在来自豪华酒店的移民劳工鼓动下，一场试图扭转投票局面的游行就此产生，他们满怀激情地支持本质上属于非民主和新自由主义党派的机构组织，但是他们却不知，正是非民主和新自由主义体系给希腊及其他地区带来刻板的制度、死寂的社会环境和消极失落的社会氛围。[3]如果白人工人阶级卑劣不堪，并且意识到自身现状和意图，那么它用何种进步的方式才能获得群众的认可？[4]不可能有这样的政治身份，既基于一种残余的种族化的特权感（a residual sense of racialised entitlement），而又可以免于贱斥化。除此之外，那些同样对此次投票争执不下的社会主义者也集体感到失望。他们也认识到，这样完全不利的情势是几十年来他们政治的蓄意闭塞造成的。工党议会党团内的大部分右翼代表感觉到即将面临一次大选，都试

---

[1] Owen Jones, *Chavs: The Demonization of the Working Class*, London: Verso, 2011.

[2] Nazia Parveen and Harriet Sherwood, "Police Log Fivefold Rise in Race-Hate Complaints Since Brexit Result", *The Guardian*, 30 June 2016: www.theguardian. com/world/2016/jun/30/police-report-fivefold-increase-race-hate-crimes-since-brexit-result.

[3] Ed Vulliamy, "We Are the 48%:Tens of Thousands March in London for Europe", *The Guardian*, 2 July 2016:www.theguardian.com/politics/2016/jul/02/march-for-europe-eu-referendum-london-protest.

[4] 威廉·戴维斯（William Davis）借用南茜·弗雷泽（Nancy Fraser）的说法表达相似观点，甚至新工党（New Labour）也为自己的中心地带提供"重新配置"的机会，但是对其不加以"认可"。（"Thoughts on the Sociology of Brexit", *The Brexit Crisis: A Verso Report*, London: Verso, 2016, p.16.）

图罢免其左派领导人杰里米·科尔宾。虽然杰里米·科尔宾因此几乎无法将工党议会党团的工作继续下去，但是他却获得党派内大多数成员的强烈支持。

也就是说，与其他地区相似，英国国内日渐恶化的局势需要一种具备普遍性的政治策略，从而扼止由资源稀缺引发的替罪羊现状。作为一个工人阶级出身的男同性恋者，从传统和经济的意义上讲，我已经取得不少"成就"，同时也享有相对国际化的身份，我十分理解"逃离"局限性意味着什么，但是如果要在不由我们选择的环境下鼓动男性气概的瓦解，这是充斥各种问题的现象。弗洛姆曾谈及自由的恐惧，他总结道，在某种程度上，在资本主义解除传统纽带的条件下实现的自由也许可归于一种不确定性和孤立的消极体验，它把人们推向威权主义的解决方案。[1]然而，也许是因为这方面不具有历史性意义，弗洛姆并没有充分强调，自由和对自由的恐惧也存在于不同类型的社会之中。对我来说，毫无恐惧也就相当于完全信服当代的反人文主义。

埃里克·奥林·赖特（Erik Olin Wright）在书名为《展望真实的乌托邦》（*Envisioning Real Utopias*）的著作中制定了与吉布森－格雷厄姆大体类似却在性质上互不一致的计划。但是他把用于在变革中脱离资本主义的社会主义案例当作审视现存的非资本主义计划多样性的基础，从而在多种形式相互结合的基础上，并在延展、加深和复制中为实现对国家和经济实施民主与平等主义的控制提供潜能。他所列举的多种形式的计划附属于不同的类别，包括社会主义计划经济、社会民主经济管理、联合民主、社会资本主义、社会经济、合办市场经济和参与式社会主义。赖特还认为，对这些计划的推崇最终会

---

[1] Erich Fromm, *The Fear of Freedom*, London: Routledge, 2002[1942]. 我大致认可此观点，即使不完全包括其分析和方法论的各个方面。

招致资本主义的强烈反抗。这也就说明，改变不仅是以渐进的模式进行，同时还应具有断裂性。因此，有序的政治行动与规训以及统一十分必要。抽象地说，我会好奇，同性恋者怎样的行为模式，及其对上述设想所抱有的何种想法，可能会帮助我们自觉尝试重建和组织我们所处的社会，而这些想法必须具有主体性形成的含义。这些内容听起来是否会过于"保守"呢？

根据我们在谈及酷儿理论时所能想到的人群，对上述问题的回答各式各样。近期，彼得·德鲁克（Peter Drucker）要求我们区分正常同性恋和更为激进的同性恋身份，两者间的差异也是"发展有效的酷儿理论式反资本主义和全球'彩虹政治'的出发点"。[1]我之所以对其持乐观态度，主要出于两大原因。其一，它主张的这种明显的亚文化二元模式，基础在于一种不可行的先锋主义，其完全质疑德鲁克所指的"有效性"。正如辛菲尔德所说，从各个大的方面，我们都能认定非主流亚文化范畴具有异质特征，但它们可能是可以展开辩证思考和说服的。[2]任何反对霸权的社会主义方案都需要我们大量进行此类循环反复的过程。这不等同于我们要因人们无法实现他们此前不熟悉的某种激进纲领而对他们加以谴责。（也许上述反霸权的社会主义计划也不是德鲁克在他脑海里设定的计划，而是十分普遍的实践方式。）其二，同性恋主义者在参与更为广泛的变革过程中，也要适应其他不直接考虑性存在或性别的异议，甚至几乎与其毫无关系的抗争运动。也许正如我们希望传授给他们的知识那样，也有同样多的内容有待向他们学习。我曾引用布尔迪厄的观点说明，出于自觉成为同性恋身份的人群不断沿用反主流文化的传统，他们也许会利用自身与其他备受鄙夷的"同一性"的同性恋者之间的差异

---

［1］ Peter Drucker, *Warped: Gay Normality and Queer Anticapitalism*, Chicago: Haymarket, 2015, p.307.

［2］ Alan Sinfield, *Gay and After*, London: Cassell,1998, p.199.

来壮大自我。实际上，属于后者的同性恋人群通常不包含资本主义的受益者，尤其是转变为新自由主义形式后的资本主义：我们所有的社会身份都是在阶级社会的条件下构造而成，它们始终会发生改变。左派的成员们过去经常认为它应精确地塑造这个过程。

　　从我的角度出发，这至少让我联想起塞奇威克的文章。她的文章可以解读为针对其中提及的偏执狂现象而提议的反抗行动，这种偏执的倾向不仅让我们持续纠缠于自身易受迫害的身份，同时还鼓励我们放松其他左翼先锋派的刻板僵化的模式，包括严格划分了政党界限的整个文化和对异端主义的苛责。对我来说，这是一种迫切的政治要求，通过向不是公然反对的人群展现慷慨和友好的态度来扩展反霸权运动。并不是任何不恰当的言语使用和随意的设想都可以被视作一种恐惧症的证据，近些年来，这类恐惧症迅速扩增。许多学者对此都有所提及，其中尼克·斯尼斯克（Nick Srnicek）和亚历克斯·威廉姆斯（Alex Williams）突出说明，在社交媒体（也许说"反社会的媒体"更为合适）上，广泛流传于左派话语中的敌对主义和清教徒主义：他们认为，"对我们来说，如何站在正确的立场上说话更为重要，而不是思考政治变革的状况"。[1]如果左派的意图是要超越与其重合的亚文化范畴，那么他们必须试着减少评判那些习性和偏见都已带有反对派立场的人们。他们无论在实际行动上，还是在思想观念上都已历经了数十年的抉择，也因为遭到遗弃而为苦难人群喊出统一的口号。社会主义人文主义是极好的名称，它完全可以用来描述克服差异性，而不是强化差异性的行动方案，从而让我们感激在人人平等的条件下，自由带给全体人类的宝贵财富。

---

[1] Nick Srnicek and Alex Williams, *Inventing the Future: Postcapitalism and a World Without Work*, London: Verso, 2015, p.8.

结 语

◎ 戴维·奥尔德森、罗伯特·斯宾塞

我告诉他,如果人们是共产主义者,那是因为他们渴求幸福。但是实际上,他的回答是,你不能这样说,人们之所以是共产主义者,是因为他们想要变换生产方式。

皮埃尔·维克多与阿尔都塞的对话[1]

人类基本需求所涉及的方面既包括充足的食物和其他物质必需品,也包括爱、尊重和友谊,或者思想与身体表达的自由和广度。当我们要谈论致使人类无法圆梦的苦难和压迫,以及促使其改变或根除使他们灰心丧气的制度,显然,这是任何名正言顺的社会主义政治所要处理的中心问题,即向任何威胁人类幸福的事物发起抗争。

诺曼·杰拉斯[2]

本书的大部分作者维护并为之发言的是社会主义人文主义或马克思主义人文主义,而不是自由人文主义。在结论部分,我们作为编

---

[1] Pierre Victor, *On a Raison de se Révolter*, 引自 Gregory Elliott, *Althusser: The Detour of Theory*, London: Verso,1987, p.181n。

[2] Norman Geras, *Marx and Human Nature: Refutation of a Legend*, London: New Left Books, 1983, pp.95−96. 关于这些主题, 亦可参考 David Leopold, *The Young Karl Marx: German Philosophy, Modern Politics, and Human Flourishing*, Cambridge: Cambridge University Press, 2007。

者认为非常有必要更详细地思考两者的区别。我们既需要重新定义理论在发展过程中的关键历史阶段，也需要回顾上述全部章节中与这些理论相关的政治内容，从而使得理论和政治的关联能保持与时俱进的姿态。最后我们希望就何种超越自由主义的形式同时具备可能性和可行性特征的问题，进行不会过于狂想的推断。

到目前为止，大家应该很清楚地看到，我们并没有低估自由传统在提升人权方面所取得的成就。自由主义的局限性在于其无法掌握自由主义原则所巩固的权力的系统性质，并因此导致自由主义所致力于的更高贡献不够充分：它假定了个体和社会之间的必然矛盾，其在很大程度上通过维护私有财产权利的至高无上性，使得个人隐私处于社会需求之上，而财产私有权的维护又通过剥削那些仅在名义上为自由身的人们来保证部分人群资本积累的增长。但是，我们正是因为没有低估自由主义，才希望使得自身远离否认权利话语的极左主义分子。对他们而言，这些权利话语只是保护资产阶级剥削模式和维持资本主义现状的障眼法。虽然社会主义人文主义在本质上与人们在现阶段期望的个人主义有所不同，但是其在更广泛的层面上扩展了个体的自由。当然，这同时也要削减现阶段只供少数人享有的，但却以牺牲大多数人的利益为代价的奢侈自由。但是这种重新配置属于公正的行为，而不是（像大家所断言的）由多数人的嫉妒导致。尼采曾认为无名怨忿作为一种渴望让位高权重者负责的道德欲望来源于不平等的社会现象。但是无论这种观点如何正确，尼采始终像否认其他现代平等主义形式一样，不愿承认社会主义的任务就是清除造成怨恨情绪的社会状况。这种社会主义计划的合理性所在，是其基于人类能使他们所处的社会发生变革的信念。

人们对自由主义的态度，关键性地决定了他们的反人文主义纲领。部分原因是，他们往往用轻蔑的态度把自由主义和人文主义归为不可分割的一体，导致两者都没有得到认可。阿尔都塞是这一领域的关键人物,我们首先要理解他的思想意图,这样才能运用其宝贵的理论遗产。阿尔都塞在其《保卫马克思》和两卷本的《阅读〈资本论〉》中对马克思著作的严谨分析,为在斯大林主义的长期冰封状况之后,马克思主义理论的解冻作出了巨大贡献。他认为"这种理论没有被当作政治策略的奴隶,是十分正确的做法"。[1]阿尔都塞尤其质疑过于简单的"经济主义"。经济主义原理指,生产力和生产关系之间的不断尖锐的矛盾及其最终导致的生产方式变革直接决定历史和历史主义的进程。而历史主义指,历史的发展是不可避免的,其几乎一致地受到某种主体或类似理性(对于黑格尔而言,是理性),或政党及其领导者(对于斯大林而言是如此)的集结和领导。阿尔都塞挑战在赫鲁晓夫领导下,由苏联驱使的误导性和保守性的人文主义。根据这种人文主义的理念,"人"已经坐立于鞍马之上,驶入真正的共产主义未来中,然而实际上苏联经济仍然处于不平等、孤立、短缺和官僚督导的现状中。正如格雷戈里·埃利奥特(Gregory Elliott)的"反对反阿尔都塞主义"[2]的观点所表明的,虽然阿尔都塞的上述看法因他曾违背法国共产党的意愿而不受重视,但是它们是反人文主义背后的真正推动因素。

　　阿尔都塞之所以支持反人文主义还有另外一个原因。赫鲁晓夫的人文主义不仅在涉及苏联时虚假伪装,同时还使得欧洲的共产主义政党自由化。[3]阿尔都塞并不认可道德化的斯大林主义分析,相比之下,他更欣赏科学的马克思主义分析,以及在面临本质上具有变革意义的法国社会现状和戴高乐的大受欢迎上表现出的革命性立场。当然,他也阐释了人们在哲学层面上针对人文主义所表现的反

［1］Louis Althusser, *Essays in Self-Criticism*, trans. Grahame Lock, London: New Left Books, 1976, p.169.

［2］Gregory Elliott, *Althusser*: *The Detour of Theory*, London: Verso, 1987, p.10.

［3］Elliott, *Althusser*, pp.32-33.

对立场，但是他采取此种举动的重要原因在于我们所描述的特殊社会状况。这就解释了为什么阿尔都塞要特别借用社会主义人文主义范畴来指代苏联共产党的后斯大林计划，以及法国共产党对此项计划的尤为遵从。然而，对于其他人来说，社会主义人文主义的标签也暗示了这些共产主义政党与它们所处的政权及从其所受的影响之间的分歧。[1]正是社会主义人文主义引发的歧义，导致了 E. P. 汤普森在阿尔都塞的批判中错误地认识了自身的观点，尽管他随后夸大性地把斯大林主义的意图归为阿尔都塞的做法在这些文本中找到了依据：像异化和剥削这些名词术语解释了为什么有人首先要成为一名马克思主义者，而后才在科学/理论与意识形态之间作出无法辩护且僵化的界定。如果人们抛弃对异化与剥削这些概念的识别，那么他们在执行任务的过程中，即便是在有意识的情况下，也会受到（科学）精英的控制。[2]

理解阿尔都塞计划的关键点在于，他与对法国共产党内的异见者形成某种吸引的那种思想的关联。阿尔都塞后期的某些言论与众不同，就像他强调对个体意识形态的询唤让位于一种自发的对大众自主、远见和功效的信仰。这种摆动完全是反人文主义的特征，尽管它由不同种类的理论家用不同的形式产生；如果意识形态/权力有力地构成了现代主体，那么我们将很难看到不合理的潜在势力会逃脱这种意识形态，或者全面挑战这种权力形式。这是一种"解围之神"的说法。

与此相反的是，激进人文主义强烈认为，人类具备一种共享的动

---

[1] 参考 Kate Soper, *Humanism and Antihumanism*, London: Hutchinson, 1986, p.113。

[2] 关于误认的问题，可参考 E. P. Thompson, *The Poverty of Theory: Or an Orrery of Errors*, London: Merlin Press, 1995[1978], p.173。阿尔都塞还在《马克思主义与人文主义》一章中声称，在社会主义社会里，"人必须持续不断地转变，才能适应"生存的环境。(*For Marx*, trans. Ben Brewster, London: Verso, 2005[1969], p.232.)

态的本性，这为社会秩序的变革提供可能性与合理性；社会主义不完全是前所未有的事物。正如1971年，荷兰电视台转播乔姆斯基与福柯之间的著名对话：如果我们没有"人道"地把本性理解为挫折失意和受压抑的，[1]那么现存的社会秩序就不会受到批判。福柯在回应这个老生常谈的问题时声称，相反，借助当今视角看未来社会的特点排除了根本的、质的社会变革的可能性。[2]同年，他在接受记者采访时谈到，"大众公正"同"资产阶级"（他所说的资产阶级和法西斯主义近乎等同）或"法西斯主义"的公正原则和常规惯例毫无关系。显然，"如果'群众'意识到某人是敌人时，或者如果他们决定处罚这个敌人，或者要对他开展教育时，并没有依靠任何抽象的普遍性公正原则"。[3]福柯说，在这样的情况下，他们不会通过使用任何国家的或审判的机构来证明自身比他们的质疑者还要"激进"。他们之所以这样做全凭自身的悲悯情怀，而不是基于某种公正理念。福柯也不认为这样做存在什么问题。那些承认得益于自由主义的社会主义人文主义者断然可以做到。

福柯在20世纪70年代初期相信囚禁者无须经过媒介发声，正如凯文·安德森在第二章所谈及的，其对在伊朗发生的"非西方的"伊斯兰主义革命产生浓厚兴趣，种种迹象都表露了福柯间或的自发主义信念。这与近年来缺乏自信心的左派意气相投的训诫刚好相反，据此，没有真正脱离自由主义，仅遭微观政治反抗，具有可能性或是可取的。福柯所卷入的许多活动，诸如反对佛朗哥对"埃塔"巴斯克民族主义组织成员处以绞刑，支持越南船民和随后的波兰团结工会，

---

[1] Fons Elders et al., *Reflexive Water: The Basic Concerns of Mankind*, London: Souvenir Press, 1974, p.172.也可参考Noam Chomsky, *Language and Politics*, ed. C. P. Otero, New York: Black Row, 1988, p.246。

[2] Elders, *Reflexive Water*, p.174.

[3] Michel Foucault, *Power/Knowledge: Selected Interviews and Other Writings*, ed. Colin Gordon, Brighton: Harvester Press, 1980, p.8.

都属于人权的范畴。它们与福柯此前所说的宣言并不一致,是十分直接的自由主义。

上述阐释表明,福柯的政治观点十分棘手,而这部分棘手的问题又包括哪些呢? 如果我们把这些政治问题模糊地描述为"左派"思想,那显然是不够的。反人文主义本身不是一种政治模式,而是具备很多政治选择的政治形式。可以肯定的是,福柯在20世纪70年代与那些其余的法国思想家站到了一起,与此同时其革命性诺言也减弱了。在这方面,他的作品很少比他在1978年至1979年关于新自由主义的演讲更有趣。虽然这转变的时机十分显著,但是我们或许应该警惕,不要过多地强调福柯的先见之明。他认为毕竟新自由主义才是这一时期的主旋律,[1]因此他没有预料到即将展开的事情的巨大规模,也没有预料到通过这个过程,新自由主义将更为明显地展现自己,就像大卫·哈维和其他人所一直暗示的:一种用来恢复上层阶级权力的计划,即使在这个过程中上层阶级的本性也会发生改变。[2]就像福柯在讲座中偶尔针对马克思主义和社会主义所明显展开争辩的那样,上述解释显然与福柯的观点不相符合,但至少可以从消极的角度来定义福柯。

他们在其他方面的态度十分重要,因为相比之下,有关经济自由主义的讨论异常消沉,并且没有透露半点批判的意向。实际上,部分人合情合理地认为,这是因为福柯赞同明显吸引他的现象。根据迈克尔·贝伦特(Michael C. Behrent)的观点,福柯被经济自由主义所吸引,这是一种与政治自由主义截然不同的事物:它不依赖关于主体及其要求的权利所制定的规范性人文主义设想,而是建立在不受

---

[1] Michel Foucault, *The Birth of Biopolitics: Lectures at the Collège de France*, ed. Michael Senellart and trans. Graham Burchell, London: Picador, 2008, p.149.

[2] David Harvey, *A Brief History of Neoliberalism*, Oxford: Oxford University Press, 2005, pp.9-36.

统治、不受干预的思想艺术之中。贝伦特通过这种方式宣称："它为我们提供了一块具有惊人魅力的地域，福柯在此希望可以将在实践中实现自由的信念与他关于权力是由所有人际关系构成的理论观念结合起来。"[1]温迪·布朗迅速否定了这一看法，她用福柯在《规训与惩罚》中的观点提醒我们，主体自由的概念也是现代权力的策略，[2]但是她没有注意到贝伦特还有更为细致的观点陈述。据此福柯已从规训权力的分析进一步发展到生命权力的理解。这种生命权力大部分集中于人群中，而较少涉及主体的层面。此外，贝伦特的案例从他为该讲座构思的背景中展示了它的力量：20世纪70年代的经济危机、1978年法国思想界弥漫的对极权主义的恐惧气氛。[3]与此同时，新自由主义思想借由主体扩展来实现广泛性影响力，其中包括它主动推广到福柯思想盛行的反政府主义的左派圈子，如今正统的凯恩斯主义已停止为资本利益服务。[4]

　　贝伦特依赖"经济自由主义"的观念，无法准确识别出福柯在自由放任政策和新自由主义之间展示的差异。后者更多来源于秩序自由主义的主张，也就是市场本身不是自然形成的，而是需要国家的培育和支持，因此它在日常的企业活动中起到积极主动的作用。温迪·布朗的作品代表的是对福柯观点令人最为印象深刻的新马克思主义的批判阐释与发展，但是她无法说服我们抛弃以上概述的新自由主义观点，以及往下我们即将要讨论的霸权是积极的构成性的，而不是对确定性经济基础中发生的事情所进行的消极反应，这里的霸

［1］Michael C. Behrent, "Liberalism Without Humanism", in Daniel Zamora and Michael C. Behrent(eds.), *Foucault and Neoliberalism*, Oxford: Polity, 2016, p.31.

［2］Wendy Brown, *Undoing the Demos: Neoliberalism's Stealth Revolution*, New York: Zone Books, 2015, p.234n.

［3］迈克尔·斯科特·克里斯托弗森（Michael Scott Christofferson）在下述作品中记录了这种反极权主义时刻的复杂的紧急状况。*French Intellectuals Against the Left: The Antitotalitarian Moment in the 1970s*. New York: Berghahn Books, 2004.

［4］Behrent, "Liberalism Without Humanism", pp.31-39.

权也是与阶级有关的葛兰西式说法。对于新自由主义流派，他们渊博的知识和想象力给我们留下深刻的印象，他们正是凭借这些优势最终达成他们借用国家来使得国家自身卷土重来的任务。与此相反，左派已经大量放弃他们试图解释任何积极、系统化措施的尝试，而一直将其才智努力聚焦于在构建社会身份中解剖人类的消极因素（质询）。

贝伦特声称，吸引福柯的新自由主义所代表的是"没有人文主义的自由主义"。无论对错，这个用语十分巧妙地概述了自20世纪70年代以来严峻的计划的开展方式。正是如此，我们才要转而暗示，如果存在一个适合人类发展的未来，社会主义的形式再适合不过。如果用阿尔都塞的话来说，这确实是由生产力和生产关系之间的矛盾造成的，我们希望，政治机构和人类的能动性能够保留理性。

近十年来，持续已久的世界经济危机引发大卫·哈维的思考，他把这种现象称作反对全球左派民主与平等主义志向的全球性"新自由主义反革命运动"。[1]尼尔·史密斯（Neil Smith）也认为，"无论经济学者的图表与方程式、保守党派的劝诫、社会个人主义以及新自由主义背后掩盖了怎样的事实，它们始终是直接的阶级斗争策略。反抗的和复仇的武器（复仇主义），主要是为统治阶级及其职业与管理伙伴而设计，用来夺回20世纪'自由主义'给他们造成的'损失'"。[2]我们已目睹，自20世纪70年代以来，一种将资本主义从民主的需求中解放出来的尝试，而这些需求既有可能源于北半球社会民主运动的驱动，也有可能出自"后殖民"世界中占据首位的改良主义者和执政的革命政权。它们通过不同方式并在不同程度上催促着

---

[1] David Harvey, *Seventeen Contradictions and the End of Capitalism*, London: Profile, 2014, p.129.
[2] Neil Smith, *The Endgame of Globalization*, London: Routledge, pp.143-144.

资本主义对民主的渴求，但是无论如何，资本主义已经逐渐脱离此种需求。世界各族人民也被劝诱去放弃他们在近百年来，甚至更长的时间内所梦想并为之战斗的公民的与社会的权利。

正如新自由主义从危机中诞生，它自身的日益衰竭为左派发展雄心勃勃的替代方案提供了机遇。沃尔夫冈·施特雷克（Wolfgang Streeck）也认识到，我们现已进入资本主义持久却又无法阻挡的"腐朽"阶段。[1]他把2008年美国经济体系的崩塌和发达资本主义世界中持续"失调"的状态，与他称作的自20世纪70年代起就发生的"民主资本主义危机"结合起来。施特雷克认为，在民主和资本主义之间存在潜在的紧张状态。[2]事实上，在二战结束后的三十年内，仅在相当短的时期内资本主义与民主能和谐共存的观点受到人们的广泛赞同，也正如福利资本主义是通过将资本主义与民主这两大相互排斥的要素混合成不稳定的复合物，在两者相互妥协中形成的，而这一事实也仅仅在当时出现于全球范围内的一个小角落。无论是在此之前，还是从此之后，这都没被人认为有可能使民主信念，如充分就业、普遍公共服务和社会正义，与资本主义市场的扭曲效应相结合。在这光辉的三十年间，盛行于第一世界经济的"民主资本主义"紧密结合了两大相互排斥的资源分配体制，其一是根据社会需求的标准来运行；而其二则根据"市场力量"服务不受干扰的自由来运行。20世纪70年代，世界经济面临盈利能力危机，就此结束了资本主义和民主两大力量的休战，资本开始一致攻击劳工对民主的向往。在此，盈利能力和阶级权力再次修复，但是换来的代价却是资本主义体系最终被视为不合理。我们也许曾理性地期许，资本主义可能带来

---

［1］ Wolfgang Streeck, "How Will Capitalism End?", *New Left Review II*, No.87(2014), p.38.

［2］ 亦可参阅埃伦·梅克辛斯·伍德的杰作*Democracy Against Capitalism: Renewing Historical Materialism*, Cambridge: Cambridge University Press, 1995。

"稳定的增长、充足的财富和低度的社会平等",[1]但是我们如今只看到,经济增长率的不断下降,公共与私有领域,甚至在主要资本主义国家内,前所未有和无法维持的债务增长;除此之外还有国家内外巨大且不断增加的经济失衡现象。在这种情况下,要么新自由主义"改革"以牺牲重新配置和公共资金服务的民主愿望为代价来保护收益和租金,要么明显带有社会主义立场的措施将牺牲收益和租金来维护与发展关于重新配置和公共资金服务的民主愿望。我们要么拥有资本主义经济,要么持有适当民主的政体,这两者我们无法同时兼有。菲律宾社会学家沃尔登·贝洛(Walden Bello)把这种情况称为"资本主义的最后支点"。[2]

当前各国处于混乱的局面,因为它们仍继续为非常不相同且不相容的两位主人服务:其中一位要求为富人和公司的低税收与民众的低薪酬提供"稳定的投资环境";另一位则要求平等、优质的公共服务和稳定的收入。正如施特雷克提醒我们,在2008年"没有哪一个民主国家敢于让自己所处的社会发生另一次像20世纪30年代一样的经济大危机"。[3]当时经济部门以大数额的公共资金来摆脱困境。大量公共债务和私人债务都源于金融管制的放松和个人信贷经办的宽松,这些迹象也明显泄露了西方政府的恐惧,使其认识到,为了"社会和平"起见,它们必须持续保证较高水平的安全与繁荣。

负债只是"权宜之计",它意味着"在资本主义民主范畴内,社会和经济稳定之间持久的协调融合是乌托邦式的计划"。[4]失衡严重的行动不会永久持续下去。借用施特雷克的说法,各民族国家有个功能

---

[1] Streeck, "How Will Capitalism End? ", p.37.

[2] Walden Bello, *Capitalism's Last Stand? Deglobalization in the Age of Austerity*, London: Zed Books, 2013.

[3] Wolfgang Streeck, "The Crises of Democratic Capitalism", *New Left Review*, No.71(2011), p.20.

[4] Ibid., p.24.

就是"协调公民权利和资本积累的需求之间的关系"。[1]但是，全球国家之间的相互依存已降低它们帮助公民抵挡这些需求的能力。正如爱尔兰、希腊以及其他处于边缘和半边缘状态的经济体所显示的，难道这些欠下巨额债务的国家不会屈服于资本积累的需求吗？如今民主与资本主义之间无法共处的关系至少是可见的。施特雷克写道："依我的观点看，根据自20世纪70年代以来几十年的现状，经济增长不断下滑，不平等的现象和债务数额持续上升。与此同时，通货膨胀、公共债务和金融崩盘相继带来苦恼，这正是时候让我们把资本主义作为一个历史现象来重新审视，一个不仅只有开始的历史现象，它还将迎来终结。"[2]为了回应晚期资本主义的存在主义危机，无论是通过愈加增长的政府借贷，还是通过扩大私人贷款市场，以及最近中央银行的银行债务购买，自20世纪70年代以来统治阶级都寻求延长最终清算的时间，即施特雷克所说的"购买时间"。[3]但是"这种借助增长幻觉的产生来遏止合法性危机的手段似乎已经耗尽所能"。[4]

因此，正如大卫·哈维指出，资本主义各式各样的矛盾已日益尖锐，但是没有理由认为，资本主义的生产方式会莫名其妙地完全终止或消逝。由于反乌托邦只是一种选择，因此左派建议我们用更为令人信服的视角来看待未来，尝试构想更公正、更民主、更生态可持续性，更易于满足主体需求的社会，在此，我们也更有可能构建具有可行性的反霸权行动。为达成此目标，我们必须支持马克思所预示的，以及随后的赫伯特·马尔库塞、安德烈·高兹（André Gorz）和最近的尼克·斯尼斯克与亚历克斯·威廉姆斯等作者进一步阐发的乌托

---

[1] Streeck, "The Crises of Democratic Capitalism", p.25.

[2] Streeck, "How Will Capitalism End?", p.45.

[3] Wolfgang Streeck, *Buying Time: The Delayed Crisis of Democratic Capitalism*, London: Verso, 2014, p.xiv.

[4] Ibid., p.46.

邦理念。后面两位作者呼喊的"充分失业!"[1]奇妙地扭转了体制及其落实责任回复改善措施的逻辑。左派的目的不应该是劳动中的自由,或去劳动的自由,而是从劳动中解放出来的自由,或至少通过摆脱迫使我们服务于过时、老式的资本体制,而从物化和异化的劳动形式中解放出来,获得自由。

技术进步已大规模地提升劳动的效率,并减少了必要的劳动时间,但是它所付出的代价是,自动化的生产过程使得有偿劳动枯燥乏味,也更加异化。用高兹的话说,左派的目标就是要排斥某种神话,即认为有偿就业是个体身份和履行职责的根源,同时为了减少每个人工作的时间,从而扩展"非工作活动的领域,有助于我们……施展无法体现于技术活的人性维度"。[2]其他的追求,更不适合市场的工具理性,而顺从于异化的消费主义,和它虚假的"选择"的华丽辞令,可能会得到优先考虑。这是给磨难生活的人文主义选择。[3]引用马克思的精妙说法,一旦工作量减少到最低程度,时间的自由将变为"自由王国"。否则,它将沦为毫无自由的可悲王国,在此,时间在寻找无偿商品中"挥霍",或因工业文化的乏味消遣和社交媒体躁怒的胡言乱语而陷入空洞。

我们目前所处的社会是所谓高度发达的社会:管理领域内虚伪的"精英阶层"食利者、富裕但又过度劳累的高薪雇员,除此之外还有更多的非熟练和半熟练工人,正如人类学家大卫·格雷伯(David Graeber)所说,他们身处服务行业,从事着低薪而不稳定的"吹牛的

---

[1] Nick Srnicek and Alex Williams, *Inventing the Future: Postcapitalism and a World Without Work*, London: Verso, 2015, pp.107-127.

[2] André Gorz, *Critique of Economic Reason*, trans. Gillian Handyside and Chris Turner, London: Verso, 1989, p.88.

[3] Karl Marx, *Capital: A Critique of Political Economy*, vol.3, trans. David Fernbach, Harmondsworth: Penguin, 1981, pp.958-959.

工作"。[1]在世界的某些虽仍不发达，但工业化发展迅速的地区，在巨大的贫民窟内居住着数量甚至更为庞大的失业大军或者非正式雇佣劳动者。实际上，弗雷德里克·詹姆逊提醒我们，在这种状况下仍要信奉乌托邦理念和政治是有多么困难。在全球的大部分地区，"伴随着苦难、贫穷、失业、饥饿、肮脏、暴力和死亡的社会瓦解是如此全面绝对，以至于乌托邦思想家们精心编制的社会策略不仅毫无关联，同时也显得毫无意义"。[2]危机的深度及其无可容忍性确切地解释了我们为什么如此迫切需要变革的政策，而不仅是反抗的政治活动。

据估计，在未来的二十年内，将会有47%到80%的现存工作将通过自动化的模式来运行。[3]英国经济持续呈现极度低的生产率的特征，其原因可以归结为，那些借助自动化设备就可以完成的工作仍有人从事，从事这部分工作的人群工薪低下，并且就业条款也不稳定，结果这些工作虽然毫无意义，却为雇佣者带来了巨大的收益。[4]如果我们能够阶段性地减少工作的时间，也仍然享有同样的收入，那么我们将会从劳作的奴役中解放出来，从而参与能够自由和创造性地实现自我的有意义的活动。然而，谁又知道，工作时间减少但工薪不变如何具体实现？正如雷蒙德·威廉斯曾经声称："我们必须确保生活的基本条件，维持社群生存的条件，但是这些条件维持的具体对象，我们无法知道或说得清楚。"[5]但是，我们可以肯

---

［1］David Graeber, "On the Phenomenon of Bullshit Jobs", *Strike!* 17 August 2013: http: //strikemag.org/ bullshit-jobs/.

［2］Fredric Jameson, "The Politics of Utopia", *New Left Review II*, No.25(2004), p.35.

［3］Srnicek and Williams, *Inventing the Future*, p.88.

［4］Sarah O'Connor, "UK Productivity Falls by Most since Financial Crisis", *Financial Times*, 7 April 2016:https://next.ft.com/content/e8bo639c-fcaa-11e5-b5f5-o7odca6doaod.

［5］Raymond Williams, *Culture and Society, 1780－1950,* Harmondsworth: Penguin, 1961[1958], p.321.戈兰·瑟伯恩（Göran Therborn）近期复述了关于平等的观点。正如右派所认为的，平等不等同于一致，而是追求有意义的差异的可能性。(*The Killing Fields of Inequality*, Oxford: Polity, 2013, p.1）

定地说，不再禁锢于资本体系内的生活可以任意创造和重建自我，为审美和思想活动寻找到必要的时间和资源，并创造与自然万物之间的新型关系。

我们也希望带着此种乌托邦信仰来结束这本书。它超越了任何自由主义所能提供的事物。我们怎样才能在极度不平等的世界里做到减少工作量和扩增自由时间，而同时又能保持同等的收入水平？显然这样的提议要求人类寻找到能够为地球上的所有民众提供生活必需品的方法。关于实现此种社会所需要的策略，我们在此没有足够的篇幅和能力对其一一详述，但是我们十分鼓励来自各行各业的思想家和经济学者们可以不断投入对此类问题的思考，比起毫无辩证态度，并且坚持权力至上是重要原则的社会宪法解释者，思想家与经济学者的作品方案更值得我们迫切的考量。[1] 毫无疑问，全民基本收入成为解决方案的一部分，这不仅因为，它能够大大提高劳动反抗资本的交涉权力，同时还能不可估量地对资本形成妨碍。与此同时，我们十分认同金钱有效期的理念，这样，在选择权利的推动下，我们便可以抑制金钱演化为反社会资本积累的潜能。社会主义社会中的理性控制将十分必要，例如：高兹提议，民主国家必须负责生产固定的必需品。这些固定必需品的组成也许十分复杂抽象，比如健康。相比之下，"大众社会" 也许需要生产其他多样化的 "商品和服务"[2]（这里的双引号表示，我们当前生产的这些商品和服务不足以用来实现我们所设想的未来社会）。

---

[1] 有关这方面的材料显然比我们想的还要多，除结论部分讨论的作品之外，我们要特别提到：Michael Albert, *Realising Hope: Life Beyond Capitalism*, London: Zed Books, 2006; Pat Devine, *Democracy and Economic Planning: The Political Economy of a Self-Governing Society*, Oxford: Polity Press,1988; Erik Olin Wright, *Envisioning Real Utopias*, London: Verso, 2010。

[2] 可参考 André Gorz, *Farewell to the Working Class: An Essay on Postindustrial Society*, London: Pluto, 1982, especially pp.90–104。

　　但是，显而易见的是，这种社会的发展必然面临来自资本体制的一致反抗。与高兹不同，我们认为阶级政治必不可少，[1]这是因为完全有理由断定，那些为实现体制的效率而承受最为严重的剥削却换得最少的报酬的群体，将从体制的变革中获得最大的利益。同时，因为我们也认为，那些情感和智力都不曾被承认的普通工人，应该在任何实现他们自身解放的计划中处于中心位置。然而，我们既不希望无产阶级被物化，也不希望低估其潜力用于各种联合那些有理由——无论基于利益，还是伦理——挑战资本主义机构的人们。如果有任何乌托邦空想家批判马克思主义，称其不愿为未来提供蓝图，那么我认为马克思至少明白：如果不存在任何用于实现这些目标的可行性力量，那么任何蓝图都没有意义。许多恪守工作伦理的人们确实高尚。它给予民众尊严、团结和服务意识，但是自我牺牲却没有必要，这是如今资本的诡计；没有传统工作的世界未必需要奋进、社群和履行职责的原则理念。人们需要坚信这一点。

　　在这样的未来，自由时间将会大量增加。20世纪60年代末期，阿多诺所发表的一篇关于主体的重要文章认为：自由不是异化劳动的对立面和对照物，也不是消遣或"玩乐"的另一种表达词语，但是它或许也存在于为了单纯享受爬山的感官乐趣而爬山，也存在于玩耍、写作、音乐、舞蹈和满足性欲中，或有时间帮助他人或为他人哀悼。在以自由来命名的世界里，必要劳动的锐减和重新配置最终将实现人类的解放。

　　阿多诺说过："如果世界如此计划周到，以至于我们所做的每一件事情都以明显的方式服务于整个社会，愚蠢无知的行为活动已然

──────────

[1] 高兹认为无产阶级从来都是与现实不相符合的哲学范畴，同时还强调如今后工业化的社会状况要求我们更为强调个体而非阶级。(同上书)

被抛弃，那么我将非常乐意花上两个小时来担任电梯服务员的工作。"[1]但是我们不能仅有两个小时的工作时间！高兹在其作品《经济理性批判》中清晰表明，在如此高度自动化的生产体系，以及极度复杂的劳动分工中，功能性工作只会发生异化的改变。[2]除非我们废除工业革命和再一次直接掌控我们的劳动与产品，否则它不会发生形式的转变。无疑，假设监管法兰克福电梯的合作社给予阿多诺大量的自主性，允许他自由地掌控工作时间长短，我们甚至相信，他们也许还会准许他不用穿工作制服，也可以让他和其他人共同完成工作（即使我们不知道会是谁与他共同完成）。事实上，由于这些电梯也拥有自动化运作的功能，这位上世纪最伟大的哲学家可以暂时放下手边的侍者工作，从而接受委托，全身心地投入另一项工作中，即便这份工作也许与前一项任务相似，都仅需要一些微不足道的才能。"自由时间"不应"与其反面束缚在一起"，它的主要功能应是"重新创造出已消耗殆尽的劳动力"。[3]在未来的社会中，个人和群体都可以探索自己多样化和多功能的类存在物。斯尼斯克和威廉斯姆借用萨特的语句把这种社会境况描述为"没有经过预先定义的人文主义"。[4]

因此，我们急需超越对社会民主的政治怀旧，并庆幸对它的摆脱如释重负。正如斯尼斯克提醒我们，[5]在二战结束后的三十年间，资本主义"黄金时代"的和解形成基于种种原则，包括：无止境的生产和资本积累，劳工的性别区分，资产阶级和异性恋标准的家庭模

---

［1］ Theodore Adorno and Marx Horkheimer, *Towards a New Manifesto*, trans. Rodney Livingstone, London: Verso, 2011, p.22.

［2］ Gorz, *Critique of Economic Reason*, pp.39-61.

［3］ Theodor Adorno, "Free Time", *The Culture Industry: Selected Essays on Mass Culture*, ed. J. M. Bernstein, London: Routledge, 1991, pp.162 and 164.

［4］ Srnicek and Williams, *Inventing the Future*, p.82.

［5］ Ibid., p.46.

式，社会秩序的种族主义意识形态，可用来开发的殖民地与新殖民地的存在，工薪劳工所遭受的沉痛压迫和极度单调乏味，以及消费主义。我们要告别一切与此相关的事物。在20世纪60年代，新左派诞生之初，社会民主和资本之间相互妥协的上述每一个特征，早已表明自身是无法被接受且难以持续的。可悲的是，大多数左派日常工作议题都被人借鉴，因为当时及此后的市场自由论者认为可以有此举动。如今人们无休止地抱怨如此"吸收"(assimilation)。然而今天，左派特殊的目标，不应以减缓资本的打击或在资本边缘处组织起来那样的观念来"抵抗"摇摇欲坠的资本体制，而是更有目的性地做那些事情，为推翻资本体制做好准备，以创造一种不同类型的未来。

中文版后记

　　马克思主义关于人文主义（亦译人道主义）的思想是马克思主义理论中十分重要的一部分，在社会发展的不同阶段，得到不同的发展，至今仍然是当代人文学科的一项十分重要的内容。对于当代哲学和美学研究领域而言，马克思主义人文主义无疑具有十分重要的意义。

　　戴维·奥德尔森、罗伯特·斯宾塞和迈克·桑德斯是英国曼彻斯特大学的一个马克思主义青年学者研究团队。这个群体的成员是活跃在学术界的新一代英国马克思主义理论家，他们朝气蓬勃，在学术上比老一代学者例如特里·伊格尔顿更为激进，也更具学术上的创造力。近年来，他们在英国创办了"文化唯物主义研究会"和学术期刊《关键词》，可谓新一代英国马克思主义文学研究的代表性力量。

　　2008年我在曼彻斯特大学做高级访问学者期间，与他们建立起了友谊。从英国访学回国后，我与戴维·奥德尔森团队合作，发起创办了"中英马克思主义美学双边论坛"，也就是现在的"国际马克思主义美学论坛"。2012年4月12日，由曼彻斯特大学人文学院和上海交通大学人文学院共同举办的第二届"中英马克思主义美学双边论坛"在曼彻斯特大学隆重举行，会议主题是"马克思的《巴黎手稿》与人文主义"。美国著名马克思主义研究专家凯文·安德森、曼彻斯特大学社会学家珍妮特·沃尔夫教授分别发表了主题演讲。参加会议的英国学者分别来自曼彻斯特大学、利兹大学、兰卡斯特大学、诺丁汉大学、阿斯顿大学等。来自中国的学者包括复旦大学朱立元、陆扬教授，中国艺术研究院陈飞龙所长，华中师范大学文学院胡亚敏、孙文宪教授，华东师范大学中文系朱国华教授，湘潭大学李志雄教授，以及上海交通大学人文学院的王杰、尹庆红、陈静、施立峻、张蕴艳等一行。在会议开幕式的致辞中，我介绍了以下情况：

"与英国马克思主义文学批评和美学的情况相类似，马克思主义与人文主义的关系是近半个世纪以来中国马克思主义美学的基本主题之一。自中国社会进入现代化进程以来，在20世纪20—30年代、50年代和80年代，中国学术界经历过三次美学大讨论，这三次讨论都跟马克思主义与人文主义这个主题密切相关。这三次美学大讨论有相当不同的社会背景和理论背景，但涉及面都很广，对中国社会的发展产生了重大影响，其中的许多理论成果我们至今还没有完全理解和消化。这是我们今天重新阅读卡尔·马克思《1844年经济学哲学手稿》，重新讨论'马克思主义与人文主义'这个主题的原因。

"当代中国正在快速发展和迅速实现现代化，'全球化中国'正在成为一个引人注目的社会现象和文化现象，在思考当代中国理论问题和文化问题的过程中，马克思主义与人文主义的关系具有特别重要的意义。20世纪90年代以来，中国的马克思主义美学出现了观点分歧，尤其集中在对路易·阿尔都塞提出的'两个马克思'的争议上面。对《1844年经济学哲学手稿》的理解和评价以及对人文主义的理解和评论，成为区分不同理论阵营的关键点。值得特别注意的是，在相当长的一段时间里，中国学术界都努力从阿尔都塞学派的马克思主义中找到自己的理论根据。一翼从阿尔都塞的立场出发，批评各种所谓的'非马克思主义'理论倾向；另一翼则从解构主义和后结构主义的理论中获取自己的理论资源。有意思的是，双方都从马克思的著作中寻找根据。事实上，在当代社会生活条件下重新研究审美、人文主义、人性、文化习性等理论问题无疑具有十分重要的意义。我们期待在这次会议上对这些问题有一个深入的交流与沟通，从而在共同应对当代社会的各种问题时发出我们的声音，在马克思主义的旗帜下团结起来！"

《保卫人文主义：理论与政治的探讨》一书的写作动机和写作团队就来自曼彻斯特的这次双边论坛。2017年10月，戴维·奥德尔森教授寄来他和罗伯特·斯宾塞合编的《保卫人文主义：理论与政治的探讨》一书，我当即产生了组织翻译这本书的想法，暨南大学外国语学院的王进教授十分愉快地接受了这一工作。

本书的书名 For Humanism: Explorations in Theory and Politics 译者最初译为"为人文主义辩护：理论与政治的探讨"，我建议改为"保卫人文主义"。这样，一方面与路易·阿尔都塞影响巨大的《保卫马克思》形成一种互文关系；另一方面，人文主义，特别是当代人文主义的确面临着巨大的挑战，而且这涉及当代社会价值观念的重建以及当代人文学科的创新性发展。我个人认为，在这个具有重大现实意义和理论价值的理论论域内，马克思主义哲学、美学、人类学和历史学都应该重视人文主义的传统，共同推动当代新人文主义的建设和发展。

中国美学传统十分重视艺术和艺术批评的"风骨"，在我看来，这个"风骨"就是理论上的人文主义。在历史上和当代美学研究中，这种"风骨"事实上以不同的形式存在。《保卫人文主义：理论与政治的探讨》一书很好地描述了从马克思至当代马克思主义者的各种理论，以及西方学术界中的马克思主义者对马克思主义人文主义者所面对的当代问题的理论思考。至于马克思主义人文主义在当代的发展，我们认为特里·伊格尔顿这十几年持续关注的悲剧人文主义是一个值得注意的理论生长点。

　　在这个意义上，《保卫人文主义：理论与政治的探讨》一书的翻译出版就显得十分必要和及时。

王　杰
浙江大学当代马克思主义美学研究中心